ENCYCLOPÉDIE AGRICOLE

Publiée sous la direction de G. WERY

PIERRE VIEIL

SÉRICICULTURE

ENCYCLOPÉDIE AGRICOLE

PUBLIÉE PAR UNE RÉUNION D'INGÉNIEURS AGRONOMES

Sous la direction de G. WERY, sous-directeur de l'Institut national agronomique

Introduction par le Dr P. REGNARD

Directeur de l'Institut national agronomique

40 volumes in-18 de chacun 400 à 500 pages, illustrés de nombreuses figures.
Chaque volume : broché, **5** fr. ; cartonné, **6** fr.

I. — CULTURE ET AMÉLIORATION DU SOL

Agriculture générale	M. P. Diffloth, professeur spécial d'agriculture.
Engrais	M. Garola, prof. départ. d'agricult. d'Eure-et-Loir.

II. — PRODUCTION ET CULTURE DES PLANTES

Céréales *Plantes fourragères*	M. Garola, professeur départemental d'agriculture d'Eure-et-Loir.
Plantes industrielles	M. Hitier, propriétaire agriculteur, maître de conf. à l'Institut agronomique.
Culture potagère *Arboriculture*	M. Léon Bussard, s.-directeur de la station d'essais de semences à l'Institut agronomique.
Le pommier et le Cidre	M. Varcollier.
Sylviculture	M. Fron, inspecteur adjoint des eaux et forêts.
Viticulture	M. Pacottet, propriétaire viticulteur, répétiteur à l'Institut agronomique.
Maladies des plantes cultivées	M. le Dr G. Delacroix, maître de conférences à l'Institut agronomique.
Cultures méridionales	M. Rivière, directeur du jardin d'essais, à Alger et Lecq, prop. agric., insp. de l'agr.

III. — ZOOLOGIE, PRODUCTION ET ÉLEVAGE DES ANIMAUX, CHASSE ET PÊCHE

Zoologie agricole *Entomologie et Parasitologie agric.*	M. G. Guénaux, répétiteur à l'Institut agronomique.
Zootechnie générale et Zootechnie du Cheval *Zootechnie : Bovidés* *Zootechnie : Moutons, Chèvres, Porcs.*	M. P. Diffloth, professeur spécial d'agriculture
Alimentation des Animaux	M. Gouin, propriétaire agriculteur, ing. agronome.
Aquiculture	M. Deloncle, inspecteur général de l'agriculture. M. G. Guénaux.
Apiculture	M. Hommell, professeur régional d'apiculture.
Aviculture	M. Voitellier, prof. spécial d'agriculture à Meaux.
Sériciculture et culture du mûrier.	M. Vieil, ancien sous-directeur du Rousset.
Chasse, Élevage, Piégeage	M. A. De Lesse, ing. agronome, propriétaire agricult.

IV. — TECHNOLOGIE AGRICOLE

Technologie agricole (Sucrerie, Meunerie, Boulangerie, Féculerie, Amidonnerie, Glucoserie)	M. Saillard, professeur à l'École des industries agricoles de Douai.
Industries agricoles de fermentation (Cidrerie, Brasserie, Hydromels, Distillerie)	M. Boulanger, chef de Laboratoire à l'Institut Pasteur de Lille.
Vinification	M. Pacottet, propr. viticulteur, répétiteur à l'Institut agronomique.
Laiterie	M. Ch. Martin, ancien directeur de Mamirolle.
Microbiologie agricole	M. Kayser, maître de conf. à l'Inst. agronomique.

V. — GÉNIE RURAL

Machines agricoles *Moteurs agricoles*	M. Coupan, répétiteur à l'Institut agronomique.
Constructions rurales	M. Danguy, direct. des études à l'École de Grignon.
Topographie agricole et Arpent.	M. Muret, professeur à l'Institut agronomique.
Drainage et Irrigations	M. Risler, directeur hon. de l'Institut agronomique. M. Wery, s.-directeur de l'Institut agronomique.
Électricité agricole	M. H.-P. Martin et Petit, ingénieurs électriciens.

VI. — ÉCONOMIE ET LÉGISLATION RURALES

Économie rurale *Législation rurale*	M. Jouzier, professeur à l'École d'agriculture de Rennes.
Comptabilité agricole	M. Convert, professeur à l'Institut agronomique.
Associations agricoles (Syndicats et Coopératives)	M. Tardy, répétiteur à l'Institut agronomique.
Hygiène de la ferme	M. le Dr P. Regnard, dir. de l'Inst. agronomique. M. le Dr Portier, répétiteur à l'Inst. agronomique.
Le Livre de la Fermière	Mme L. Bussard.

ENCYCLOPÉDIE AGRICOLE
Publiée par une réunion d'Ingénieurs agronomes
SOUS LA DIRECTION DE G. WERY

SÉRICICULTURE

PAR

Pierre VIEIL
ANCIEN SOUS-DIRECTEUR DE LA STATION SÉRICICOLE DE ROUSSET
ADJOINT A L'INSPECTION DE LA SÉRICICULTURE EN INDO-CHINE

Introduction par le Dr P. REGNARD
DIRECTEUR DE L'INSTITUT NATIONAL AGRONOMIQUE
MEMBRE DE LA SOCIÉTÉ Nle D'AGRICULTURE DE FRANCE

Avec 50 figures intercalées dans le texte

PARIS
LIBRAIRIE J.-B. BAILLIÈRE ET FILS
19, rue Hautefeuille, près du Boulevard Saint-Germain

1905

ENCYCLOPÉDIE AGRICOLE

INTRODUCTION

Si les choses se passaient en toute justice, ce n'est pas moi qui devrais signer cette préface.

L'honneur en reviendrait bien plus naturellement à l'un de mes deux éminents prédécesseurs :

A Eugène TISSERAND, que nous devons considérer comme le véritable créateur en France de l'enseignement supérieur de l'agriculture : n'est-ce pas lui qui, pendant de longues années, a pesé de toute sa valeur scientifique sur nos gouvernements et obtenu qu'il fût créé à Paris un Institut agronomique comparable à ceux dont nos voisins se montraient fiers depuis déjà longtemps ?

Eugène RISLER, lui aussi, aurait dû plutôt que moi présenter au public agricole ses anciens élèves devenus des maîtres. Près de douze cents Ingénieurs agronomes, répandus sur le territoire français, ont été façonnés par lui : il est aujourd'hui notre vénéré doyen, et je me souviens toujours avec une douce reconnaissance du jour où j'ai débuté sous ses ordres et de celui,

*

proche encore, où il m'a désigné pour être son successeur.

Mais, puisque les éditeurs de cette collection ont voulu que ce fût le directeur en exercice de l'Institut agronomique qui présentât aux lecteurs la nouvelle *Encyclopédie*, je vais tâcher de dire brièvement dans quel esprit elle a été conçue.

Des Ingénieurs agronomes, presque tous professeurs d'agriculture, tous anciens élèves de l'Institut national agronomique, se sont donné la mission de résumer, dans une série de volumes, les connaissances pratiques absolument nécessaires aujourd'hui pour la culture rationnelle du sol. Ils ont choisi pour distribuer, régler et diriger la besogne de chacun, Georges Wery, que j'ai le plaisir et la chance d'avoir pour collaborateur et pour ami.

L'idée directrice de l'œuvre commune a été celle-ci : extraire de notre enseignement supérieur la partie immédiatement utilisable par l'exploitant du domaine rural et faire connaître du même coup à celui-ci les données scientifiques définitivement acquises sur lesquelles la pratique actuelle est basée.

Ce ne sont donc pas de simples Manuels, des Formulaires irraisonnés que nous offrons aux cultivateurs; ce sont de brefs Traités, dans lesquels les résultats incontestables sont mis en évidence, à côté des bases scientifiques qui ont permis de les assurer.

Je voudrais qu'on puisse dire qu'ils représentent le véritable esprit de notre Institut, avec cette restriction qu'ils ne doivent ni ne peuvent contenir les discussions, les erreurs de route, les rectifications qui ont fini par établir la vérité telle qu'elle est, toutes choses que l'on développe longuement dans notre enseignement, puisque nous ne devons pas seulement faire des praticiens, mais former aussi des intelligences élevées, capables de faire avancer la science au laboratoire et sur le domaine.

Je conseille donc la lecture de ces petits volumes à nos anciens élèves, qui y retrouveront la trace de leur première éducation agricole.

Je la conseille aussi à leurs jeunes camarades actuels, qui trouveront là, condensées en un court espace, bien des notions qui pourront leur servir dans leurs études.

J'imagine que les élèves de nos Écoles nationales d'agriculture pourront y trouver quelque profit, et que ceux des Écoles pratiques devront aussi les consulter utilement.

Enfin, c'est au grand public agricole, aux cultivateurs, que je les offre avec confiance. Ils nous diront, après les avoir parcourus, si, comme on l'a quelquefois prétendu, l'enseignement supérieur agronomique est exclusif de tout esprit pratique. Cette critique, usée, disparaîtra définitivement, je l'espère. Elle n'a d'ailleurs jamais été accueillie par nos rivaux d'Allemagne et d'Angleterre, qui ont si magnifiquement développé chez eux l'enseignement supérieur de l'agriculture.

Successivement, nous mettons sous les yeux du lecteur des volumes qui traitent du sol et des façons qu'il doit subir, de sa nature chimique, de la manière de la corriger ou de la compléter, des plantes comestibles ou industrielles qu'on peut lui faire produire, des animaux qu'il peut nourrir, de ceux qui lui nuisent.

Nous étudions les manipulations et les transformations que subissent, par notre industrie, les produits de la terre : la vinification, la distillerie, la panification, la fabrication des sucres, des beurres, des fromages.

Nous terminons en nous occupant des lois sociales qui régissent la possession et l'exploitation de la propriété rurale.

Nous avons le ferme espoir que les agriculteurs feront un bon accueil à l'œuvre que nous leur offrons.

Dr Paul Regnard,

Membre de la Société nationale d'Agriculture de France,

Directeur de l'Institut national agronomique.

PRÉFACE

La sériciculture, ou sériculture (1) est l'industrie agricole qui, comme son nom l'indique, a pour but la culture de la soie, c'est-à-dire l'élevage du ver à soie en vue de la production de son cocon.

Ce cocon, par le dévidage, donne la soie grège, ou fil de soie (2) ; celui-ci est ensuite ouvré ou mouliné, puis teint et tissé. Ce sont ces différentes transformations des cocons de vers à soie qui constituent les industries de la soie et des soieries.

Grâce à la facilité des moyens de transport, ces industries ne sont pas localisées dans les milieux de production. La ville de Lyon est devenue le centre le plus important du monde entier pour le commerce de la soie et la fabrication des soieries. Elle doit cette situation à la belle qualité des soies françaises, mais surtout à la continuité des efforts déployés par ses industriels et ses savants. Citons seulement l'invention de Jaquard, qui, dans les premières années du XIXe siècle, construisit le métier à tisser qui porte son nom et qui a transformé la méthode de tissage. Depuis lors, les fabricants lyonnais ont su constamment apporter à cette industrie des perfectionnements techniques, tout en réalisant de grands progrès artistiques.

(1) La soie était connue très anciennement sous le nom de *ser*. Les Grecs adoptèrent ce mot σηρ, ainsi que les Latins, *ser*, génitif *seris*, d'où sériculture. Le mot sériciculture, dont l'usage a prévalu, est moins rationnel, puisqu'il dérive du mot latin, *sericum*, génitif *serici*, qui signifiait étoffe de soie et par extension *soie*.

(2) Le mot soie vient du latin *seta*, qui se substitua peu à peu au mot *ser* pour désigner la soie ; ce mot *seta* désignait tout d'abord le poil de sanglier ou de porc, ce qui laisse à penser que la soie était à l'origine passablement grossière. L'Italien a conservé le mot tel que : *seta* ; le Provençal et l'Espagnol en ont fait : *sedo* ; l'Allemand : *Seide* ; l'Anglais : *silk*, etc.

L'industrie des soies et soieries qui occupe tout un monde d'ouvriers, d'ouvrières, de dessinateurs, d'ingénieurs, etc., qui doit faire appel, à la fois, à l'art et à toutes les branches de la science, n'est pas une industrie agricole. Nous ne nous occuperons dans cet ouvrage que de la sériciculture proprement dite.

L'élevage des vers à soie ne fut guidé longtemps que par la routine. Son développement amena l'étude plus attentive des conditions favorables aux évolutions de la larve. Olivier de Serres (1600), Boissier de Sauvages (1760), Dandolo (1845), Robinet et Dusseigneur-Kléber, au milieu du XIXe siècle, marquent chacun, par leurs recherches et leurs traités, de nouveaux progrès dans l'art d'élever le ver à soie. La production devint considérable et atteignit en France, en 1853, le chiffre de 26 000 000 de kilogrammes de cocons frais. A partir de ce moment, une maladie (la *pébrine*) décima les éducations, si bien qu'en 1865 cette source de richesse, pour les agriculteurs, semblait perdue.

De nouvelles études devinrent nécessaires pour conjurer le fléau. De nombreux savants : de Filippi, Cornalia, de Quatrefages et autres s'y livrèrent avec ardeur. Ils ne parvinrent pas à trouver un moyen efficace d'écarter le mal, mais ils firent connaître plus parfaitement l'anatomie et la physiologie du *Bombyx Mori*. Enfin les remarquables travaux de Pasteur (de 1865 à 1868) et son *Traité sur la maladie des vers à soie* (1870) permirent d'éviter sûrement la pébrine, jetèrent un jour nouveau sur l'étude de la sériciculture et ouvrirent la voie à de nouvelles méthodes rationnelles d'élevage du ver et de production des graines (1).

La sériciculture se divise maintenant en deux parties bien distinctes :

1° *L'élevage du ver à soie pour la production du cocon, c'est-à-dire l'éducation proprement dite ;*

2° *La reproduction, c'est-à-dire la production des œufs ou de la graine, industrie du grainage.*

On ne saurait se livrer à l'une ou à l'autre de ces deux

(1) On désigne couramment les œufs pondus par les papillons femelles du *Bombyx Mori* sous le nom de *graines*, d'où *graineur* celui qui se livre à cette production, et *grainage* le nom de l'industrie.

industries séricicoles, à la seconde surtout, sans être guidé par les notions que nous ont fait connaître notre immortel Pasteur et, après lui, les savants auxquels ses études et les découvertes ont ouvert la voie, en France Duclaux, Maillot, M. Lambert, directeur de la station séricicole de Montpellier.

MM. Verson et Quajat, directeur et sous-directeur de la station séricicole royale de Padoue, ont étudié d'une façon remarquable tout ce qui a trait à la sériciculture et ont puissamment contribué par la publication de leurs observations au perfectionnement de cette industrie. Leur ouvrage : *Il filugello e l'arte sericola*, publié à Padoue, expose très nettement et en détail toutes les connaissances utiles aux sériciculteurs.

M. G. Coutagne, par dix années de patientes et savantes recherches, a trouvé le moyen d'améliorer considérablement la richesse en soie des cocons. Ses études sur l'*hérédité chez les vers à soie*, si intéressantes au point de vue purement scientifique, sont en même temps un guide des plus utiles à l'industrie du grainage.

Nous ne pouvons citer ici tous les savants et praticiens qui se sont occupés des questions séricicoles et ont contribué aux progrès incessants de cette industrie. Nous aurons occasion, dans le cours de cet ouvrage, de les signaler en mentionnant leurs études et leurs découvertes.

Notre travail se divise en *sept* parties :

La *première* est un court *historique de la sériciculture* et donne la *statistique* de la production de la soie avec une carte des régions séricicoles de la France.

L'anatomie et la physiologie du *Bombyx Mori* sont exposées dans la *deuxième partie*.

Les *maladies* contre lesquelles le sériciculteur a si souvent à lutter font l'objet de la *troisième*.

Ces descriptions ont été nécessaires pour pouvoir étudier en connaissance de cause les procédés d'éducation et de grainage.

La *quatrième partie* concerne l'*élevage des vers à soie* proprement dit et se subdivise en six chapitres :

1° *Alimentation;*
2° *Local et matériel;*
3° *La graine;*
4° *Incubation et éclosion;*
5° *Éducation et récolte;*
6° *Races diverses de vers à soie.*

La *cinquième partie* traite de l'*industrie du grainage* ou *production des graines de vers à soie.*

Dans la *sixième*, intitulée : *la soie*, nous résumons les *qualités et propriétés du fil de soie* et les diverses *opérations qui transforment le cocon en fils propres au tissage.*

Dans la *septième* partie, nous disons un simple mot sur les autres soies (*soies sauvages et artificielles*).

Enfin, pour être complet, nous donnons en appendice quelques notions sur le *mûrier*, sa culture et ses maladies.

A l'exemple de tous ceux qui depuis quarante ans ont écrit sur la sériciculture et sur la soie, notamment MM. Maillot (de Montpellier) et Léo Vignon (de Lyon), nous avons dû puiser beaucoup dans le remarquable ouvrage de Pasteur, que l'on rencontre aujourd'hui difficilement, à la fois comme documents et comme illustrations.

Nous nous sommes fait un devoir de signaler, au cours de ce travail, les figures représentant soit l'anatomie des vers, chrysalides et papillons, soit le matériel d'éducation et de grainage, soit enfin les maladies des vers à soie, dont l'iconographie est empruntée aux ouvrages de Cornalia (de Milan), Verson et Quajat (de Padoue), Duclaux, Vignon (de Lyon), etc.

Depuis dix ans attaché à la station séricicole de Rousset (Bouches-du-Rhône) ou à d'importantes maisons de grainage, j'apporte ici le tribut d'études poursuivies avec persévérance.

Notre but a été de résumer, le plus méthodiquement possible, toutes les connaissances utiles aux sériciculteurs. Nous serons très heureux si ce travail peut rendre quelques services aux agriculteurs qui se livrent à l'éducation des vers à soie ou à la production des graines.

Aix, mai 1905.

Pierre Vieil.

SÉRICICULTURE

INTRODUCTION

I. — HISTORIQUE.

Le *Bombyx mori*, ver à soie du mûrier, parce que la feuille de cet arbre lui sert de nourriture exclusive, est communément appelé en français *ver à soie* et en langue d'oc *Magnan* (1), d'où *magnanerie*, local où sont élevés les vers à soie, et *magnanier*, celui qui élève le ver à soie.

Il est originaire de Chine, où on paraît avoir pratiqué son élevage et le dévidage de son cocon dès la plus haute antiquité.

La tradition chinoise fait remonter l'invention de cette industrie à l'impératrice Siling-Chi, femme de l'empereur Hoang-Ti (2697 avant J.-C.). Pendant plusieurs siècles, l'élevage des vers à soie constituait un art sacré auquel devaient se livrer les impératrices et les femmes nobles. La soie tenait lieu de monnaie dans les échanges et servait à payer les impôts.

(1) Du latin *magnus*, à cause de l'importance de sa récolte. — D'après Diouloufet, auteur d'un poème provençal : *Lei Magnan*, ce mot dériverait des deux mots : *Magna nens* : *la grande fileuse*. D'après Bonafous, le mot *Magnan* viendrait du verbe italien *magnare* : manger, à cause de la faim dévorante des vers à soie.

Cet art demeura très longtemps confiné dans son pays d'origine. Des lois très sévères punissaient de mort quiconque aurait divulgué à des étrangers les procédés de dévidage, ou exporté hors du territoire les œufs de vers à soie et les graines de mûrier. Les Chinois gardèrent leur secret plus de 2000 ans ; puis la sériciculture s'étendit peu à peu au Japon et en Perse. Ces peuples empêchèrent, également par des mesures très rigoureuses, la divulgation des procédés d'élevage du ver et de la confection des étoffes de soie, mais cherchèrent à répandre au loin ces riches tissus. C'est de ces différentes contrées que les caravanes tartares apportaient jusqu'en Grèce et à Rome de magnifiques étoffes qui se vendaient au poids de l'or. L'usage des vêtements de soie, portés d'abord uniquement par les souverains, se répandit peu à peu, et à Rome les femmes riches et les hommes eurent le luxe de se vêtir ainsi. Tacite, Sénèque, Martial, Juvénal, font mention de ces coutumes.

Les Romains et les Grecs ont cru longtemps que la soie provenait d'une plante.

Ce n'est que vers le milieu du VIe siècle de notre ère que la sériciculture fut introduite en Europe, et l'histoire de cette introduction, bien que peut-être légendaire, mérite d'être rapportée.

Vers l'an 550, deux moines du mont Athos allèrent prêcher le christianisme dans des régions voisines de la Perse, où l'élevage du ver à soie était très répandu. Désireux de faire profiter leur patrie de cette riche industrie, ils introduisirent en secret des graines de vers à soie dans leurs bâtons de pèlerins, vraisemblablement en bambou, revinrent chez eux et élevèrent les vers à soie.

Il semble que la sériciculture se répandit rapidement en Grèce, puisque le Péloponèse perdit son nom pour prendre celui de Morée, pays du mûrier. De la Grèce, cette industrie se répandit dans toute l'Asie Mineure et notamment en Syrie. De là, elle fut répandue par les Arabes dans le Caucase, en Sicile, en Italie, en Espagne et sur les côtes d'Afrique. Elle ne paraît avoir été introduite en France que beaucoup plus tard, sans que l'époque puisse être exactement précisée.

Sous Louis XI, on élevait certainement déjà des vers à soie, puisque, à cette époque, des tissages de soie étaient établis à Lyon et à Tours. Ce souverain et ses successeurs essayèrent d'encourager l'industrie naissante, mais ce ne fut que sous Henri IV qu'elle fit de réels progrès. Ce grand roi s'intéressa vivement à la sériciculture et fit tous ses efforts pour la développer. Il fut puissamment aidé en cela par Ollivier de Serres, qui le premier en France écrivit un traité sur ce sujet (1) et fit planter de nombreux mûriers, dans diverses régions, notamment aux Tuileries, à Paris, où Henri IV fit installer des magnaneries, une filature et un moulinage.

Les prêtres et les nobles, pour être agréables au roi, plantaient des mûriers et élevaient des vers à soie. Le ministre Sully faisait planter des mûriers sur les routes du royaume et distribuait des primes en argent à ceux qui élevaient avec succès le précieux insecte.

A la mort de Henri IV, ce mouvement semble s'arrêter pour prendre un nouvel essor avec Colbert. Ce ministre voyant l'importance des achats de cocons que la France faisait à l'Étranger (Italie et Syrie), fit instituer les primes à la sériciculture : tout pied de mûrier planté et vivant trois ans donnait droit à une prime de 24 sols. Grâce à ces encouragements, les mûriers furent plantés en grande quantité ; les filatures et les moulinages se multiplièrent un peu partout, et principalement dans les Cévennes.

L'industrie de la soie prenait un développement considérable, lorsque la révocation de l'Édit de Nantes vint paralyser son essor en obligeant une notable partie de ses auxiliaires à s'expatrier. C'est précisément à cette époque

(1) Ollivier de Serres, *La cueillette de la soie.*

que des fabriques de soieries furent établies en Suisse et en Allemagne.

Au commencement du XVIIIe siècle, l'élevage des vers à soie reprend peu à peu et par suite l'industrie de la soie. Louis XV encourage la sériciculture, qui va en progressant jusqu'en 1790, si bien qu'à cette époque la France produisait plus de 6 000 000 de kilogrammes de cocons frais.

Cette production n'augmente plus, fléchit plutôt, au contraire, pendant les guerres de la République et de l'Empire. Le calme rétabli, la récolte des cocons prend un nouvel essor. En 1830, la production s'élève à 10 000 000 de kilogrammes et progressivement à 20 000 000 de kilogrammes de 1840 à 1850 ; elle atteint, en 1853, le chiffre énorme de 26 000 000 de kilogrammes, chiffre qui n'a jamais plus été égalé.

				Kilogrammes.
En 1854, la production n'est plus que de.				21 500 000
En 1855,	—	—	— .	19 800 000
En 1856.	—	—	— .	7 500 000
En 1863,	—	—	— .	6 500 000
En 1864,	—	—	— .	6 000 000
En 1865.	—	—	— .	4 000 000

Cette diminution, si forte et si brusque, de la production était due aux effets d'une terrible maladie qui détruisait en quelques jours les plus belles éducations, malgré les soins les plus attentifs dont elles étaient l'objet ; et cela le plus souvent lorsque les vers avaient atteint leur développement maximum, lorsque toutes les dépenses étaient faites et que l'agriculteur allait recueillir le fruit de ses travaux.

Les graines indigènes donnant des échecs complets, les sériciculteurs durent s'adresser successivement à l'Italie, la Turquie, l'Asie Mineure, la Roumanie, la Chine, etc. Mais le fléau semblait suivre les pas des négociants qui allaient au loin chercher des graines saines. Les graines du Japon, cependant, donnèrent quelques résultats ; elles étaient apportées sur des cartons estampillés dans leur pays d'origine, afin d'éviter la fraude ; mais ces cartons atteignirent des prix très élevés ; les graines donnaient un faible rendement en poids, les cocons obtenus étaient de qualité inférieure, et enfin les vers n'étaient pas toujours exempts de la terrible maladie.

Le découragement de nos populations séricicoles était extrême. Partout on arrachait les mûriers :

« Il faut avoir assisté à ces désastres pour comprendre leur étendue et les misères qui en sont la conséquence. Après avoir donné son temps et sa peine à son cher *bétail* (expression d'Ollivier de Serres), dépensé sa feuille, payé ses ouvriers, le malheureux éducateur ne recueille que des cadavres en putréfaction. Jadis, l'époque de la récolte des cocons était un temps de fête et d'allégresse. Malgré la fatigue des derniers jours de l'éducation, où l'appétit des vers ne peut être satisfait qu'au prix d'un travail qui ne connaît de repos ni le jour ni la nuit, des chants joyeux retentissaient partout dans les campagnes, sur les arbres où se faisait la cueillette de la feuille, près des tables où le précieux insecte, le corps rempli de soie, montait avec prestesse sur la bruyère pour y construire sa prison dorée. Un seul trait dira la place qu'occupait dans la vie des populations la récolte du précieux textile : les paiements de l'année entière, tous les règlements d'affaires avaient lieu quelques jours après l'achèvement des éducations. Cet usage antique et respecté n'est plus aujourd'hui qu'un souvenir (1). »

Les pertes subies en France par suite du fléau ont été estimées à plus de 2 milliards. Plusieurs députés et sénateurs appelèrent l'attention du Gouvernement sur la détresse des départements séricicoles. Le rapport au Sénat, par Dumas, le 9 juin 1865 (2) et le rapport à

(1) Pasteur, *Traité sur la maladie des vers à soie*, Introduction, p. 12, 1870.

(2) Pasteur, t. II, p. 1.

l'Empereur par Béhic, ministre de l'Agriculture, du Commerce et des Travaux publics, du 19 juillet 1865 (1), sont deux documents qui font bien connaître la gravité du fléau et les mesures qui furent prises pour l'écarter.

Le Gouvernement eut recours à la science, et Pasteur fut prié d'aller étudier les moyens de combattre la terrible maladie sur les lieux mêmes où elle sévissait avec le plus d'intensité.

La modestie de ce savant était telle qu'il fallut toute l'insistance de J.-B. Dumas, son ami et maître, pour le décider à entreprendre ses recherches mémorables.

« La grande autorité scientifique de M. Dumas, sa parfaite connaissance de l'industrie de la soie, principal revenu de son pays natal, lui valurent l'honneur d'être l'organe du Sénat dans cette importante affaire.

« C'est au moment où il rédigeait le rapport qu'il devait lire à l'éminente assemblée que M. Dumas m'entretint pour la première fois du fléau qui désolait le midi de la France, et qu'il m'engagea à me livrer résolument à de nouvelles recherches en vue de le conjurer, s'il était possible. « Votre proposition, écrivis-je à mon illustre « confrère, me jette dans une grande perplexité ; elle est « assurément très flatteuse pour moi, son but fort élevé, « mais combien elle m'inquiète et m'embarrasse ! Considé- « rez, je vous prie, que je n'ai jamais touché un ver à soie. « Si j'avais une partie de vos connaissances sur le sujet, « je n'hésiterai pas : il est peut-être dans le cadre de mes « études présentes. Toutefois, le souvenir de vos bontés « me laisserait des regrets amers si je refusais votre pres- « sante invitation. Disposez de moi. » M. Dumas me répondit le 17 mai 1865 : « Je mets un prix extrême à voir « votre attention fixée sur la question qui intéresse mon « pauvre pays ; la misère dépasse tout ce que vous pouvez « imaginer. »

(1) Pasteur, t. II, p. 17.

« Je quittais Paris le 6 juin 1865, me rendant à Alais, dans le département du Gard, le plus important de tous nos départements pour la culture du mûrier et celui où la maladie sévissait avec la plus cruelle intensité (1). »

Les découvertes de Pasteur sont d'autant plus remarquables que les nombreux savants qui avaient jusque-là étudié cette question n'avaient su établir définitivement la véritable cause du mal, et aucun remède efficace n'avait été trouvé.

« Une chose m'avait particulièrement frappé à la lecture des travaux de M. de Quatrefages : c'était l'existence dans le corps des vers malades de corpuscules microscopiques regardés par beaucoup d'auteurs comme un indice de la maladie, bien qu'une grande obscurité règne encore sur la nature, la signification et l'utilité pratique que l'on peut tirer de la présence ou de l'absence de ces petits corps singuliers. N'ayant que quelques semaines à consacrer à ces recherches, puisque j'arrivais à la fin des éducations, je résolus de m'attacher exclusivement à l'examen des questions que soulève l'existence de ces corpuscules.

« Mon premier soin, dès que je fus installé dans une petite magnanerie aux environs d'Alais, fut d'apprendre à les reconnaître et à les distinguer. Rien n'est plus facile. Je constatais bientôt, à la suite de toutes les personnes qui se sont occupées de leur étude, que chez certains vers qui ne peuvent monter à la bruyère ils existent à profusion dans la matière adipeuse placée sous la peau, ainsi que dans les organes de la soie. D'autres vers d'apparence saine n'en montraient pas du tout. Le résultat fut le même pour les chrysalides et les papillons, et, généralement, la présence abondante des corpuscules coïncidait avec un état évident d'altération des sujets soumis à

(1) Pasteur, *Traité sur la maladie des vers à soie*, t. I, Préface, p. 10 et 11.

l'examen microscopique. Les vers fortement tachés par ces taches noires irrégulières qui ont fait appeler la maladie du nom de *pébrine*, ou de maladie de la tache, par M. de Quatrefages, renfermaient un nombre prodigieux de ces corpuscules. Il en était de même le plus ordinairement des papillons à ailes recoquillées et tachées. J'acquis peu à peu la conviction que la présence des corpuscules doit être regardée, en effet, comme signe physique de la maladie régnante (1). »

Tels furent les débuts des travaux que Pasteur entreprit en 1865. Ses observations méthodiques, ses longues et patientes recherches, lui permirent d'établir d'une façon péremptoire que les corpuscules observés par de Filippi, Cornalia, etc., étaient l'indice et la cause du mal. En 1867, il avait démontré (2) que la pébrine était éminemment héréditaire et que la graine pondue par des papillons exempts de corpuscules donnait fatalement naissance à des vers sains. Pasteur avait dès lors trouvé une méthode permettant d'obtenir infailliblement des graines saines. Il suffit d'isoler les couples de reproducteurs dans des petits sacs appelés cellules, d'examiner, après la ponte, ces reproducteurs un à un au microscope et de ne conserver que les pontes provenant de papillons exempts de corpuscules (3).

Chose extraordinaire, malgré l'évidence même des faits, quelques personnes ne voulurent pas admettre l'efficacité des procédés; d'autres, malgré sa simplicité extrême, trouvaient la méthode trop compliquée et auraient

(1) PASTEUR, t. II, p. 156, *Extrait des observations sur la maladie des vers à soie communiquées à l'Académie des sciences*, le 25 septembre 1865.

(2) Voir *Rapport à S. E. le ministre de l'Agriculture, du Commerce et des Travaux publics*, du 25 juillet 1867. — PASTEUR, t. II, p. 214.

(3) Voir *Enquête agricole* de 1867. Rapporteur : M. le duc de Padoue, sénateur. — PASTEUR, t. II, p. 50.

voulu que Pasteur indiquât un moyen curatif (1).

Plusieurs personnes cependant avaient été initiées à cette nouvelle méthode de grainage et l'appliquèrent bientôt industriellement avec succès : M. Rayband-Lange à la ferme école de Paillerols (Basses-Alpes), la Société d'agriculture des Pyrénées-Orientales, le Comice agricole du Vigan (Gard), M. le comte de Casabianca en Corse, etc.

Grâce à Pasteur, nos belles races indigènes des Cévennes, du Roussillon, des Alpes et du Var, qui avaient presque complètement disparu, purent être régénérées et multipliées. On allait bientôt pouvoir abandonner les cartons du Japon d'un prix très élevé, et dont les graines donnaient des résultats problématiques, un très faible rendement en poids de cocons et une soie de qualité médiocre.

Pour se convaincre de la supériorité de nos soies indigènes, il suffit de consulter les cours des marchés de cette époque. Voici le prix des cocons sur le marché de Saint-Hippolyte (Gard), qui peuvent être considérés comme la moyenne des prix pratiqués dans les Cévennes :

Marché.	Japonais annuels. fr.	Japonais bivoltins. fr.	Races indigènes. fr.
4 juin 1869..	7,25	5 à 6	9,50
8 — 1869..	6,75 à 7	4,50 à 5,50	9,50
11 — 1869..	6 à 6,50	4 à 4,50	8,75 à 9
15 — 1869..	6,25 à 6,60	4 à 4,15	9 à 9,25
18 — 1869..	6 à 6,25	4	8,50 à 9

La sériciculture était donc enfin sortie d'une crise qui avait failli la perdre. Les agriculteurs qui n'avaient pas arraché leurs mûriers pouvaient de nouveau élever avec succès des vers à soie et vendre leurs cocons à des prix

(1) Voir *Rapport sur la sériciculture au conseil général du Gard*, séance du 27 août 1869. — PASTEUR, t. II, p. 138.

rémunérateurs. Une industrie nouvelle, celle du grainage cellulaire, se dévellopa et fournissait des graines saines de nos races indigènes aux magnaniers français et à l'Étranger.

Les cocons cependant ne se maintinrent pas longtemps aux prix de 9 et 10 francs le kilogramme.

Avec la facilité des moyens de transport, la filature pouvait s'approvisionner en Italie, en Syrie, en Perse, etc., régions dans lesquelles les cocons provenant de graines françaises étaient d'une qualité sensiblement égale aux nôtres et d'un prix inférieur.

Par suite des changements de la mode, les étoffes de soie étaient délaissées ; le prix des cocons s'abaissa progressivement jusqu'à 3 francs et moins le kilogramme.

Une autre industrie agricole, la viticulture, qui venait de traverser la crise phylloxérique, se reconstituait grâce aux plants américains et donnait des bénéfices attrayants. Bien des propriétaires, par suite d'un engouement exagéré pour les plantations de vignes (témoin la mévente des vins en 1901 et 1902), arrachaient leurs mûriers pour créer leurs vignobles.

L'élevage des vers à soie était de plus en plus délaissé; les filatures se fermaient.

Les pouvoirs publics, justement émus de cet état de choses, ont institué en 1892 les primes à la sériciculture et à la filature (0 fr. 50 par kilogramme de cocons récoltés et 400 francs par bassine à plus de trois bouts filant ses cocons indigènes).

Cette prime sur les cocons a été portée à 0 fr. 60 par kilogramme en 1898.

*Loi portant prorogation de la loi du **18** janvier **1892**, relative aux encouragements spéciaux à donner à la sériciculture et à la filature de la soie.*

Art. 1. — A partir de l'exercice 1898 et jusqu'au 31 décembre 1908, il sera alloué aux sériciculteurs une prime de soixante centimes par kilogramme de cocons frais.

Art. 2. — A partir du 1er juin 1898 jusqu'au 31 mai 1908, des primes seront allouées aux filateurs de soie, proportionnellement au travail annuel de la bassine, et seront fixées comme suit :

Quatre cent francs (400 fr.) par bassine à plus de trois bouts filant des cocons indigènes ;

Trois cents quarante francs (340 fr.) par bassine à plus de trois bouts filant des cocons étrangers ;

Deux cents francs (200 fr.) par bassine, même à un bout, un bout, pour les filatures des cocons doubles filant des cocons français ;

Cent soixante-dix francs (170 fr.) par bassine, même à un bout, pour les filatures des cocons doubles filant des cocons étrangers;

Auront droit à la prime de 400 et de 340 francs dans les usines travaillant à plus de trois bouts les bassines accessoires servant à la préparation de la bassine fileuse, à raison d'une bassine accessoire par trois bassines fileuses.

Toutefois, le montant des primes liquidées semestriellement à chaque filateur ne pourra excéder, par kilogramme de soie filée dans l'ensemble de ses usines, six francs cinquante centimes (6 fr. 50) pour les cocons indigènes et cinq francs cinquante centimes (5 fr. 50) pour les cocons étrangers.

Art. 3. — Les cocons étrangers susceptibles d'être filés ne pourront circuler en France qu'en vertu d'acquits à caution, garantissant leur prise en charge dans une filature de soie ou leur réexpédition.

En vue d'assurer l'application des dispositions de l'article 2, limitant à 340 et 170 francs les primes dues aux bassines filant des cocons étrangers avec un maximum de 5 fr. 50 par kilogramme de soie filée, il sera déduit du montant total de chaque liquidation trimestrielle de prime, calculée comme si, dans les bassines, il n'avait été filé que des cocons français, une somme de o fr. 25 par kilogramme de cocons secs étrangers pris en charge dans l'ensemble des usines du filateur pendant le même trimestre.

Malgré ces encouragements officiels, la production de

la soie en France ne s'est pas relevée, comme nous le verrons au chapitre suivant.

La sériciculture ne doit-elle plus progresser en France ? Est-elle destinée à disparaître ?

Avant de répondre, examinons les causes de cette diminution persistante de notre production.

Les grandes éducations de 10, 20 onces et plus, qui n'étaient pas rares, ont disparu peu à peu. Cela n'a rien d'étonnant, car il est impossible, avec de si fortes éducations, d'arriver à un rendement élevé. Avant l'apparition des maladies et pendant les huit années les plus productives du siècle dernier, le rendement moyen en cocons était de 18 kilogrammes par once de 25 grammes, comme cela résulte des chiffres du rapport de M. Dumas au Sénat déjà cité. Pasteur, de son côté, établit que le rendement des chambrées les mieux réussies était à peine de 20 à 25 kilogrammes de cocons par once de 25 grammes, dès que l'éducation portait sur quelques onces de graines.

« Le succès d'une chambrée était remarqué quand « on obtenait 1 kilogramme de cocons par gramme de « graines pour une éducation de 10 onces (1). »

De pareils résultats seraient aujourd'hui tout à fait insuffisants pour compenser les frais de main-d'œuvre. Les soins continus et attentifs qu'exige l'élevage des vers à soie ne peuvent être prodigués à de si fortes chambrées avec un personnel restreint. Des locaux très vastes et une installation coûteuse sont nécessaires.

Le vrai moyen d'accroître la production séricicole est de multiplier les petites éducations ; elles seules permettent d'arriver à des rendements élevés. Les frais se trouvent réduits au minimum. Elles n'exigent pas de vastes constructions uniquement consacrées à l'élevage des vers à soie. La main-d'œuvre réduite est fournie par les personnes de la famille ; pendant les premiers quinze ou

(1) Pasteur, *Traité sur la maladie des vers à soie*, t. I, p. 307.

vingt jours, une seule peut suffire aux soins et à la surveillance de la petite éducation, tout en vaquant aux occupations du ménage.

Il n'est pas rare de voir des éducations de ce genre donner de très beaux résultats et arriver même à 3 kilogrammes de cocons par gramme de graines, soit 75 kilogrammes à l'once. Les cocons ne dépasseraient-ils pas le prix de 3 francs le kilogramme (chiffre inférieur à la moyenne des prix des cinq dernières années) (1); la prime serait-elle supprimée que les familles d'agriculteurs auraient encore intérêt à se livrer à cette petite industrie.

Avec une réussite passable, la chambrée de 1 once de 25 grammes de graines peut produire :

65 kilogrammes à 3 francs.........	195 fr.

Les débours ont été :

Achat de la graine.....	6 fr.	60 fr.
Evaluation de la feuille.	40 à 50 —	
Autres dépenses, désinfection, etc...........	4 —	
Différence.............		135 fr. à 145 fr.

qui représentent une large rétribution de la main-d'œuvre (deux personnes pendant dix ou douze jours) et l'amortissement du matériel, qui du reste est peu coûteux, comme nous le verrons plus loin.

Si ces petites éducations familiales ne se multiplient pas au point de compenser l'ancienne production des grandes magnaneries, c'est que d'une part la crainte de ne pas réussir fait hésiter encore bon nombre d'agriculteurs. Ils conservent la mauvaise impression de leurs anciens échecs. Actuellement ils seraient assurés du succès en suivant les instructions que nous donnons dans cet ouvrage, et à la condition de se procurer de la bonne

(1) Le prix moyen des cinq dernières années a été de 3 fr. 57 dans les Cévennes.

graine. D'autre part, si les mûriers n'ont plus été arrachés depuis quelques années, on n'a pas songé à remplacer la quantité énorme de ceux supprimés de 1860 à 1880 et ceux morts naturellement ou faute de soins.

A l'appui de se qui précède, bien des exemples seraient à citer; nous donnons le suivant, parce que l'exactitude des chiffres nous est connue.

La population exclusivement agricole d'une petite commune (1) située sur le versant méridional du mont Sainte-Victoire, en Provence, avait complètement délaissé l'élevage des vers à soie.

En 1895, on y comptait à peine deux ou trois petits éducateurs. En 1896, nous engagions quelques personnes à élever chacune une faible quantité de graines, que nous leur distribuâmes gratuitement. La réussite fut bonne et le nombre des éducateurs a augmenté peu à peu. Il y a eu sucessivement :

En 1901	7	éducateurs.
En 1902	16	—
En 1903	17	—
En 1904	21	—

Ces petites éducations ont toujours donné en moyenne plus de 2 kilogrammes de cocons par gramme de graine, sauf en 1903, à cause de la gelée qui avait détruit la première feuille.

Le nombre d'éducateurs serait bien supérieur si la feuille ne faisait pas défaut. Là comme ailleurs, il est regrettable que bon nombre de mûriers aient été supprimés; ils seraient aujourd'hui une source de richesse.

Nous ne pouvons terminer ce rapide aperçu sur

(1) Puyloubier, canton de Trets (Bouches-du-Rhône), 603 habitants.

l'historique de la sériciculture sans faire mention du procédé Coutagne pour l'amélioration de la richesse en soie. Son application permettra de retirer un plus haut prix des cocons.

M. Georges Coutagne, ancien élève de l'école polytechnique, eut l'ingénieuse idée de chercher à améliorer, par la sélection, le rendement en soie des cocons. Nous aurons plus loin l'occasion de décrire en détail ce procédé; disons ici seulement que de longues et patientes études et de nombreuses expériences faites dans sa propriété du Déffends, près Rousset (Bouches-du-Rhône), ont permis à M. Coutagne de démontrer la parfaite efficacité de sa méthode (1).

Les procédés Coutagne permettent d'augmenter rapidement la richesse en soie des cocons; mais ils ne peuvent pas faire que, si l'on opère sur une race faible, cette race devienne robuste. Ce serait contraire à toutes les lois de l'hérédité. M. Coutagne a été le premier à reconnaître que la race à laquelle il avait fait acquérir une amélioration de plus de 30 p. 100 en soie était pratiquement inutilisable, parce que le point de départ (cocons pris dans une éducation quelconque destinée à la filature) n'était pas parfait au point de vue santé et qu'il avait constamment employé la consanguinité. Malgré ces aveux sincères, on a non seulement contesté l'efficacité du procédé, mais on l'a accusé de communiquer aux vers toutes sortes de maladies et de défauts.

Il s'est passé là, en réalité, ce qui avait eu lieu après les belles découvertes de Pasteur. Des négociants peu scrupuleux pouvaient vendre impunément à très haut prix, sous le nom de graines sélectionnées, des graines provenant de papillons quelconques et nullement

(1) GEORGES COUTAGNE, ancien élève de l'école polytechnique, docteur ès sciences : *Recherches expérimentales sur l'hérédité chez les vers à soie*; *Bulletin scientifique de la France et de la Belgique*, t. XXXVII, Paris, 1902.

examinés. Bien entendu l'éducation échouait complètement, et on en déduisait l'inefficacité de la sélection microscopique. De même certains graineurs vendent comme graines améliorées par le procédé Coutagne des graines quelconques, de telle sorte que l'acheteur, ne voyant au résultat aucune différence, en conclut que le procédé est inefficace. Si même la marche de l'éducation laisse à désirer, on attribue l'échec aux procédés d'amélioration des graines.

Quelques graineurs appliquent réellement et consciencieusement les procédés Coutagne; ils voient leurs produits jouir d'une réputation méritée.

Ces procédés sont un peu délicats à appliquer; ils exigent la continuité dans la sélection et une connaissance approfondie des lois de l'hérédité. Dans les maisons de grainage très importantes où la fabrication industrielle absorbe, il est difficile de sélectionner méthodiquement et d'une façon continue les cocons les plus riches en soie. Il serait à souhaiter que les graineurs qui, pour une raison ou pour l'autre, n'effectuent pas cette sélection, ne fassent pas une concurrence déloyale à ceux qui l'appliquent véritablement. Le nombre de ces derniers augmentera assurément, les cocons riches en soie devenant de plus en plus recherchés par la filature.

En résumé, il est permis d'espérer le relèvement de la sériciculture en France. Grâce aux découvertes de nos savants, les magnaniers peuvent se procurer des graines saines, éviter les maladies en cours d'éducation, arriver à de très bons rendements et vendre avantageusement leur récolte, vu la bonne qualité et la richesse en soie élevée de leurs cocons.

Nous estimons aussi que le développement de la sériciculture pourrait rendre de grands services aux agriculteurs de toutes les régions, où la culture du mûrier est possible et où elle est jusqu'à présent peu répandue. Les cultures arbustives, celle du mûrier notamment, permettraient de tirer parti de grandes étendues de terrain inutilisées dans les régions à climat sec et chaud, en Algérie et en Tunisie, par exemple.

Dans ces dernières contrées, où la main-d'œuvre indigène est abondante, l'élevage du ver à soie pourrait faire l'objet d'une récolte des plus importantes, comme en Syrie et dans tout l'Orient, si des plantations de mûriers permettaient aux éducateurs de se procurer la feuille.

II. — ÉTAT ACTUEL DE LA SÉRICICULTURE EN FRANCE.

L'importance relative de la production séricicole de la France dans ses différentes régions est indiquée par des teintes variées sur la carte ci-jointe, d'après M. Valérien Groffier.

Nous exposons ci-après, dans quelques notes explicatives sur chacun des départements séricicoles classés par ordre d'importance décroissante, l'état actuel de la sériciculture en France.

Gard. — Le département dans lequel la production en cocons est la plus importante est celui du Gard.

Cette production n'est pas également répartie dans tout le département; c'est principalement dans la partie montagneuse, comme on le voit sur la carte, où, par suite de la configuration du sol, la culture de la vigne n'a pu prendre l'extension qu'elle a prise dans la plaine, et où les mûriers ont été respectés et sont même l'objet de soins intelligents et assidus, que la sériciculture est en honneur.

On rencontre encore dans cette partie du département bon nombre d'éducations importantes, supérieures à 5 et même à 10 onces.

C'est grâce à cette particularité que le département du Gard, qui n'occupe que le deuxième rang par le nombre

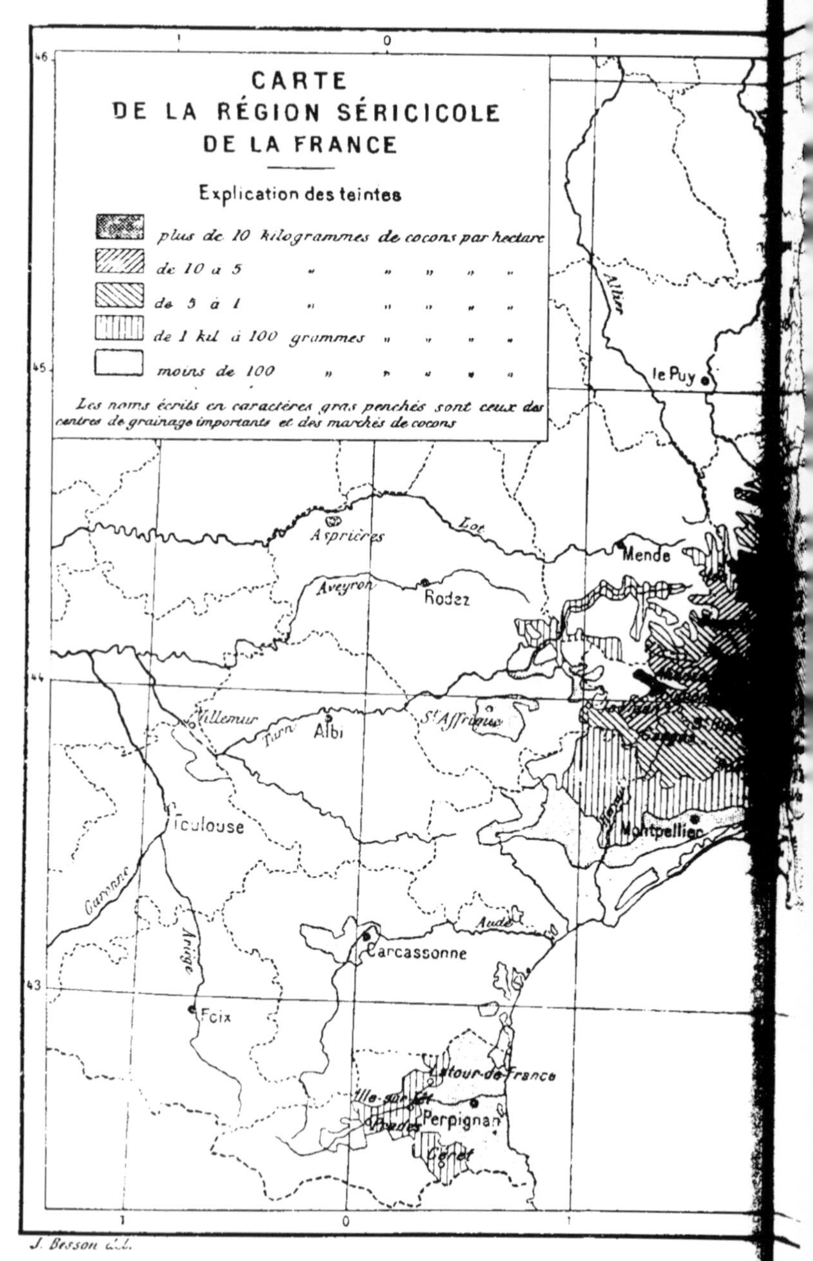

Fig. 1. — Carte de la région séricicole de

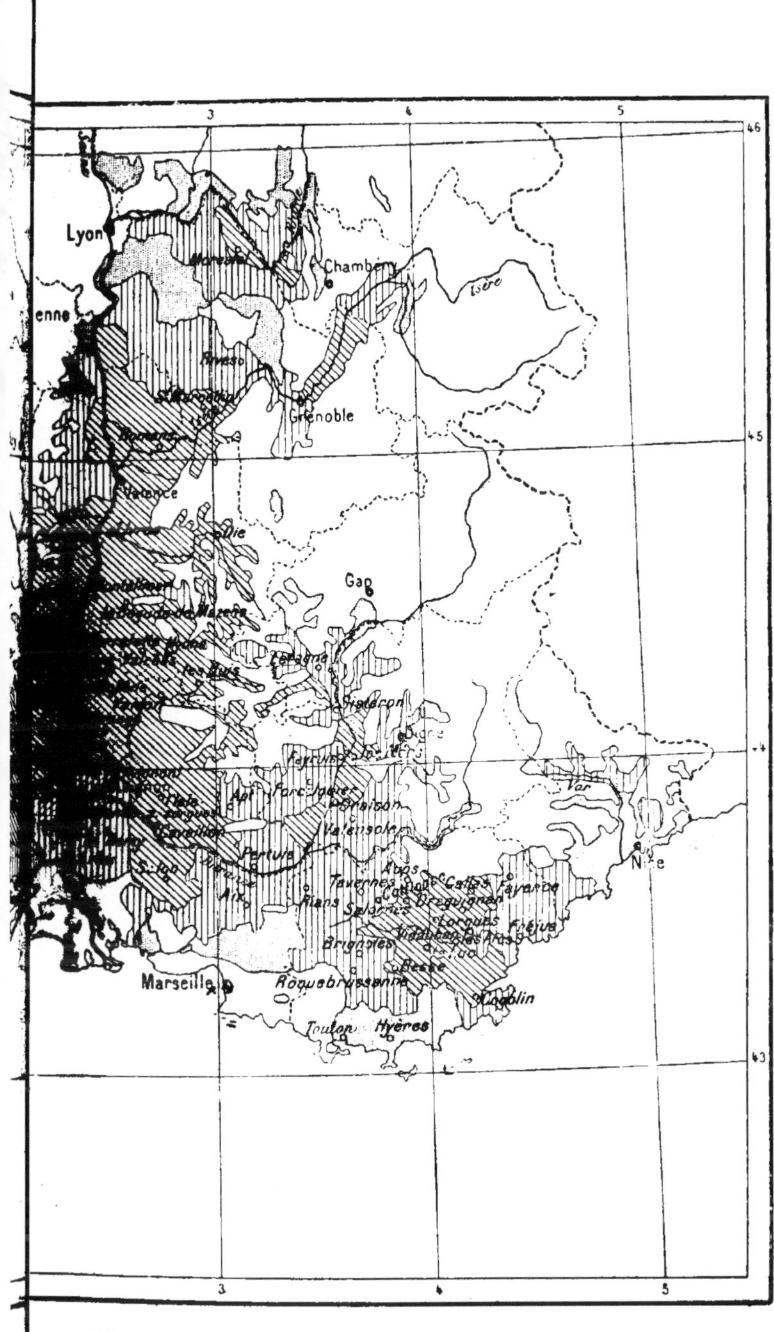

ance (d'après M. Valérien Groffier, de Lyon).

des sériciculteurs (25 000 en chiffre rond, et 26 000 dans la Drôme) est de beaucoup le premier par la production qui oscille autour de 2 millions de cocons frais pour 55 à 60 mille onces de graines mises à l'incubation.

Ces cocons sont exclusivement de races indigènes, de la race des Cévennes pour la plupart, et les graines proviennent toutes des grainages français.

Les marchés les plus importants du département, centres autour desquels se trouvent de nombreuses filatures, sont :

Alais où la qualité des cocons est la plus parfaite et les prix les plus élevés de toute la France (cocons de grainage exceptés); puis : Saint-Ambroix, Anduze, le Vigan, Saint-Hippolyte-du-Fort, Sumène, Lasalle, Valleraugue, Uzès, Pont-Saint-Esprit.

La région de Sommières est un centre de grainage assez important; les éducations y sont peu nombreuses et espacées. L'importance de chaque chambrée est faible, et la plupart donnent des cocons qui conviennent au grainage. On y élève surtout des vers de races indigènes et quelques-uns de races chinoises et japonaises en vue des croisements.

Ardèche. — La sériciculture occupe encore une place très importante dans ce département; c'est le deuxième comme production en cocons frais (1 500 000 kilogrammes en moyenne) et le troisième par le nombre des sériciculteurs : 23 à 24 000 élevant 45 000 onces de graines, ce qui indique que les éducations importantes y sont encore assez nombreuses.

Comme l'indique la carte, c'est la partie sud de ce département montagneux où la sériciculture est la plus développée.

Ces cocons proviennent exclusivement de graines de races indigènes et sont tous destinés à la filature. Ils sont d'ailleurs traités par les nombreux établissements de filature et moulinage qui existent dans ce département.

Les marchés principaux sont : Privas, Chomérac, Le Pouzin, Flaviac, Saint-Julien-en-Saint-Alban, Aubenas, Vals-les-Bains, Bourg-Saint-Andéol, Viviers, Aps, Largentière, Joyeuse, les Vans, Tournon.

Drôme. — Ce département, qui est le premier par le nombre des sériciculteurs (26 000 en moyenne), est seulement le troisième par le chiffre des graines mises à l'éducation (30 000 onces) et par la production en cocons frais (1 000 000 à 1 200 000 kilogrammes). C'est donc que les petites éducations y sont nombreuses et celles de 5 à 10 onces très rares et même exceptionnelles.

Ce département se divise, au point de vue séricicole, en trois régions bien distinctes (Voy. la carte).

La grande plaine qui s'étend sur la rive gauche du Rhône, de Valence à Montélimar, est une région de grandes cultures : prairies, élevage, céréales, vignes, etc., l'éducation des vers à soie est partout pratiquée ; mais les chambrées sont assez éloignées, et la production des cocons frais par kilomètre carré n'atteint nulle part 3 kilogrammes.

Dans cette région, ce sont les races indigènes qui sont seules élevées.

Dans la partie accidentée, les éducations sont au contraire beaucoup plus nombreuses et plus rapprochées les unes des autres. La production par kilomètre carré est à peu près uniforme, dépassant 3 kilogrammes de cocons frais. En plus des cocons indigènes, on élève, dans cette partie du département, des races japonaises et des croisements japonais, dont l'évolution rapide est un avantage dans les régions où l'arrivée tardive de la chaleur oblige à reculer la mise à l'éclosion.

La sériciculture disparaît brusquement dans toute la partie montagneuse où l'altitude ne permet plus la culture du mûrier.

Les marchés les plus importants du département de la Drôme sont : Romans, Bourg-de-Péage, Livron, Loriol,

Mirmande, Die, Saillans, Crest, Allex, Montélimar, Dieulefit, la Bégude-de-Mazene, Taulignan, Pierrelatte, Donzère, Nyons.

Les filatures et ouvraisons sont nombreuses dans le département.

Il y a de petits centres de grainage, notamment à « Buis-des-Baronnies ».

Vaucluse. — L'élevage des vers à soie se fait dans toute l'étendue du département, et plus particulièrement dans les environs de Cavaillon, Orange et Vaison. Nous ne rencontrons guère ici d'éducations de plus de 2 onces ; celles-ci sont même l'exception. La plupart des chambrées sont de 20 à 30 grammes, quelques-unes de 40 à 45, et un certain nombre de 10 à 12 seulement. Cela n'a rien d'étonnant, car la propriété est très morcelée. Quinze à seize mille éducateurs élèvent 18 à 20 000 onces de graines, dont un millier seulement de croisements chinois et japonais, de chinois et japonais purs, ces deux derniers destinés au grainage.

Les marchés principaux sont : Avignon, l'Isle-sur-Sorgues, Cavaillon, Apt, Gordes, Pertuis, Carpentras, Caromb, Vaison, Orange, Bollène, Sainte-Cécile, Valréas.

Il existe plusieurs filatures, et entr'autres à Cavaillon, Courthézon, Caromb et Pertuis.

Il y a des grainages, mais de peu d'importance, à Cavaillon, Avignon, Vaison et Velleron.

Isère. — Les éducations de vers à soie dans ce département se rencontrent partout où le climat permet la culture du mûrier. Ce sont les petites chambrées qui dominent. Huit mille éducateurs environ élevant de 8 à 10 mille onces de graines de races indigènes, sauf 500 onces environ de croisements japonais, dont l'évolution est plus rapide et qui paraissent mieux réussir dans les régions froides du département.

Tous les cocons sont réservés à la filature.

Les marchés les plus importants sont tenus à :

Morestel, Saint-Étienne-de-Saint-Geoirs, Saint-Antoine, Saint-Marcellin, Beaurepaire et Rives.

Var. — C'est le département par excellence où l'éducation des vers à soie est faite en vue du grainage. Contrairement à ce qui a lieu dans les départements dont nous venons de parler, les éducations pour la filature sont l'exception. C'est dire que l'on y rencontre uniquement des petites chambrées. Huit mille sériciculteurs élèvent 6 000 onces de graines de races très diverses. Cependant il y a, dans les environs de Lorgues, quelques chambrées plus importantes, dont les cocons sont destinés à la filature.

Le rendement moyen est assez élevé dans ce département et dépasse presque toujours 2 kilogrammes au gramme. Cela provient non seulement du climat très favorable et de la bonne qualité de la feuille, mais aussi du soin que les magnaniers savent donner à leurs vers à soie et du fait de la subdivision des chambrées.

Les seuls marchés de cocons pour la filature sont à Vidauban et à Draguignan; une filature existe à Trans, près Draguignan.

De nombreux sériciculteurs-graineurs, dont quelques-uns très importants, sont établis aux Arcs, au Luc, à Vidauban, Cogolin, Grimaud, la Garde-Freinet, Plan-de-la-Tour, Sainte-Maxime, Cotignac, etc. Ces sériciculteurs-graineurs font faire de petites éducations dans tout le département et dans les départements voisins.

Bouches-du-Rhône. — Il est à remarquer, d'après la carte séricicole, que dans ce département l'importance de la sériciculture va en décroissant de la Durance à la mer. Les élevages sont nuls en Camargue, sur tout le littoral et aux environs de Marseille en particulier.

Quatre mille éducateurs élèvent 5 à 6 000 onces de graines de vers à soie, appartenant presque toutes aux races indigènes. Les éducations de quelque importance se rencontrent seulement dans l'arrondissement d'Arles. Toutes les chambrées sont destinées à la filature, sauf sur les confins du département du Var, où l'on rencontre de petites communes dont les éducations sont réservées au grainage.

Les marchés principaux sont : Saint-Remy, Graveson, Maillane, Salon et Aix.

Hérault. — La sériciculture a énormément décru dans ce département à cause de l'extension qu'y a pris la viticulture.

Deux mille sériciculteurs élèvent près de 4000 onces de graines de vers à soie. C'est dire qu'il s'y trouve des chambrées de quelque importance. Toutes sont destinées à la filature et appartiennent exclusivement aux races françaises.

Il y a quelques filatures dans ce département, principalement à Ganges.

Les marchés principaux sont : Ganges, Gorniès, Madières, Saint-Beauzille-de-Putois.

Basses-Alpes. — Comme dans le Var, presque toutes les éducations de vers à soie faites dans ce département sont destinées au grainage. Dans les environs de Manosque seulement, on rencontre des chambrées destinées à la filature. Trois mille cinq cents éducateurs élèvent 3 000 onces de graines de vers à soie, dont 200 onces environ de races chinoises et japonaises en vue des croisements avec les races indigènes. Ces petites éducations se font dans toutes les régions ou l'altitude ne les interdit pas. Le rendement est très voisin de celui obtenu dans le Var et dépasse généralement 2 kilogrammes au gramme.

Sisteron, Peyruis, Les Mées, Digne et Oraison sont des centres importants de grainage : le seul marché de cocons pour filature est à Manosque.

Lozère. — Les éducations de vers à soie pour ce département sont cantonnées dans les Cévennes. Comme dans le département voisin, le Gard, on y trouve des chambrées relativement importantes. Dix-huit cents éducateurs élèvent près de 3 000 onces de graines de vers à soie de races indigènes. Les cocons sont vendus sur les marchés du Gard. Les filatures de la région qui achètent sur place établissent les prix d'après ceux des marchés d'Alais.

Corse. — Pendant quelques années, la Corse a été un centre de grainage important.

Au moment où le fléau de la pébrine commençait à sévir avec intensité, les graines de vers à soie de Corse furent indemnes pendant quelque temps et étaient très recherchées. Mais elles subirent bientôt le sort des autres provenances et furent alors délaissées.

L'exemple du marquis de Casabianca, qui fabriqua en Corse des graines par la méthode Pasteur, ne paraît pas avoir été suivi, et actuellement presque tous les cocons sont destinés à la filature et achetés par les filateurs italiens.

Un millier d'éducateurs élèvent 1 800 à 2 000 onces de graines de vers à soie, qui donnent près de 100 000 kilogrammes de cocons frais.

Pyrénées-Orientales. — Tous les cocons produits dans ce département sont réservés au grainage, et ils appartiennent pour la plupart à la race indigène dite des *Pyrénées*, cocons moyens, jaunes, cerclés et fins. Les graines de cette région ont un important débouché en Espagne.

Quatre cents éducateurs élèvent quatre cents onces de graines et obtiennent un rendement moyen dépassant 2 kilogrammes et demi au gramme. C'est le département français où les rendements sont les plus élevés. Comme on le voit sur la carte, la sériciculture a peu d'importance dans la plaine du département : Perpignan, Thuir, Rivesaltes, à cause du grand développement qu'y a pris la viticulture. Les centres principaux de grainage sont : Ceret, Prades, l'Ille-sur-Tet, la Tour-de-France et Cattlar.

Alpes-Maritimes. — Grasse, Puget-Théniers, Villars, L'Escarène sont des centres d'éducations dont les cocons sont réservés au grainage. Les graines sont distribuées et les cocons achetés par les sériciculteurs-graineurs du département du Var. Trois cent cinquante éducateurs élèvent 450 onces de graines.

Hautes-Alpes. — L'altitude limite les régions séricicoles dans ce département : elles sont cantonnées, comme on le voit sur la carte, dans la vallée inférieure du Buech et dans celle de la Durance. C'est par excellence le pays des petites chambrées. Six cents éducateurs élèvent moins de 400 onces de graines de vers à soie. Une trentaine d'onces appartiennent aux races chinoises et japonaises. Le rendement de ces graines est très faible, car les races chinoises demandent, pour réussir, une température élevée. Mais ces cocons sont achetés fort cher par les sériciculteurs-graineurs des Basses-Alpes, qui en ont besoin pour les croiser avec leurs lots de cocons indigènes. Le rendement des graines indigènes est en moyenne de 2 kilogrammes de cocons par gramme de graines. Toutes les éducations de ce département sont réservées à l'industrie du grainage, dont Laragne est le centre important.

Savoie. — Sept à huit cents éducateurs élevant 500 onces de graines de vers à soie sont répartis dans les environs de Chambéry et dans la vallée de l'Isère. La récolte est de 15 000 à 18 000 kilogrammes de cocons frais appartenant aux races indigènes et aux croisements japonais. Tous ces cocons sont vendus sur les marchés de l'Isère.

Ain. — Dans les environs de Belley principalement et quelque peu dans ceux de Trévoux, cinq à six cents éducateurs élèvent 400 onces de graines de vers à soie et récoltent 12 000 à 15 000 kilogrammes de cocons frais appartenant exclusivement aux races indigènes.

Aveyron. — Aux environs de Milhau, Saint-Afrique et Asprières, une centaine d'éducateurs élèvent 150 onces de graines de vers à soie, qui produisent 5 000 kilogrammes de cocons frais, dont la plupart appartiennent à des races blanches indigènes.

Tarn. — Sur les limites des départements de l'Hérault et de l'Aveyron, deux cent cinquante éducateurs élèvent moins de 200 onces, produisant à peine 5 000 kilogrammes de cocons frais.

Tarn-et-Garonne. — Cent cinquante éducateurs, aux environs de Montauban et de Villebrumiel, élèvent 130 à 140 onces de graines de vers à soie, qui donnent 4 000 kilogrammes de cocons frais environ, de races blanches indigènes.

Loire. — Dans ce département et en se rapprochant de la vallée du Rhône, une centaine d'éducateurs élèvent 130 onces de graines de vers à soie et récoltent environ 3 500 kilogrammes de cocons frais.

Rhône. — Une trentaine d'éducateurs élevant 25 onces récoltent 1 millier de kilogrammes de cocons frais.

Aude. — Quatre éducateurs aux environs de Carcassonne élèvent 20 à 25 onces de graines et récoltent environ 1 500 kilogrammes de cocons frais.

Lot-et-Garonne. — Trois éducateurs élèvent 20 onces et récoltent 600 kilogrammes.

Gers. — Deux ou trois éducateurs élèvent 10 à 12 onces de graines de vers à soie de races étrangères et récoltent 4 à 500 kilogrammes de cocons.

Haute-Garonne. — A Montastruc et Villemur, trois ou quatre éducateurs élèvent 2 à 3 onces de graines et récoltent 100 à 120 kilogrammes de cocons.

Sur la carte séricicole ne figurent pas quelques départements où la sériciculture est trop peu développée pour qu'il en soit fait mention. Ces éducations y sont, pour ainsi dire, accidentelles et à titre d'essai. Le produit par département est inférieur à 100 kilogrammes. Tels sont : les Hautes-Pyrénées, l'Indre-et-Loire, le Cher, le Pas-de-Calais, la Seine.

I

STATISTIQUE DE LA PRODUCTION DE LA SOIE (1)

France.

GRAINES MISES A L'ÉCLOSION. — D'après la statistique officielle du ministère de l'Agriculture, la quantité de graines mises à l'éclosion en 1903 a été de 182 712 onces de 25 grammes réparties de la façon indiquée par le tableau n° 1 statistique de la France.

Pendant les dix années précédentes, les quantités de graines mises à l'éclosion avaient été :

	Races indigènes.	Races du Japon.		Races étrangères autres.	Totaux.
		Origin.	Reprod.		
	onces.	onces.	onces.	onces.	onces.
1902	189 040	334	6 722	2 331	198 427
1901	195 592	505	6 338	2 739	205 174
1900	197 070	969	4 897	2 648	205 584
1899	175 434	788	4 200	2 523	182 945
1898	174 988	649	5 022	2 321	184 980
1897	190 834	1 177	3 923	2 949	198 883
1896	212 284	1 168	4 857	3 434	221 743
1895	203 855	1 308	5 640	1 624	212 427
1894	230 987	1 746	5 473	2 590	240 796
1893	212 392	1 933	5 837	4 850	225 012
Moyenne décennale	198 447	1 057	5 200	2 800	207594
1903	175 488	207	4 558	2 459	182712

(1) Les renseignements qui suivent sont empruntés aux statistiques que publie chaque année le Syndicat de l'union des marchands de soie à Lyon (Imprimerie A. Rey et Cie, 4, rue Gentil, Lyon).

Il ressort des chiffres précédents que la quantité de graines mises à l'éclosion en 1903, soit 182 712 onces, est inférieure de 15 715 onces à la quantité de l'année précédente et de 24 882 onces à la moyenne des dix années précédentes, qui est de 207 594 onces.

Cette diminution est amenée par les causes générales indiquées dans le chapitre précédent et cette année en particulier par la gelée des 19 et 20 avril, qui détruisit complètement la feuille de mûrier dans de nombreuses régions.

La répartition des provenances de graines accuse une diminution constante dans les quantités de graines originaires du Japon : 1 933 onces en 1893 et 207 en 1903.

Récolte des cocons. — Le chiffre officiel des cocons frais récoltés en 1903 s'est élevé, d'après la statistique du ministère de l'Agriculture, à 5 985 481 kilogrammes répartis comme l'indique le tableau n° 1 annexé ci-après.

Pendant les dix années précédentes, la production en cocons frais s'était élevée aux chiffres suivants :

	Cocons frais récoltés.	
1893	9 987 110	kilogr.
1894	10 584 491	—
1895	9 300 727	—
1896	9 318 765	—
1897	7 760 132	—
1898	6 893 033	—
1899	6 993 339	—
1900	9 180 404	—
1901	8 451 839	—
1902	7 287 541	—
Moyenne décennale	8 575 738	kilogr.

Le chiffre des cocons récoltés en 1903 a donc été inférieur de 1 302 060 kilogrammes (17,9 p. 100) à celui de 1902 et de 2 590 257 kilogrammes (30,2 p. 100) à la moyenne des dix années précédentes, qui a été de 8 575 738 kilogrammes.

Les cocons récoltés en 1903, soit 5 985 481 kilogrammes, se répartissent comme suit :

Races jaunes indigènes...........	5 728 429	kilogr.
Races du Japon (originaires)......	8 223	—
Races du Japon reproduites.......	165 744	—
Autres races étrangères...........	83 085	—

Rendement moyen a l'once. — Le rendement moyen en kilogrammes de cocons de l'once de semences a été seulement de 32^{kg},750 sensiblement inférieur au rendement moyen des cinq années précédentes, ainsi qu'en témoigne le tableau suivant :

	1899	1900	1901	1902	1903
	kil.	kil.	kil.	kil.	kil.
Races du Japon (originaires).	24,10	29,15	38,83	39,23	39,72
Races du Japon reproduites.	34,65	41,59	40,57	35,04	36,36
Races étrangères autres....	37,27	37,26	41,51	36,77	33,78
Races indigènes...........	38,38	44,90	44,21	36,78	32,64
Moyennes.................	38,22	44,65	41,19	36,70	32,75

Le faible rendement en 1903 doit être attribué à une saison défavorable, et surtout à la mauvaise qualité de la feuille par suite des gelées de printemps.

Il est curieux de remarquer dans le tableau précédent que le rendement des graines du Japon va en augmentant. Ce fait tient surtout à ce que ces graines sont élevées presque exclusivement en petites chambrées pour le grainage, les cocons devant servir aux croisements avec les races indigènes.

Les rendements moyens des cinq dernières années sont considérablement supérieurs à ceux obtenus autrefois, au moment des plus fortes récoltes (1850-1854), qui n'étaient que de 18 à 20 kilogrammes à l'once. Ils doivent progresser encore, et, nous ne saurions trop le répéter, la sériciculture ne sera prospère que si les magnaniers obtiennent de forts rendements (60 à 70 kilogrammes à l'once).

Cocons de grainage. — La quantité de cocons mis au grainage ne peut être évaluée que par le chiffre des cocons percés vendus comme déchets :

Ce serait pour :

1903	410 000 kilogr.	environ.
1902	430 000	—
1901	450 000	—

La statistique des douanes donne 25 800 kilogrammes (poids net) de graines de vers à soie exportées à l'Étranger en 1903, soit 800 à 850 000 onces. Le total de celles élevées en France s'élève à 180 000 onces en chiffres ronds, soit un total de 1 million d'onces environ, qui représente la production du grainage français en 1903.

L'exportation en 1902 avait été de 700 à 750 000 et la production totale de 900 à 950 000 onces.

Prix des cocons. — Les prix font ressortir en 1903 une augmentation de 0 fr. 50 à 0 fr. 60 sur ceux de l'année précédente. A cause de la récolte réduite, les cocons ont été vivement recherchés. Voici les prix des principaux marchés pendant les cinq dernières années.

TABLEAUX.

	1899	1900	1901	1902	1903
GARD.					
Alais........	4,20	3,35	2,90-2,95	3,50-3,55	4 à 4,05
St-Ambroix..	4,15-4,20	3,35	2,95-3	3,50-3,55	4 à 4,10
Anduze.. ...	4,20	3,35	2,95-3,05	3,50-3,65	4 à 4,05
Le Vigan....	4,15	3,35	2,95-3,05	3,55-3,65	4 à 4,05
Saint-Hippolyte-du-Fort.	4,05	3,35	2,75-2,85	3,50-3,60	3,80-4
Sumène.....	4	3,30	2,75-2,85	3,55-3,65	4 à 4,10
Lasalle.......	4,10	3,35	2,95-3,05	3,50-3,55	4 à 4,10
Valleraugue.	4 à 4,15	3,35	2,95-3,05	3,55-3,65	4 à 4,05
Uzès..	3,80-3,90	3,15-3,20	2,60-2,70	3,40-3,45	3,90-3,95
Pont-Saint-Esprit......	3,90-4	2,80-2,95	2,60-2,70	3,40-3,50	3,80-3,90
Moyennes...	4,05-4,15	3,25-3,35	2,85-2,95	3,50-3,60	3,95-4,05
ARDÈCHE.					
Privas, Chomérac......	3,90	2,80-2,90	2,65-2,75	3,25-3,35	3,80-3,90
Le Pouzin, Flaviac.....	3,90	2,80-2,90	2,65-2,75	3,25-3,35	3,80-3,90
St-Julien-en-St-Alban....	3,85-3,95	2,85-2,95	2,60-2,70	3,25-3,35	3,80-3,90
Aubenas. ...	4,10	3 à 3,10	2,85-2,90	3,35-3,45	4 à 4,10
Vals-les-Bains.......	4,10	3 à 3,10	2,85-2,90	3,35-3,45	4 à 4,05
Bourg-Saint-Andéol....	3,80	2,95-3,05	2,60-2,70	3,30-3,35	3,85-3,95
Viviers.. ...	3,80-3,85	2,85-2,95	2,45-2,50	3,10-3,20	3,80-4
Aps.........	3,80-3,90	2,95-3,05	2,55-2,65	3,30-3,40	3,85-4
Largentière-Joyeuse....	4,10-4,15	3 à 3,15	2,85-2,95	3,40-3,50	3,90-4
Les Vans....	3,95	2,95-3,10	2,85-2,95	3,45-3,55	3,95-4,05
Tournon.. ..	3,90	2,80-2,85	2,60-2,65	3,20-3,30	3,80-3,90
Moyennes...	3,90-3,95	2,90-3	2,65-2,75	3,30-3,40	3,85-3,95

	1899	1900	1901	1902	1903
DRÔME.					
Romans, Bourg-de-Péage..	3,80-3,90	2,85-2,90	2,80-2,85	3,35-3,45	3,80-3,90
Livron......	3,70-3,80	2,80-2,90	2,55-2,65	3,15-3,25	4
Loriol, Mirmande.....	3,80-3,90	2,85-2,95	2,60-2,65	3,25-3,30	3,80-4
Die, Saillans........	3,75-3,85	2,80-2,90	2,85-2,95	3,35-3,45	3,60-3,70
Crest........	3,75-3,90	2,80-2,90	2,80-2,85	3,30-3,40	3,75-3,85
Allex, Grane et environs.	3,80-3,90	2,85-2,95	2,60-2,65	3,25-3,30	3,85-4
Montélimar, Dieulefit. ..	3,70-3,80	2,70-2,80	2,45-2,55	3 à 3,10	3,75-3,85
La Bégude-de-Mazenc..	3,80-3,95	2,90-2,95	2,70-2,75	3,30-3,40	3,80-3,90
Taulignan...	3,60-3,70	2,70-2,80	2,65-2,75	3,20-3,30	3,75-3,85
Pierrelatte, Donzère....	3,75-3,80	2,95-3,05	2,50-2,55	3,20-3,25	3,90-4
Nyons..... ..	3,70-3,80	2,95-3,05	2,85-2,95	3,25-3,35	3,75-3,85
Moyennes...	3,75-3,85	2,80-2,90	2,65-2,75	3,20-3,30	3,80-3,90
VAUCLUSE.					
Avignon. ...	3,60-3,70	2,95-3	2,40-2,50	3,15-3,25	3,70-3,75
L'Isle-sur-Sorgues....	3,55-3,65	2,75-2,85	2,40-2,50	3,10-3,15	3,60-3,65
Cavaillon....	3,70-3,80	2,95-3,05	2,45-2,55	3,20-3,30	3,80-3,90
Apt, Gordes, Pertuis. ... Vallée du Luberon	3,75-3,85	2,95-3,05	2,60-2,70	3,30-3,40	3,80-3,90
Carpentras, Caromb....			2,45-2,55	3,10-3,20	3,60-3,70
Orange......	3,65-3,75	2,75-2,80	2,45-2,60	3,15-3,30	3,70-3,80
Bollène.	3,80-3,90	2,95-3,05	2,55-2,65	3,35-3,45	3,75-3,85
Sainte-Cécile.	3,65-3,75	2,85-2,95	2,45-2,55	3,20-3,25	3,80-3,85
Valréas.	3,60-3,70	2,70-2,80	2,65-2,70	3,20-3,30	3,75-3,80
Moyennes...	3,65-3,75	2,90-2,95	2,50-2,60	3,20-3,30	3,75-3

	1899	1900	1901	1902	1903
HÉRAULT.					
Ganges et environs......	4	3,35	2,85-2,95	3,55-3,60	»
Gorniès, Madières (vallée de la Vis)...	4	3,35	2,75-2,85	3,45-3,60	3,75-3,80
St-Bauzille-de-Putois...	4	3,35	2,75-2,80	3,50-3,60	3,75-3,85
VAR.					
Vidauban (tels quels).	3,45-3,55	2,75	2,45-2,55	2,75-2,85	3,50-3,55
Draguignan (tels quels).	3,45-3,55	2,75	2,45-2,55	2,80-2,90	3,50-3,60
BOUCHES-DU-RHÔNE					
St-Rémy, Graveson, Maillane.	3,60-3,70	2,90-3	2,45-2,55	3,30-3,40	3,70-3,80
Salon.......	3,65-3,80	2,86-3,05	2,50-2,60	3,35-3,40	3,75-3,80
ISÈRE.					
Morestel.....	3,60-3,65	2,75-2,85	2,40-2,50	3,30-3,40	3,50-3,60
St-Etienne-de-St-Geoirs.	3,60-3,70	2,75-2,90	2,60-2,70	3,25-3,40	3,75-3,85
St-Antoine-St-Marcellin.	3,60-3,80	2,70-2,85	2,50-2,65	3,30-3,40	3,55-3,60
Beaurepaire, Rives......	3,65-3,80	2,80-2,90	2,70-2,80	3,20-3,35	3,60-3,65
PYRÉNÉES-ORIENTALES (1)					
Ille-sur-Têt..	4,50	4,50	4,50	4	4 à 4,50
Latour-de-France.....	5	4	4	4	4
Catllar......	»	»	»	2,75-3	4

(1) Cocons exclusivement réservés au grainage.

Rendement a la bassine (1). — Les rendements à la bassine ont été un peu meilleurs en 1903 que l'année précédente. D'après les renseignements recueillis par le Syndicat de l'union des marchands de soie de Lyon, ils peuvent être évalués de 11kg,5 à 12 kilogrammes pour les races jaunes qui forment la grande majorité et 12 kilogrammes à 12kg,5 pour les races blanches et vertes.

Production de soie grège. — En 1903, la quantité de soie grège récoltée peut être évaluée comme suit :

Déduction faite des cocons réservés au grainage, il restait pour la filature en cocons jaunes.................	5 401 514 kilogrammes.
Et en cocons verts Japon...........	173 967 —
	kil.
Les premiers au rendement moyen de 11kg,75 donnent..................	459 800 de soie grège.
Et les seconds au rendement de 12kg,25.........................	14 200 —
Total.............	474 000 de soie grège.

La production des dix années précédentes avait été évaluée aux chiffres suivants :

Années.	Grège jaune. kil.	Grège verte. kil.	Totaux. kil.
1893........	829 000	23 000	852 000
1894........	880 000	16 000	896 000
1895........	759 000	21 000	780 000
1896........	765 000	19 000	784 000
1897........	604 000	16 000	620 000
1898........	534 000	16 000	550 000
1899........	546 000	14 000	560 000
1900........	717 500	18 500	736 000
1901........	632 000	22 000	654 000
1902........	550 700	19 300	570 000
Moyenne décennale.	681 700	18 500	700 200

(1) La rentrée ou *rendement à la bassine* est la quantité de kilogrammes de cocons frais nécessaires pour obtenir 1 kilogramme de soie grège.

Nombre des sériciculteurs. — Le nombre des sériciculteurs recensés s'est élevé en 1903 à 120 266, chiffre inférieur de 7 933 unités à celui de 1902 et de 16 811 unités à la moyenne des dix années précédentes, qui a été de 137 077, savoir :

1893	148 971
1894	154 733
1895	139 996
1896	145 310
1897	133 253
1898	123 288
1899	128 114
1900	136 214
1901	132 694
1902	128 199
Moyenne décennale	137 077

TABLEAUX.

Statistique de la récolte des cocons en France en 1903.

(D'après les documents recueillis par le ministère de l'Agriculture.)

DÉPARTEMENTS	NOMBRE de Sériciculteurs	QUANTITÉS DE GRAINES DE DIVERSES RACES MISES EN INCUBATION (EN ONCES DE 25 GRAMMES)				
		RACES FRANÇAISES (RACE INDIGÈNE PROVENANT DE GRAINES DE RACES FRANÇAISES)	RACES DU JAPON PROVENANT DE GRAINES DIRECTEMENT IMPORTÉES	RACES JAPONAISES PROVENANT DE GRAINES DE RACE JAPONAISE DE REPRODUCTION FRANÇAISE	RACES D'AUTRES PROVENANCES ÉTRANGÈRES	TOTAUX
	2	3	4	5	6	7
		onces	onces	onces	onces	onces
Ain	529	391	»	»	»	391
Alpes (Basses-)	3.380	2.805	25	153	74	3.057
Alpes (Hautes-)	531	345	1	14	5	365
Alpes-Maritimes	322	445	»	»	»	445
Ardèche	23.377	41.502	25	1.371	1.095	43.993
Aude	4	24	»	»	»	24
Aveyron	108	148	»	5	»	153
Bouches-du-Rhône	4.026	5.129	»	232	1	5.362
Corse	1.051	1.719	»	»	»	1.719
Drôme	25.838	28.211	30	846	954	30.041
Gard	25.297	54.228	»	154	50	54.432
Garonne (Haute-)	3	3	»	»	»	3
Gers	2	»	»	»	10	10
Hérault	2.178	3.208	»	311	12	3.531
Isère	7.654	8.977	5	370	90	9.442
Loire	94	132	»	»	»	132
Lot-et-Garonne	3	21	»	»	»	21
Lozère	1.793	2.680	3	»	»	2.683
Pyrénées (Hautes-)	1	2	»	»	»	2
Pyrénées-Orientales	364	397	»	»	20	417
Rhône	26	21	4	»	»	25
Savoie	744	515	»	9	»	524
Tarn	236	156	»	4	3	163
Tarn-et-Garonne	164	135	»	»	»	135
Var	7.083	6.469	114	144	145	6.872
Vaucluse	15.458	17.825	»	945	»	18.770
TOTAUX ET MOYENNES	120.266	175.488	207	4.558	2.459	182.712
RÉCOLTE DE 1902	128.199	189.040	334	6.722	2.331	198.427
Différences entre 1903 et 1902 — en plus	»	»	»	»	128	»
Différences entre 1903 et 1902 — en moins	7.933	13.552	127	2.164	»	15.715

Statistique de la récolte des cocons en France en 1903 (suit

(D'après les documents recueillis par le ministère de l'Agriculture.)

DÉPARTEMENTS	PRODUCTION TOTALE EN COCONS FRAIS OBTENUE DE CES GRAINES (EN KILOGRAMMES)				
	RACES FRANÇAISES (RACE INDIGÈNE PROVENANT DE GRAINES DE RACES FRANÇAISES) 8	RACES DU JAPON PROVENANT DE GRAINES DIRECTEMENT IMPORTÉES 9	RACES JAPONAISES PROVENANT DE GRAINES DE RACES JAPONAISES DE REPRODUCTION FRANÇAISE 10	RACES D'AUTRES PROVENANCES ÉTRANGÈRES 11	TOTAUX 12
	kil	kil	kil	kil	kil
Ain	12.346	»	»	»	12.34
Alpes (Basses-)	116.709	888	6.582	2.596	126.77
Alpes (Hautes-)	16.203	16	468	94	16.78
Alpes-Maritimes	18.226	»	»	»	18.22
Ardèche	1.196.072	720	43.372	39.371	1.279.53
Aude	1.350	»	»	»	1.36
Aveyron	4.810	»	127	»	4.93
Bouches-du-Rhône	149.725	»	8.182	22	157.92
Corse	85.829	»	»	»	85.82
Drôme	1.041.577	1.157	31.330	28.449	1.102.51
Gard	1.698.022	»	5.825	1.682	1.705.5
Garonne (Haute-)	96	»	»	»	[illegible]
Gers	»	»	»	355	3
Hérault	119.607	»	9.593	608	129.20
Isère	189.457	198	12.669	1.990	204.31
Loire	3.465	»	»	»	3.46
Lot-et-Garonne	577	»	»	»	57
Lozère	99.639	49	»	»	99.6
Pyrénées (Hautes-)	65	»	»	»	6
Pyrénées-Orientales	27.588	»	»	1.186	28.77
Rhône	859	195	»	»	1.05
Savoie	16.701	»	270	»	16.97
Tarn	4.651	»	65	82	4.78
Tarn-et-Garonne	3.807	»	»	»	3.80
Var	276.524	5.000	7.940	6.650	296.11
Vaucluse	645.114	»	39.321	»	684.43
TOTAUX ET MOYENNES	5.728.429	8.223	165.744	83.085	5.985.48
RÉCOLTE DE 1902	6.953.156	13.103	235.549	85.733	7.287.54
Différences entre 1903 et 1902 — en plus	»	»	»	»	»
Différences entre 1903 et 1902 — en moins	1.224.727	4.880	69.805	2.648	1.302.06

Statistique de la récolte des cocons en France en 1903 (suite).

(D'après les documents recueillis par le ministère de l'Agriculture.)

DÉPARTEMENTS	RENDEMENT MOYEN en cocons frais d'une once de 25 grammes de graines (en kilogrammes)				
	Races françaises (race indigène provenant de graines de races françaises) 13	Races du Japon provenant de graines directement importées 14	Races japonaises provenant de graines de race japonaise de reproduction française 15	Races d'autres provenances étrangères 16	Moyennes 17
	kil. gr.	kil. gr.	kil. gr.	kil. gr.	kil. gr.
Ain	31.575	»	»	»	31.575
Alpes (Basses-)	41.607	35.520	40.405	35.081	41.470
Alpes (Hautes-)	46.965	46. »	33.428	18.800	45.975
Alpes-Maritimes	40.957	»	»	»	40.957
Ardèche	28.819	28.800	31.635	35.955	29.084
Aude	56.666	»	»	»	56.666
Aveyron	32.500	»	25.400	»	32.267
Bouches-du-Rhône	29.191	»	35.267	22. »	29.453
Corse	49.929	»	»	»	49.929
Drôme	36.920	38.566	37.033	29.820	36.700
Gard	31.312	»	37.824	33.040	31.333
Garonne (Haute-)	32. »	»	»	»	32. »
Gers	»	»	»	35.500	35.500
Hérault	37.096	»	30.845	50.666	36.592
Isère	21.104	39.600	34.240	22.111	21.638
Loire	26.250	»	»	»	26.250
Lot-et-Garonne	27.476	»	»	»	27.476
Lozère	37.178	16.333	»	»	37.155
Pyrénées (Hautes-)	32.500	»	»	»	32.500
Pyrénées-Orientales	69.491	»	»	59.300	69.002
Rhône	40.904	48.750	»	»	42.160
Savoie	32.429	»	30. »	»	32.387
Tarn	29.814	»	16.250	27.333	29.435
Tarn-et-Garonne	28.200	»	»	»	28.200
Var	42.746	43.859	55.138	45.862	43.089
Vaucluse	36.191	»	41.609	»	36.464
Totaux et moyennes	32.642	39.724	36.363	33.788	32.759
Récolte de 1902	36.781	39.230	35.041	36.779	36.726
Différences entre 1903 et 1902 — en plus	»	494	1.322	»	»
Différences entre 1903 et 1902 — en moins	4.139	»	»	2.991	3.967

Statistique de la récolte des cocons en France en 1903 (suite

(D'après les documents recueillis par le ministère de l'Agriculture.)

DÉPARTEMENTS	PRIX DE VENTE D'UNE ONCE (DE 25 GRAMMES DE GRAINES)			
	RACES FRANÇAISES (RACE INDIGÈNE PROVENANT DE GRAINES DE RACES FRANÇAISES) 18	RACES DU JAPON PROVENANT DE GRAINES DIRECTEMENT IMPORTÉES 19	RACES JAPONAISES PROVENANT DE GRAINES DE RACE JAPONAISE DE REPRODUCTION FRANÇAISE 20	RACES D'AUTRES PROVENANCES ÉTRANGÈRES 21
	fr. c.	fr. c.	fr. c.	fr. c.
Ain	8. »	»	»	8. »
Alpes (Basses-)	7.12	7.87	9.25	4.91
Alpes (Hautes-)	6.35	6.50	6.50	3.50
Alpes-Maritimes	»	»	»	»
Ardèche	9.35	10. »	9.31	9.23
Aude	»	»	»	»
Aveyron	10.82	»	10. »	»
Bouches-du-Rhône	9.18	»	»	»
Corse	2.30	»	»	»
Drôme	9.08	11.75	8.10	10.35
Gard	9.65	»	10. »	»
Garonne (Haute-)	5.50	»	»	»
Gers	»	»	»	12. »
Hérault	9.12	»	10. »	9. »
Isère	9.37	13.	8.47	9. »
Loire	10. »	»	»	10. »
Lot-et-Garonne	»	»	»	»
Lozère	»	»	»	»
Pyrénées (Hautes-)	»	»	»	»
Pyrénées-Orientales	5.25	»	»	5. »
Rhône	9.26	»	»	»
Savoie	10.17	»	9.50	»
Tarn	9.64	»	9. »	20. »
Tarn-et-Garonne	10. »	»	»	»
Var	6. »	3.50	5.25	4. »
Vaucluse	9.33	»	9. »	»
TOTAUX ET MOYENNES	»	»	»	»
RÉCOLTE DE 1902	»	»	»	»
Différences entre 1903 et 1902 en plus	»	»	»	»
Différences entre 1903 et 1902 en moins	»	»	»	»

Statistique de la récolte des cocons en France en 1903 (suite).

(D'après les documents recueillis par le ministère de l'Agriculture.)

DÉPARTEMENTS	PRIX DU KILOGRAMME DE COCONS FRAIS — VENDUS POUR LA FILATURE				VENDUS POUR LE GRAINAGE			
	RACES FRANÇAISES (RACE INDIGÈNE PROVENANT DE GRAINES DE RACES FRANÇAISES) 22	RACES DU JAPON PROVENANT DE GRAINES DIRECTEMENT IMPORTÉES 23	RACES JAPONAISES PROVENANT DE GRAINES DE RACE JAPONAISE DE REPRODUCTION FRANÇAISE 24	RACES D'AUTRES PROVENANCES ÉTRANGÈRES 25	RACES FRANÇAISES (RACE INDIGÈNE PROVENANT DE GRAINES DE RACES FRANÇAISES) 26	RACES DU JAPON PROVENANT DE GRAINES DIRECTEMENT IMPORTÉES 27	RACES JAPONAISES PROVENANT DE GRAINES DE RACE JAPONAISE DE REPRODUCTION FRANÇAISE 28	RACES D'AUTRES PROVENANCES ÉTRANGÈRES 29
	fr. c.	fr. c.	fr. c.	fr. c.	fr. c.	fr. c.	fr. c.	fr. c.
	3.26	»	»	3.26	»	»	»	»
s (Basses-)	3.25	4.70	4.54	3.57	3.92	5.17	5.02	4.94
s (Hautes-)	3.75	3.50	3.50	3.50	4.28	8. »	6.50	6. »
-Maritimes	2.87	»	»	»	»	»	»	»
che	3.82	3.67	3.71	3.75	4.42	»	4. »	»
	3.80	»	»	»	»	»	»	»
ron	3.61	»	4. »	»	»	»	»	»
hes-du-Rhône	3.72	»	»	»	»	»	»	»
	3.37	»	»	»	3.75	»	»	»
e	3.65	3.55	3.60	3.55	4. »	4. »	4. »	4.
	3.88	»	3.80	»	4.17	»	3.85	»
e (Haute-)	3.12	»	»	»	»	»	»	»
	»	»	»	2.40	»	»	»	»
	3.56	»	3.77	3.50	4. »	»	»	»
	3.48	»	3.57	3.68	3.50	»	»	»
	3.55	»	»	»	»	»	»	»
t-Garonne	2.75	»	»	»	»	»	»	»
re	3.84	3.40	»	»	»	»	»	»
ées (Hautes-)	4. »	»	»	»	»	»	»	»
ées-Orientales	3.30	»	»	4.05	3.92	»	»	4.20
e	3.42	3.50	»	»	»	»	»	»
e	3.18	»	3.06	»	»	»	»	»
	2.90	»	2.72	2.60	»	»	»	»
et-Garonne	3.25	»	»	»	3.25	»	»	»
	3.50	3.50	5. »	2.50	3.50	6.50	5.05	5. »
use	3.77	»	3.73	»	4.30	»	3.50	»
TAUX ET MOYENNES	»	»	»	»	»	»	»	»
RÉCOLTE DE 1902	»	»	»	»	»	»	»	»
ences entre 03 et 1902 — en plus	»	»	»	»	»	»	»	»
ences entre 03 et 1902 — en moins	»	»	»	»	»	»	»	»

Italie.

GRAINES MISES A L'ÉCLOSION. — L'Association des soies de Milan estime à 1 241 000 onces de 30 grammes (dite once milanaise) la quantité de graines mises à l'éclosion en 1903, qui se répartissent comme suit au point de vue des différentes races :

Races blanches et jaunes pures :		
— indigènes	140 000	240 000 onces.
— étrangères	100 000	
— croisées à cocons jaunes		700 000 —
— Japon ou Chine à cocons blancs ou verts et leurs divers croisements		300 000 —
Races d'importation japonaise à cocons blancs et verts		1 000 —
Total		1 241 000 onces.

La moyenne des dix années précédentes était de 976 400 onces.

L'augmentation en 1903 a été de 264 600 par rapport à la moyenne. Elle a porté exclusivement sur les races à cocons blancs, ou croisées vert et blanc, qui ont fourni 300 000 contre 30 000 seulement en 1902. Les races jaunes et blanches pures et croisées à cocons jaunes ont, au contraire, perdu sensiblement du terrain.

RÉCOLTE DES COCONS. — La production des cocons frais a été estimée en 1903 à 34 167 000 kilogrammes contre 41 935 000 kilogrammes en 1902. La moyenne décennale de 1893 à 1902 était 41 720 900 kilogrammes.

Comme races de cocons, la production de 1903 se répartit comme suit :

Races jaunes et blanches pures	8 880 000 kilogr.
— croisées à cocons jaunes	24 447 000 —
— Japon et Chine originaires et reproduites	840 000 —
Total	34 167 000 kilogr.

La production dans chaque province est la suivante :

RÉGIONS.	Quantités de cocons récoltés. 1902	1903	Différence	Proportion centesimale p. 100.
	kil.	kil.	kil.	
Piémont..........	7 167 000	4 048 000	— 3 119 000	43,52
Lombardie........	16 423 000	14 355 000	— 2 068 000	12.59
Vénétie..........	8 523 000	6 260 000	— 2 263 000	26.55
Ligurie..........	215 000	180 000	— 35 000	16.27
Emilie...........	3 022 000	3 382 000	+ 360 000	11.91
Marches et Ombrie.	2 646 000	2 836 000	+ 190 000	7.18
Toscane..........	1 601 000	960 000	— 641 000	40.03
Latium (Rome)....	120 000	150 000	+ 30 000	25.00
Provinces mérid. de l'Adriatique (Abruzzes, Apulie).	155 000	17 0000	+ 15 000	9.67
Provinces mérid. de la Méditer. (Naples, Calabres)........	1 750 000	1 523 000	— 227 000	12,97
Sicile...........	310 000	300 000	— 10 000	3.22
Sardaigne........	3 000	3 000		»
Totaux et moyenne.....	41 395 000	34 167 000	— 7 768 000	18.53

Rendement moyen de l'once de graines. — Le rendement moyen de l'once de graines a été, en 1903, seulement de 35kg,22. Il est à remarquer du reste que ce rendement moyen décroît depuis plusieurs années, ainsi que le témoigne le tableau suivant :

	kil.		kil.
1893.............	40,34	1898..............	44,23
1894..............	37,88	1899..............	42,39
1895..............	43,79	1900..............	40,76
1896..............	48,99	1901..............	38,85
1897..............	42,45	1902	38,46
		Moyenne décennale.	41.76

Le rendement moyen par races de cocons a été le suivant pendant les cinq dernières années :

Races.	1899	1900	1901	1902	1903
	kil.	kil.	kil.	kil.	kil.
Jaunes et blanches pures..	41	40,50	40	39	37
Croisées à cocons jaunes..	43,50	41,25	38,75	38,50	35
Japon et Chine originaires et reproduites...........	33	33	32	32	28

Rendement moyen des cocons. — Le rendement moyen à la bassine des cocons de différentes races est estimé par l'association des soies de Milan aux chiffres suivants pour les dix dernières années :

Années.	Jaunes purs.	Croisés jaunes.	Verts et blancs verts.
	kil.	kil.	kil.
1894.....	11,50 à 12	12 à 14	12,50 à 14
1895.....	11,50 à 13,50	12,50 à 14,50	13 à 14
1896.....	11,50 à 14	12 à 15	13 à 14
1897.....	10,50 à 14	10 à 15	13 à 14
1898.....	11 à 14	10,50 à 16	12 à 15,50
1899.....	10,50 à 13	10 à 15	11 à 15,50
1900.....	11 à 14	11 à 16	11 à 16
1901.....	10,50 à 14	10,50 à 16	12 à 16
1902.....	10,50 à 14	10,50 à 16	12 à 16
1903.....	10,50 à 13,50	10 à 15,50	12 à 16

Production en soie grège. — La production de soie grège est évaluée de la manière suivante :

Cocons jaunes et blancs............	700 000	kilogr.
— croisés blanc-jaune.........	1 993 500	—
— verts et blancs Japon.......	53 000	—
Total.................	2 746 500	kilogr.

La moyenne décennale des dix années précédentes est de 3 252 400 kilogrammes.

Prix des cocons. — Voici, par grandes régions séricicoles de la péninsule, quels ont été les prix moyens, toutes qualités comprises, pendant les cinq dernières années.

	1899 lires.	1900 lires.	1901 lires.	1902 lires.	1903 lires.
Piémont..........	4,12	3,17	3,34	3,45	4,16
Lombardie..........	3,73	3,10	2,83	2,93	3,78
Vénétie..........	3,94	2,98	2,90	3,11	3,80
Ligurie..........	4,08	3,72	3,27	2,93	3,95
Émilie..........	3,89	3,12	3,01	3,14	3,84
Marches et Ombrie......	3,69	3,34	3,05	3,30	3,89
Toscane..........	4	3,49	3,17	3,34	3,90
Latium (Rome)..........	3,22	3,14	2,45	3,10	3,67
Prov. mérid. (Adriatique).	3,40	3,23	2,91	3,19	3,09
Provinces méridionales (Méditerranée).........	3,67	3,57	2,83	3,15	3,88
Sicile..........	3,98	3	3,10	4	3,05
Moyennes générales..	3,85	3,19	2,99	3,16	3,93

Le tableau suivant indique quels ont été les prix moyens des cocons des différentes races des cinq dernières années :

	1899 lires.	1900 lires.	1901 lires.	1902 lires.	1903 lires.
Jaunes indigènes purs.....	3,946	3,342	3,141	3,282	3,876
Blancs ou verts purs.......	3,866	3,106	3,074	3,189	3,937
Croisés divers............	3,735	3,117	2,973	3,043	3,831

Espagne.

La grande majorité des éducations repose sur les races jaunes d'importation française du Var, et surtout du Roussillon ; les races du Var paraissent être en diminution depuis deux ou trois ans.

La récolte des cocons en 1903 se serait élevée à 1 100 000 kilogrammes contre 1 010 000 en 1902, savoir :

	1902 kil.	1903 kil.
Plaine de Valence et Aragon.	425 000	435 000
— de Murcie et Orihuela.	553 000	632 000
Sierra-Ségura..............	8 000	10 000
Prov. d'Alméria et Grenade..	20 000	18 000
Estramadure..............	4 000	5 000
Totaux..........	1 010 000	1 100 000

Les achats de cocons frais ont été répartis de la façon suivante :

Par les filateurs français filant en Espagne..	700 000	kilogr.
— — — et italiens filant en France et en Italie......................	188 000	—
Par les filateurs espagnols.................	190 000	—
Convertis en fils de pêche ou crins de Messine (1)................................	22 000	—
Total.	1 100 000	kilogr.

Les rendements à la bassine ont été plus satisfaisants que l'année précédente. Dans la province de Valence, on a compté 11kg,5 à 12kg,5 de cocons frais pour 1 kilogramme de soie grège, et à Murcie 12kg,5 à 13kg,5.

La récolte totale étant de 1 100 000 kilogrammes, si l'on déduit 22 000 kilogrammes convertis en fils de pêche, il reste 1 078 000 kilogrammes de cocons pour la filature, dont le produit en soie grège ou rendement indiqué ci-dessus peut être évalué à 86 000 kilogrammes.

Dans les cinq années précédentes, cette production avait été de :

1902..	78 000
1901..	80 000
1900..	84 000
1899..	78 000
1898..	80 000
Moyenne...	80 000

La sériciculture espagnole se maintient stationnaire autour de 1 000 000 de kilogrammes de cocons et de 80 000 kilogrammes de soie grège.

Les prix des cocons en 1902 et 1903 se sont établis aux moyennes suivantes :

(1) Cette industrie est spéciale à la province de Murcie. Les vers sont pris au moment de la montée et les glandes soyeuses étirées de façon à former le *crin* dit de *Messine* servant à la pêche.

	1902 pesétas.	1903 pesétas.
Murcie	3,70-3,80	4,40-4,50
Valence	4,10-4,20	5,25-5,35
Change	136	135,50

La différence entre les cours pratiqués à Murcie et à Valence s'explique par la meilleure qualité des cocons de cette dernière provenance.

Autriche-Hongrie.

Tyrol méridional (Région de Trente). — La récolte des cocons en 1903 a été de 1 170 000 kilogrammes, inférieure à celle de 1902 et à la moyenne des dix années précédentes :

1893	1 650 000 kil.	1898	1 300 000 kil.
1894	1 530 000 —	1899	1 500 000 —
1895	1 225 000 —	1900	1 575 000 —
1896	1 325 000 —	1901	1 600 000 —
1897	1 100 000 —	1902	1 650 000 —
Moyenne	1 366 000 kil.	Moyenne	1 525 000 kil.

La proportion des races dans les cocons récoltés a été la suivante, les cinq dernières années :

	1899	1900	1901	1902	1903
Races jaunes	55 p. 100	40 p. 100	30 p. 100	20 p. 100	20 p. 100
— croisées	45 —	60 —	70 —	80 —	80 —

Le prix moyen des cocons a été de :

Couronnes	3,35	pour les qualités courantes.
—	3,50	pour les parties de choix.
—	3,90	dans des cas exceptionnels.

Province de Goritz et de Gradisca. — La récolte ne s'est élevée qu'à 306 840 kilogrammes :

Contre....................	591 400 kilogr.	en 1902.
—	718 900 —	en 1901.
—	749 400 —	en 1900.
—	536 400 —	en 1899.
—	335 000 —	en 1898.
Moyenne quinquennale.	586 200 kilogrammes.	

Les prix moyens ont été, en 1903 : (couronnes) 3,54 ; 2,50 en 1902 ; 2,74 en 1901.

Istrie. — La production en cocons frais s'est élevée à 79 856 kilogrammes en 1903 contre 64 901 en 1902.

Le prix des cocons a varié de (couronnes) 3 à 3,50 contre 2,40 à 2,60 en 1902.

Hongrie. — La production des cocons en 1903 s'est élevée à 1 707 275 kilogrammes, contre 1 342 125 en 1902. C'est le plus haut chiffre de la période décennale antérieure. La sériciculture est en progrès marqué dans ce pays, dont le gouvernement favorise la plantation des mûriers. Il existe cinq filatures en Hongrie comptant 666 bassines ; deux autres sont en construction.

En résumé, l'Autriche-Hongrie a récolté en 1903 : 3 263 800 kilogrammess de cocons, qui ont produit 275 000 kilogrammes de soie grège, savoir :

	Cocons récoltés. kil.		Rendement moyen.	Soie grège kil.
Tyrol méridional.	1 170 000	jaunes et croisés.	11,50 à 12 =	99 500
Goritz et Gradisca.	306 800	jaunes..........	11,50 =	26 500
Istrie..........	79 800	—	11,50 =	7 000
Hongrie.........	1 707 200	—	12 =	142 000
Totaux.....	3 263 800			275 000

Turquie d'Asie.

Anatolie (*Brousse et autres localités*). — La quantité de graines mises à l'éclosion en 1903 s'est élevée à 162 571 onces, produites en presque totalité par l'Institut séricicole de Brousse, qui exporte également une notable quantité de graines en Russie, en Perse, en Grèce et en Bulgarie.

La production des cocons frais s'est élevée en 1903 à 7 434 490 kliogrammes, contre 5 226 828 en 1902, soit un excédent de 2 207 662 kilogrammes, bien que la quantité de graines mises à l'éclosion ait été inférieure de 7 125 onces. Ce résultat est dû au rendement exceptionnel, en 1903, qui s'est élevé à 55^{kg},7 par once.

Le produit en soie grège est évalué comme suit :

	1902 kil.	1903 kil.
Soies grèges consommées dans le pays.....	34 432	15 275
— exportées à l'Étranger........	468 196	485 922
Cocons secs exportés : au rendement de 4 p. 1.	499	24 784
Totaux	503 127	525 981

Le prix moyen des cocons de première qualité s'est établi au prix de 3,75 à 3,80 le kilogramme en 1903.

Syrie. — La quantité de graines mises à l'éclosion en 1903 a été estimée comme sensiblement égale à celle de l'année précédente, soit de 220 à 230 000 onces, de provenance à peu près exclusivement française.

La production en cocons frais a été évaluée à 5 532 000 kilogrammes contre 5 830 000 en 1902.

Le produit en soie grège a été, en 1903, de 510 000 kilogrammes, contre 540 000 en 1902.

La presque totalité de la récolte de Syrie s'exporte annuellement en Europe, en France principalement, sous forme de soie grège ou de cocons secs. En 1903-1904 le port de Marseille a reçu 424 000 kilogrammes de cocons secs venant de Syrie.

Le prix moyen des cocons frais a été en 1903 de 3 fr. 60 à 3 fr. 90 le kilogramme.

Turquie d'Europe.

Salonique. — La quantité de graines mises à l'éclosion,

sensiblement égale à celle de l'année précédente, a été de 47 000 onces, ainsi réparties par provenance :

Provenances.	
France	30 000 onces.
Italie	4 000 —
Brousse et indigènes	13 000 —
Total	47 000 onces.

La récolte s'est élevée, en 1903, à 1 860 200 kilogrammes, contre 1 559 098 kilogrammes en 1902.

Les cocons frais ont été payés 2 fr. 90 à 3 fr. 10 le kilogramme en 1903.

Andrinople. — 20 000 onces (1) environ de graines ont été mises à l'éclosion en 1903. Ce chiffre ne varie pas depuis quelques années. Les provenances sont : 80 p. 100 races Bagdad blanche de Brousse, 20 p. 100 races jaunes d'importation française. La récolte des cocons a donné 1 115 282 kilogrammes contre 729 649 kilogrammes en 1902.

Ce rendement remarquable, de plus de 50 kilogrammes à l'once de 30 grammes, est dû à la température très favorable qui a régné pendant les éducations et à l'abondance de la feuille.

L'administration de la Dette Publique Ottomane fait les plus louables efforts pour encourager la sériciculture et aider à son développement dans tout le vilayet.

Le prix moyen des cocons tels quels (doubles et faibles compris) s'est établi sur les bases suivantes :

	1902 fr.	1903 fr.
Blancs Bagdad	3,10 à 3,15	3,20 à 3,25
Jaunes (race française)	3 à 3,10	3,30 à 3,35

La production des deux vilayets de Salonique et d'Andrinople a donc été de 2 975 482 kilogrammes de

(1) Onces de 30 grammes.

cocons frais, soit l'équivalent de 248 000 kilogrammes de soie grège environ.

États des Balkans.

Bulgarie et Roumélie orientale. — Le Gouvernement bulgare, aidé par les chambres de commerce, fait tous ses efforts pour développer et augmenter la sériciculture. La plantation des mûriers prend une grande extension.

La quantité de graines de vers à soie soumises au contrôle officiel et approuvées pour la mise en vente se sont élevées, en 1903, à 29 585 onces, réparties de la façon suivante :

Provenances.	Quantités de graines (en onces de 25 gr.).		
	Soumises au contrôle.	Refusées après contrôle.	Distribuées aux éducateurs.
	onces.	onces.	onces.
Importation de France..	7 560	—	7 560
— d'Italie.....	13 165	500	12 665
— de Turquie (Brousse)............	6 476	—	6 476
Production indigène....	2 884	—	2 884
Totaux...	30 085	500	29 585
Contre en 1902.	40 725	6 810	33 915

Sur cette quantité, deux tiers, soit 19 723 onces, étaient de races à cocons jaunes et un tiers, soit 9 862 onces de races à cocons blancs.

Ces 29 585 onces de graines mises à l'éclosion ont produit 1 281 172 kilogrammes de cocons frais contre 1 180 129 kilogrammes en 1902.

Le rendement moyen général de l'once de graines a donc été de 43^{kg},3 contre 34 kilogrammes en 1902.

Le prix moyen des cocons frais a varié, suivant qualités, de 2 à 3 francs le kilogramme ; les qualités supérieures se sont payées de 2 fr. 80 à 3 francs, contre 2 fr. 40 à 2 fr. 50 l'année précédente.

Serbie. — La société anonyme pour le développement de la sériciculture serbe à Belgrade est concessionnaire du gouvernement pour la distribution gratuite des graines et l'achat des cocons en Serbie. Elle a distribué aux éducateurs, en 1903, 22 000 boîtes de 10 grammes contre 18 000 en 1902. La gelée a été cause en 1903 que 15 386 seulement ont été mises à l'incubation. La susdite société a acheté 153 971 kilogrammes de cocons frais, qui ont donné 12 890 kilogrammes environ de soie grège, quantité sensiblement égale à celle de l'année précédente.

Roumanie. — La quantité de graines mises à l'éclosion, en 1903, est à peu près la même qu'en 1902, soit environ 5 500 onces, et la quantité de cocons récoltés 110 à 120 000 kilogrammes.

En résumé, les états des Balkans ont donné en 1903 :

	Cocons. kil.	Soie grège. kil.
Bulgarie et Roumélie Orientale.......	1 281 172	113 600
Serbie........................	153 971	12 890
Roumanie........................	115 000	9 600
Totaux............	1 550 143	136 000

Grèce et Crète.

Grèce. — La Chambre de Commerce française d'Athènes-Pirée estime la production des cocons en 1903 aux chiffres suivants :

Thessalie..........	420 000 à 460 000 kilogr. au prix de 2 fr. 20 à 2 fr. 95 le kilogramme
Messenie et Laconie.	150 000 kilogr. environ à 2 fr. 90 et 3 francs le kilogramme.

La presque totalité de la production de la Grèce est exportée en France.

Commerce général.

Années.	Soie grège.	Cocons secs convertis en soie au rendement de 4 p. 1.	Total soie grège.
	kil.	kil.	kil.
1899.......	30 201	12 797	42 998
1900.......	24 379	5 935	30 314
1901.......	24 506	12 524	37 030
1902.......	31 110	11 660	42 770
1903.......	25 115	13 871	38 986
Moyenne quinquennale.	27 062	11 357	38 419

Ile de Crète. — La quantité de semences mises à l'éclosion varie peu d'une année à l'autre et est approximativement de 10 000 onces, dont la plus grosse part est importée de France. Une petite quantité est importée de Brousse. La production des cocons frais n'aurait pas dépassé 200 000 kilogrammes en 1903 contre 260 000 kilogrammes en 1902. Leur prix a été de 2 fr. 40 à 2 fr. 85 en 1903 et de 2 fr. 30 à 2 fr. 50 en 1902.

Les deux tiers de la production crétoise sont exportés sous forme de cocons secs. Le surplus est filé sur place et s'emploie à la confection de tissus indigènes.

En résumé, pour la Grèce et la Crète réunies, la production de soie grège en 1903 peut être évaluée aux chiffres suivants :

Grèce..................................	50 000	kilogr.
Crète..................................	10 000	—
Ensemble...............	60 000	kilogr.

Ile de Rhodes.

Il a été mis à l'incubation, en 1903, 800 onces provenant de la Corse et du Var. La récolte est évaluée à 9 600 kilogrammes. Ce rendement est un des plus mauvais depuis 1888, époque à laquelle on a commencé à se livrer à l'éducation des vers à soie dans l'île de Rhodes.

Caucase et Transcaucasie.

Le résultat est inférieur en 1903 de 15 à 20 p. 100 à celui de l'année précédente.

Les graines proviennent presque toutes de Brousse.

La quantité de soie grège peut être évaluée à 400 000 kilogrammes de soie grège.

		pouds.	kil.
Grèges du Caucase.	Consommées à Moscou. (environ).	13 000	213 000
	Absorbées par la consommat. locale. Exportées à l'Étranger	4 000	65 000
			278 000
Cocons secs exportés (490 000 kil. au rend. de 4).			122 000
Total de la production en soie grège...			400 000

Perse et Turkestan.

La Perse et la Turkestan sont des pays de grande production, et la sériciculture y progresse, grâce aux diverses maisons françaises et étrangères qui y sont installées et y font de nombreux achats.

En Perse, la production en cocons frais aurait été en 1903 de 5 530 000 kilogrammes, vendus à 2 fr. 55 le kilogramme environ.

La Turkestan élève plus de 100 000 onces de graines importées de Brousse, de France et d'Italie. La récolte a été estimée en 1903 à environ 3 000 000 kilogrammes de cocons frais, représentant 1 000 000 de kilogrammes de cocons secs provenant : 825 000 de la province de Samarkand et 175 000 de la province de Farganah. Ces cocons secs, qui se centralisent à Kokand, ont été vendus à raison de 9 francs le kilogramme environ.

Ces deux pays ont exporté la valeur de 650 000 kilogrammes de soie grège de la façon suivante :

Exportations de Perse.

	Soie grège. kil.
France : soie grège	5 000
— cocons secs	375 000
Total	380 000

Exportations du Turkestan et de l'Asie centrale.

	Soie grège. kil.
Russie : soie grège (450 pouds)	7 500
France : cocons secs (1 050 000 kil. au rend. de 4)	262 500
Total	270 000
Total général (Perse et Turkestan réunis)	650 000

Chine.

Exportation de Shanghaï. — Les exportations de Schanghaï du 1er juin 1903 au 31 mai 1904 se sont élevées à 73 980 balles (soies *Tussah* (1) comprises) contre 59 391 balles dans la campagne 1902-1903, savoir :

	1902-1903 balles.	1903-1904 balles.
France	19 946	21 396
Angleterre	1 037	1 308
Italie et Suisse	6 700	7 977
États-Unis (New-York et San-Francisco)	12 375	11 573
Indes (Bombay, Singapore)	2 634	3 383
Egypte (Suez, Alexandrie, Port-Saïd)	1 299	2 500
Syrie (Tripoli, Beyrouth)	393	1 255
Côtes de Chine (Hong-Kong et autres ports)	2 283	2 068
Japon	50	40
Soies blanches et jaunes	46 717	52 500
— *Tussah*	12 674	21 480
Total de l'exportation	59 391	73 980

(1) On donne le nom de *Tussah* aux soies provenant de cocons autres que ceux du *Bombyx Mori*, appelées également soies sauvages.

Stocks invendus au 31 mai.

	1903 balles.	1904 balles.
Soies blanches	1 000	5 000
— jaunes	150	300
Totaux	1 150	5 300
Tussah (filatures et indigènes)	600	1 500
Totaux	1 750	6 800

Les 73 980 balles exportées en 1903-1904 se décomposent, comme sortes et qualités, de la manière suivante :

	Soie grège.	
	balles (1).	kil.
Soies blanches : Tsatlées	12 850	616 800
— — Filature à l'européenne.	10 960	657 600
— — redévidées (Tsatlées et Haïnin)	10 950	657 000
— — diverses autres (2)	6 390	306 800
— jaunes (3)	11 350	681 000
Ensemble soies jaunes et blanches	52 500	2 919 200
Soies *Tussah* (filatures et indigènes)	21 480	1 288 800
Totaux	73 980	4 208 000

Exportation de Canton. — Les exportations de Canton du 1er juin 1903 au 31 mai 1904 se sont élevées aux chiffres suivants :

(1) Le poids moyen net des balles est calculé à environ 48 kilogrammes pour les Tsatlées et autres soies blanches diverses, et à 60 kilogrammes (1 picul) pour les filatures et les redévidées, les soies jaunes et les *Tussah*.

(2) Hangchow-Tsatlées, Kahing blanches et vertes, Chincum, Woosie, Haïnin non redévidées.

(3) Les soies jaunes comprennent les sortes suivantes : Minchew, Koopun, Meyong, Maying, Wauchu, Wanghi, Sichong, Shantung fines.

	Tsatlées et redévidées. balles.	Filatures. balles.	Total. balles.
France..........	11	24 822	24 833
Italie et Suisse........	»	5 350	5 350
Londres.......	15	1 692	1 707
Total pour l'Europe .	26	31 864	31 890
États-Unis............	1 555	9 992	11 547
Total de l'exportation.	1 581	41 856	43 437
Bombay et les Indes...			1 036 piculs.

Stocks invendus au 31 *mai.*

1903	1904
800 balles.	1 500 balles.

Le poids net moyen des balles étant calculé à 48 kilogrammes et celui du picul à 60 kilogrammes, les exportations de la campagne 1903-1904 s'élèvent à environ 2147000 kilogrammes de soie grège contre 2 219 000 kilogrammes en 1902-1903.

Japon.

Les exportations du Japon du 1er juillet 1903 au 30 juin 1904 se sont élevées à 74 688 balles (76 803 piculs), savoir :

France....	18 959	balles.
Angleterre...	22	—
Italie........................	5 412	—
Russie...................	424	—
Total pour l'Europe......	24 817	balles.
États-Unis....................	49 871	—
Total de l'exportation.....	74 688	balles.
	76 803	piculs.

Stocks invendus au 30 *juin* 1904.

Filatures...........................	2 048	piculs.
Redévidées....	144	—
Kakedah...........................	33	—
Total......	2 225	piculs.
Contre au 30 juin................	1 278	—

STATISTIQUE DE LA R

RÉSUMÉ

(Avec rectification des chiffres d

Europe occidentale	Moyenne de 1876 à 1880	Moyenne de 1881 à 1885	Moyenne de 1886 à 1890	Moyenne de 1891 à 189
	kil.	kil.	kil.	kil.
France	510.000	631.000	692.000	747.000
Italie	1.900.000	2.760.000	3.310.600	4.428.000
Espagne	65.000	86.000	72.200	86.000
Autriche-Hongrie [1]	»	153.000	265.200	257.000
Totaux	2.475.000	3.630.000	4.340.000	5.518.000
Levant et Asie centrale				
Anatolie (Brousse)	85.000	140.000	186.000	265.000
Syrie et Chypre	157.000	235.500	303.500	400.000
Salonique, Andrinople	81.000	101.000	134.000	200.000
Etats des Balkans : *Bulgarie, Serbie, Roumanie* [2]	»	»	»	12.000
Grèce et Crète	26.000	18.500	21.000	38.000
Caucase / Perse et Turkestan : *Exportations* [3]	290.000	205.000	93.500	192.000
Totaux	639.000	700.000	738.000	1.107.000
Extrême Orient				
Chine : *Export. de Shanghaï* [4]	3.288.000	2.448.000	2.757.500	4.030.000
— — *de Canton*	887.000	894.000	1.277.200	1.373.000
Japon — *de Yokohama*	1.033.000	1.360.000	2.055.800	3.006.000
Indes — *de Calcutta*	532.000	406.000	431.500	261.000
Totaux	5.740.000	5.108.000	6.522.000	8.670.000
Totaux généraux	**8.854.000**	**9.438.000**	**11.600.000**	**15.295.000**

[1] Antérieurement à 1881, la production de l'Autriche-Hongrie, peu importante du reste, est confondue avec celle de l'Italie.
[2] Antérieurement à 1900, les chiffres indiqués ne concernent que les récoltes de la Bulgarie.
[3] Les exportations du Turkestan ont été ajoutées à partir de 1897 ; antérieurement, les chiffres indiqués ne concernent que les exportations de la P
[4] Antérieurement à 1890, les soies tussah ne sont pas comprises dans les exportations de Shanghaï.

ODUCTION DE LA SOIE

GÉNÉRAL

la récolte italienne depuis 1891)

RODUCTION EN SOIE GRÈGE							
Moyenne de 896 à 1900	1898	1899	1900	1901	1902	Moyenne de 1898 à 1902	1903
kil.	kil.	kil.	kil.	kil.	kil.	kil.	kil.
650.000	550 000	560.000	736.000	654.000	570.000	**614.000**	474.000
.215.000	4.003.000	4.528.000	4.536.000	4.290.000	4.477.000	**4.367.000**	3.526.000
83.000	80.000	78.000	84.000	80.000	78.000	**80.000**	86.000
272.000	244.000	276.000	313.000	325.000	312.000	**294.000**	275.000
.220.000	4.877.000	5.442.000	5.669.000	5.349.000	5.437.000	**5.355.000**	4.361.000
402.000	412.000	486.000	380.000	418.000	503.000	**440.000**	526.000
456.000	465.000	456.000	450.000	425.000	540.000	**467.000**	510.000
162.000	165.000	210.000	150.000	200.000	190.000	**183.000**	248.000
47.000	34.000	42.000	76.000	96.000	130.000	**75.500**	136.000
44.000	40.000	34.000	50.000	60.000	65.000	**49 500**	60.000
276.000	230 000	310.000	350.000	140.000	465.000	**359.000**	400.000
168.000	133.000	246.000	310.000	255.000	550.000	**299.000**	650.000
1 552.000	1.479.000	1.784.000	1.766.000	1.894.000	2.443.000	**1.873.000**	2.530.000
.108.000	4.650.000	5.455.000	4.626.000	5.064.000	3.600.000	**4.679.000**	4.244.000
..021.000	2.295.000	2.250.000	2.006.000	2.142.000	2.219.000	**2.182.000**	2.147.000
3.459.000	3.122.000	3.542.000	4.125.000	4.500.000	4.770.000	**4.012.000**	4.608.000
293.000	275.000	350.000	280.000	280.000	295.000	**296.000**	245.000
.281.000	10.342.000	11.597.000	11.037.000	11.986.000	10.884.000	**11.169.000**	11.244.000
7.053.000	**16.698.000**	**18.823.000**	**18.472.000**	**19.229.000**	**18.764.000**	**18.397.000**	**18.135.000**

Le picul étant de 60 kilogrammes net, les 76 803 piculs exportés représentent environ 4 608 000 kilogrammes de soie grège contre 4 770 000 en 1902-1903.

Indes orientales.

Exportation de Calcutta. — Du 1er janvier au 31 décembre 1903, les exportations de soie du Bengale se sont élevées aux chiffres suivants :

	Angleterre. balles.	France. balles.	Italie. balles.	Totaux. balles.
Janvier	162	49	»	211
Février	265	260	»	525
Mars	246	139	8	393
Avril	130	144	»	274
Mai	53	145	25	223
Juin	10	179	10	199
Juillet	32	200	35	267
Août	4	229	85	318
Septembre	5	209	100	314
Octobre	39	149	10	198
Novembre	34	138	12	184
Décembre	14	26	2	42
Totaux	994	1 867	287	3 148

Ces 3 148 balles donnent un total de 245 000 kilogrammes de soie grège, contre 295 000 kilogrammes en 1902.

II

ANATOMIE ET PHYSIOLOGIE DU « BOMBYX MORI »

I. — L'ŒUF.

Aspect extérieur. — Les œufs pondus par les papillons femelles du *Bombyx Mori* sont communément appelés *graines de vers à soie*.

Ces œufs ont une forme lenticulaire ; ils sont un peu aplatis et présentent une légère proéminence. Leurs dimensions varient suivant les races, le diamètre étant de 1 millimètre en moyenne. Il est plus facile de mesurer les différences de poids que celles des diamètres de si petites dimensions.

M. Verson donne les chiffres suivants pour le poids de 1 000 œufs dans différentes races (1) :

		Poids de 1 000 œufs. gr.
	Chypre	0,8432
	Schezevar	0,8060
Races jaunes.	Polyjaunes	0,7232
	Cévennes	0,6960
	Jaunes à verts zébrés	0,6688
	Brianze	0,6474
	Shan-Tong	0,6330
	Terni	0,5865
Races blanches.	Papilung-Chiao-Tsan	0,5664
	Akazik	0,5442
	Sirahimé	0,5205
	Siratama	0,4924
	Tché-Kiang	0,4096

(1) Verson et Quajat, *Il filugello e l'arte sericola*, p. 31, Padova, Fratelli Drucker, libraires éditeurs.

		Poids de 1 000 œufs.
		gr.
Races vertes.	Japonais verts annuels...........	0,4830
	Autres japonais verts annuels....	0,4540
	Autres semblables................	0,4420
	Japonais verts bivoltins..........	0,4460
	Autres bivoltins verts............	0,4340
	Autres semblables............. ..	0,4220

Les œufs fraîchement pondus sont de couleur jaune-paille; ils deviennent bientôt plus foncés, puis rouge-brique et bruns; au bout de quatre à cinq jours, ils prennent leur couleur définitive, qui est grise tirant sur le noir, le bleu, le violet, le vert ou l'oranger, suivant les variétés; on dit communément alors que la graine est mûre. Elle conservera cette coloration jusqu'à la veille de l'éclosion.

Les œufs non fécondés gardent la couleur jaune clair et se dessèchent peu à peu.

Au sortir du corps du papillon, les œufs sont enduits d'un vernis gommeux, ce qui leur permet d'adhérer à l'objet sur lequel la femelle est placée pour faire sa ponte. A l'état de nature, c'est sur l'écorce des branches de mûriers; dans nos magnaneries, on place les femelles sur des toiles ou des cellules.

Chez quelques races cependant (celle de Bagdad notamment), les œufs sont dépourvus de cette matière gommeuse, et ils tomberaient sur le sol au moment de la ponte, si on ne prenait des dispositions spéciales pour les recueillir. On dit alors que les œufs sont non adhérents.

La soie des cocons de la race Bagdad contient très peu de grès (1). Il serait intéressant de savoir si il y a corréation entre ces deux caractères : absence du vernis gommeux des œufs et faible proportion de grès dans la soie. Si cela était, il serait avantageux d'obte-

(1) Le grès est une matière gommeuse qui revêt le fil de soie et entoure la fibroïne ou soie proprement dite.

nir et de multiplier des races à œufs non adhérents.

STRUCTURE DE L'ŒUF. — L'œuf se compose d'une coque résistante qui sert de protection au contenu, qui est semi-liquide.

Coque. — La coque est une pellicule de consistance parcheminée, formée par une matière chitineuse présentant une disposition lamellaire produite par les sécrétions successives des cellules épithéliales dans l'ovaire. Cette paroi est perforée de nombreux canaux microscopiques, qui donnent passage à l'air. Ces canaux aérifères ont des longueurs différentes, ceux de la périphérie traversant la coque très obliquement, ceux du centre la traversant presque normalement; leur ouverture extérieure est de forme circulaire et beaucoup plus large que le canal, qui va en se rétrécissant, présentant la forme d'une virgule dont la queue est d'autant plus longue et plus oblique que l'ouverture est plus éloignée du centre.

Au sommet de la partie proéminente de la coque, se trouve une légère dépression : c'est la trace de l'ouverture appelée *micropyle*, par laquelle le liquide fécondant a pénétré dans l'œuf et qui s'est fermée au moment de la ponte. C'est aussi par le micropyle que le jeune ver sortira après avoir rongé la coque en cet endroit.

On remarque, au microscope, autour du point central du micropyle, une disposition élégante de deux séries de petites feuilles formant couronnes. Le canal par lequel le liquide fécondant pénètre à l'intérieur de l'œuf n'est pas rectiligne; peu après l'ouverture se trouve une sorte de petite vanne de laquelle partent trois canaux (rarement quatre), qui traversent obliquement l'épaisseur de la coque et pénètrent dans la cavité de l'œuf par leur extrémité recourbée.

Contenu. — Tout le liquide de l'œuf est entouré par une membrane très mince tapissant la surface interne de la coque, c'est la *membrane vitelline*. Pour mieux nous rendre compte de l'aspect que présente le contenu de l'œuf, nous allons examiner rapidement ses transformations successives.

Dans le tube ovarique d'une larve femelle au cinquième âge, on remarque, dans la partie fusiforme, une matière granuleuse au milieu de laquelle se distinguent des cellules à noyau, c'est l'œuf futur. Plus bas, ces cellules sont plus grosses (chacune d'elles constitue la *vésicule germinative*), et elles sont entourées d'un amas granuleux ; enfin, plus bas encore, l'œuf est plus avancé ; l'amas granuleux ou *auréole vitelline* contient un grand nombre de grosses cellules appelées *vitellines*, destinées, comme l'auréole vitelline, à nourrir la vésicule germinative. Les œufs sont séparés les uns des autres par une matière claire qui deviendra la coque.

Quelque temps après, dans le tube ovarique de la chrysalide, la coque est complètement formée, le micropyle étant situé à la partie inférieure. Le contenu comprend la vésicule germinative séparée des cellules vitellines par une légère membrane percée au centre. Ces cellules vitellines, situées dans la région micropylienne, se développent grâce à leur pouvoir absorbant et se transforment en matière vitelline, ou *vitellus*. La vésicule germinative se rapproche alors du micropyle, se développe et se transforme à son tour au dépens du *vitellus*, dans la masse duquel il se forme des globules polaires, qui, d'après Balbiani, deviendront les organes reproducteurs du futur animal.

La vésicule germinative forme un noyau qu'on a appelé *pronucléus femelle*, placé, comme nous l'avons dit, près du micropyle. A ce moment où la chrysalide est devenue papillon, l'œuf est prêt à abandonner le tube ovarique et à être fécondé.

Après l'accouplement, les zoospermes pénètrent dans l'œuf par le micropyle et forment un second noyau, le *pronucléus mâle*. Ces deux noyaux fusionnent ensemble ;

la fécondation est accomplie, et l'œuf va s'organiser définitivement.

Il se forme des cellules qui viennent occuper la périphérie et constituent une membrane mince, sorte de vessie appelée *blastoderme*, qui contient le *vitellus*, ou matière nutritive.

Le blastoderme à peine constitué subit une nouvelle transformation; la membrane s'épaissit sur une de ses parties, de façon à former un ruban ou bandelette. Cette bandelette est enfermée entre deux membranes : celle située du côté de la cavité de l'œuf est appelée *amnios* ; celle de l'autre côté est formée par l'ancienne membrane blastodermique, qui s'est boursouflée et a pris le nom de *membrane séreuse*. Cette membrane séreuse est formée par des cellules pigmentées qui donnent à l'œuf fécondé la coloration grise dont nous avons parlé.

La bandelette germinative est située entre ces deux membranes du côté opposé au micropyle ; elle est recourbée de façon à présenter une face convexe contre la membrane séreuse et une face concave vers la cavité de l'œuf. Elle s'allonge bientôt ; à l'une de ses extrémités se développe la double expansion céphalique (future tète du ver) ; puis elle se divise en dix-sept segments ; c'est pourquoi on l'appelle *strie germinale*.

L'œuf présente cet aspect quatre ou cinq jours après la ponte et le conservera jusque peu de jours avant l'éclosion.

L'œuf fécondé comprend donc en résumé :

1° Une coque dure et résistante servant de protection au contenu ;

2° Une membrane vitelline très mince, formée de cellules pyramidales dont la base est à la périphérie, qui sépare le contenu de la coque ;

3° Une enveloppe séreuse composée de grandes cellules polygonales à pigments qui donnent à l'œuf sa coloration ;

4° Le vitellus, matière nutritive composée de cellules sphériques à un ou plusieurs noyaux ;

5° La bandelette germinative devenue strie germinale ou embryon.

POIDS SPÉCIFIQUE. — Les œufs fécondés sont plus lourds que l'eau, leur densité étant sensiblement égale à 1,08. Les œufs non fécondés se dessèchent et sont alors plus légers que l'eau, ce qui permet de les éliminer par le lavage.

Le poids spécifique des œufs varie cependant suivant les races, et on constate même des différences assez sensibles entre les sujets d'une même variété ou d'une même ponte.

Dandolo et, plus tard, Pasqualis constatèrent la supériorité au point de vue de la vigueur des individus provenant des œufs dont le poids spécifique est le plus élevé. Nous avons fait plusieurs fois des élevages comparatifs de vers à soie d'une même race, provenant de graines de poids spécifiques différents, et nous n'avons pu constater aucune différence sensible au point de vue du poids des cocons, de leur richesse en soie non plus que dans la répartition des sexes.

COMPOSITION CHIMIQUE DE L'ŒUF. — Péligot a trouvé que 100 grammes d'œufs soumis à l'incinération formaient 1gr,285 de cendres, dont la composition était la suivante :

Acide phosphorique	53,8
Potasse	29,5
Magnésie	10,3
Chaux	6,4

D'après Verson (1), la composition centésimale des graines serait :

Eau	12,4737
Perte par la combustion de résidu fixe	86,4736
Cendres solubles dans l'eau	0,0812
Cendres insolubles	0,9715

(1) VERSON et QUAJAT, p. 32.

100 parties de cendres contiennent :

Silice	Traces.
Phosphate de fer	10,9872
Acide sulfurique	19,7802
Acide phosphorique	7,8755
Chaux	31,6000
Magnésie	13,4655
Potasse	4,6100
Soude	0,7220

Enfin Verson donne les chiffres suivants pour l'analyse élémentaire :

Carbone	50,900
Hydrogène	7,105
Sodium	17,200
Oxygène (par différence)	19,326
Soufre	4,378
Cendres	1,091

Composition qui correspond, comme le fait remarquer cet auteur, à celle donnée par Limpricht pour la substance cornée.

Respiration des œufs. — Nous avons dit que les œufs étaient légèrement aplatis ; mais, au moment de la ponte, ils sont au contraire bombés, et ce n'est que peu à peu, en même temps que le changement de coloration se produit, qu'il se forme une dépression par suite de la perte de vapeur d'eau. En même temps et d'une façon continue, mais non uniforme, ils perdent du poids, absorbent l'oxygène de l'air et exhalent de l'acide carbonique. Les œufs respirent donc comme tous les êtres organisés.

Au mois d'août 1868, Duclaux (1) a mesuré cette activité respiratoire en introduisant 1 gramme de graines dans des flacons parfaitement calibrés de 16 centimètres cubes et en analysant à des époques différentes l'air contenu dans ces flacons.

(1) Voir Duclaux, *C. R. de l'Acad. des sciences*, séance du 25 octobre 1868.

Les chiffres obtenus sont donnés par le tableau suivant :

Age de la graine.	Temps de la respiration.	Degré. C.	Acide carbonique produit.	Oxygène restant.
1 jour..........	1	21	5,17	12,71
2 jours..........	1	21	12,46	8,08
3 —	1	20,5	9,65	11,03
4 —	1	20	4,50	15,91
6 —	1	21	2,14	17,14
7 —	2	21	4,22	15,84
13 —	2	21	4,25	15,60
23 —	2	20	2,56	16,49
1 mois..........	2	21	1,78	17,14
2 —	6	20	5,07	13,04
3 —	6	16	4,17	13,20
5 —	10	11	1,46	15,22
7 —	20	7	7,41	8,15
9 —	7	8	6,59	10,76
Veille de l'éclosion.	1	28	17,70	0,00

L'activité respiratoire des œufs, c'est-à-dire le temps qu'il leur faut pour absorber un poids déterminé d'oxygène, se déduit de ces chiffres. Duclaux, en prenant l'activité respiratoire du mois de janvier pour unité, a obtenu les chiffres suivants :

Age de la graine.	Activité respiratoire.	Age de la graine.	Activité respiratoire.
1 jour..............	13,8	1 mois..........	3,2
2 jours..............	26,0	2 —	2,3
3 —	19,0	5 mois 1 2........	1,0
4 —	8,9	7 mois..........	1,4
6 —	7,0	9 —	2,9
7 —	4.5	Veille de l'éclosion.	48,0
13 —	4,7	Lendemain.......	300 (?)
23 —	3,8		

Verson estime que l'activité respiratoire, au moment de l'éclosion, est encore plus élevée par rapport à celle du mois de janvier, la manière d'opérer avec des flacons de volume réduit produisant une action déprimante et asphyxiante sur la graine et diminuant par suite sa vitalité.

La respiration est dans tous les cas très active les premiers jours, diminue peu à peu, se maintient très faible pendant toute la période hivernale pour reprendre une

Fig. 2. — Activité respiratoire de la graine de vers à soie.

très grande activité au moment de l'évolution embryonnaire. M. Duclaux a traduit graphiquement ces résultats par une courbe (fig. 2).

Perte de poids. — Le poids de la graine diminue avec son âge, et cette perte de poids suit la même marche que l'activité respiratoire.

Les chiffres suivants sont donnés par Maillot (1) :

Perte de poids de l'œuf.

Pendant le 1er mois après la ponte.	2 p. 100	du poids primitif.
Pendant le 2e mois après la ponte.	1 p. 100	—
Pendant les 6 mois suivants (hiver).	1 p. 100	—
Pend. le 10e m. (pér. d'incubation).	9 p. 100	—
Total...........	13 p. 100	environ.

(1) Maillot, p. 23.

Verson (1) a trouvé de son côté que 100 grammes d'œufs pesés le jour de la ponte ne pesaient plus que :

A la fin de l'automne	97	grammes.
A la fin de l'hiver	96	—
Peu avant l'éclosion	88	—

Soit une perte totale de 12 p. 100.

Influence de la température. — La température exerce une influence sur la respiration et sur toutes les manifestations vitales des œufs. Mais cette influence a des résultats différents suivant que les graines se trouvent en période *estivale*, *automnale*, *hivernale* ou *printanière*.

Période estivale. — Pendant la première période, les graines ont besoin de chaleur. Si l'on soumet en effet des œufs fraîchement pondus à une température peu élevée (inférieure à 15° C.), la plupart d'entr'eux conservent leur couleur jaune-paille et se dessèchent comme des œufs non fécondés. Tandis que, placés à 25°, ils auraient changé de couleur au bout de peu de jours. Il faut donc maintenir pendant un certain temps les œufs à une température de 25 à 30° C.

La durée de cette période peut varier considérablement. M. Duclaux a trouvé qu'elle pouvait être réduite à vingt jours et qu'après ce délai les graines portées dans une glacière éclosaient à l'automne.

Dans nos régions, les graines pondues en juin et juillet sont maintenues généralement en période estivale jusqu'en fin septembre ou commencement octobre. Mais cette durée peut être considérablement prolongée. Des graines pondues dans l'autre hémisphère en novembre et apportées chez nous en avril n'éclosent que l'année suivante au printemps. Ces graines subissent donc sans inconvénient une estivation de plus d'un an.

Période automnale. — Cette période n'est qu'une tran-

(1) Verson et Quajat, p. 46.

sition entre la précédente et celle d'hiver; la graine devient preque inerte et insensible à tout abaissement de température. C'est en général à ce moment que l'on lave les graines, et on les maintient dans des locaux, où la température est voisine de l'extérieure, jusqu'au moment de l'hivernation. Mais cette période de transition n'est pas indispensable, puisque, vingt jours après la ponte, les graines peuvent être impunément placées dans une glacière.

Période hivernale. — La pratique a démontré que, pour avoir une éclosion régulière et des vers vigoureux, il était nécessaire de soumettre pendant quelque temps la graine à une température basse.

M. Duclaux a établi qu'une température voisine de zéro était la plus convenable à l'hivernation des graines. Les expériences de ce savant ont établi en outre que la durée de l'hivernation pouvait être d'autant plus réduite que la graine était plus âgée. Les graines de cinq à six mois sont aptes à éclore après quelques jours de froid. Tandis qu'il faut au moins quarante jours d'hivernation pour des graines de trois ou quatre semaines.

Les froids les plus intenses ne font pas périr les graines. On a pu les soumettre impunément à un froid de 30°.

Pendant toute la période hivernale, la graine est en quelque sorte engourdie, très peu sensible aux actions mécaniques, au manque d'air, aux excès d'humidité, circonstances qui lui sont au contraire très nuisibles à d'autres moments. On a donc intérêt à prolonger le plus possible cette période. La graine peut même être tenue très longtemps en hivernation. Certains sériciculteurs, désireux de faire des éducations d'automne, laissent la graine depuis le mois de janvier jusqu'au mois d'août soit dans une glacière, soit dans ses stations spéciales situées à une très grande altitude, et obtiennent à ce moment de très bonnes éclosions.

Période printanière ou post-hivernale. — Lorsque les œufs ont subi pendant quelque temps l'action du froid, l'embryon est apte à se développer dès que la température s'élève suffisamment. Il faut apporter une grande attention à la conservation de la graine pendant cette période post-hivernale. Il peut survenir en effet des chaleurs précoces ; l'embryon entre alors en évolution ; le jeune ver peut même éclore si les chaleurs persistent ; si la température redevenait basse, le développement de l'embryon serait arrêté, et il périrait, ou bien les vers qui naîtraient ensuite seraient chétifs. Il importe donc de maintenir la graine à une température *constante* et peu élevée (6° environ), tant que l'on ne veut pas la soumettre à l'incubation.

Influence de l'humidité. — Il est reconnu que l'excès d'humidité est nuisible à la bonne conservation de la graine. Cet excès d'humidité empêche l'exhalation de vapeur d'eau qui doit se faire à la surface de chaque œuf. Il favorise la formation de moisissures à la surface des œufs, et ces moisissures peuvent en altérer le contenu.

Pendant les périodes automnales et hivernales, les œufs sont beaucoup moins sensibles à l'excès d'humidité ; ils peuvent même séjourner plusieurs heures dans l'eau, ce qui permet de les laver. Il faut pour cela que l'eau soit à une température voisine de l'ambiante.

On ne doit pas cependant exagérer le degré de siccité de l'air, car on risquerait de provoquer une évaporation trop intense du liquide de l'œuf, et l'éclosion serait difficile.

Maillot (1) conseille de placer un hygromètre à cheveu dans le local où sont conservées les graines et de faire en sorte que cet instrument se maintienne aux environs de 75°, ce qui indique que la fraction de saturation de l'air est d'environ un demi-degré de sécheresse, qui convient le mieux à la bonne tenue des graines.

(1) Maillot, p. 38.

Développement de l'embryon. — Après l'hivernation, l'activité embryonnaire se manifeste lorsque la température atteint 11 à 12° C., et l'éclosion se produira lorsque, la température augmentant progressivement atteindra 21 à 22° C.

Si les graines étaient maintenues à 12°, on obtiendrait des éclosions au bout d'un temps plus long ; elles traîneraient et n'auraient pas lieu d'une façon complète. Si, au contraire, on portait rapidement la graine à 24°, quelques éclosions auraient lieu beaucoup plus tôt et d'autres, surprises par ce brusque changement, pourraient périr.

Nous allons examiner succinctement les changements qui s'opèrent à l'intérieur de l'œuf pendant l'incubation, c'est-à-dire lorsqu'il est placé dans des conditions favorables au développement de l'embryon qui lui permettent de passer de l'état hivernal (strie germinale) à celui de l'éclosion (petit ver).

Si, à la fin de la période hivernale, on examine l'intérieur de l'œuf, on constate qu'il présente le même aspect que lorsque la graine était mûre quelques jours après la ponte.

La strie germinale comprend seize segments, outre les extrémités céphaliques et caudales. Sa face externe deviendra la face ventrale du corps du ver, le dos étant au contraire tourné vers l'intérieur supportant le vitellus. Ce vitellus communique constamment avec la poche formée par la partie médiane de la strie germinale, qui représente l'intestin moyen ou estomac. Les deux autres cavités, formées par des invaginations des extrémités buccales et anales, représentent l'intestin antérieur et l'intestin postérieur, qui communiqueront avec l'intestin moyen.

En supposant que l'incubation dure une vingtaine de jours, comme cela se produit lorsque la température s'élève progressivement de 10 ou 12° 22 ou 23°, et en prélevant de temps en temps des œufs pour les examiner, on constatera les transformations successives qui s'opèrent à l'intérieur (fig. 3).

Pendant les trois premiers jours, la courbe de l'extrémité anale s'accentuera. Le quatrième jour apparaîtront sur chacun des sept premiers segments deux excroissances coniques, qui sont : *ant*, les rudiments des antennes; *md*, des mandibules; ms_1, ms_2, des mâchoires; et z_1, z_2, z_3, des pattes thoraciques.

Les cinquième et sixième jours, le lobe céphalique subira, comme le lobe caudal, une sorte de boursoufle-

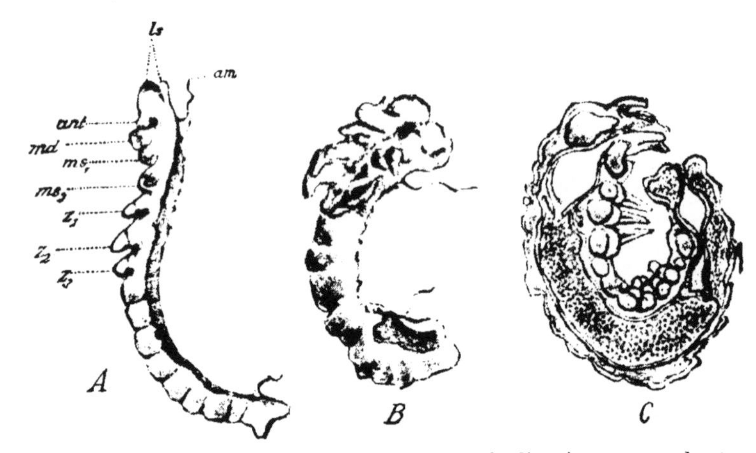

Fig. 3. — Transformations successives de l'embryon pendant l'incubation. — A, quatorze jours avant l'éclosion : *ls*, lèvre supérieure; *am*, amnios; *ant*, antennes; *md*, mandibules; ms_1, ms_2, mâchoires; z_1, z_2, z_3, pattes thoraciques. — B, douze jours avant l'éclosion. — C, six jours avant l'éclosion. Gross. : 50 : 1 (Verson et Quajat).

ment; deux nouveaux appendices apparaîtront autour de la bouche et deviendront l'un la lèvre supérieure, l'autre la lèvre inférieure.

Le dixième jour, les stigmates apparaîtront sur les trois anneaux thoraciques et sur les huit premiers anneaux abdominaux. Les troisième, quatrième, cinquième, sixième et dernier segments émettront à leur tour des proéminences qui sont les rudiments des fausses pattes.

Le douzième jour les quatre premiers segments de la

strie se sont réunis en un seul bien distinct, pour constituer la tête définitive. A ce moment, l'embryon exécutera une demi-révolution autour de son axe, de sorte que la face ventrale sera tournée vers l'intérieur de l'œuf et le dos vers l'extérieur.

La masse vitelline sera ensuite peu à peu absorbée : l'ouverture dorsale se fermera complètement ; le tube intestinal s'achèvera, et ses trois parties communiqueront entre elles. Puis l'ombilic se fermera et l'embryon commencera alors à se nourrir par la bouche en absorbant le reste du vitellus. Les glandes salivaires et soyeuses se formeront, et le corps commencera à se recouvrir de poils.

Enfin, le dix-huitième jour, le jeune ver sera complètement constitué ; l'air pénétrera dans les trachées, et le petit animal absorbera ce qui reste de vitellus puis la membrane d'enveloppe, et attaquera la coque à l'endroit du micropyle.

On reconnaît extérieurement que le moment de l'éclosion est proche au changement de couleur de la graine. L'œuf devient en effet de plus en plus blanchâtre à mesure que l'embryon s'isole de la coque.

Bivoltinisme. — Avec nos races indigènes, les choses se passent généralement comme nous venons de le dire ; mais, chez certaines races, notamment japonaises, les graines ont la propriété d'éclore quelques jours après la ponte, sans avoir subi l'action du froid, ni aucune préparation spéciale. On appelle ces races *bivoltines*, si ce phénomène se produit simplement une fois, et *polyvoltines* s'il se produit après chaque ponte. Ce caractère est héréditaire.

Chez nos races indigènes, on observe quelquefois des pontes qui éclosent en totalité ou en partie quelques jours après la maturité de la graine sans cause apparente. On dit alors qu'il y a *bivoltinisme accidentel*. Nous avons plusieurs fois constaté, à la station séricicole de Rousset, que ce caractère n'était pas héréditaire.

On ne connaît pas la cause de ce phénomène. Maillot a remarqué qu'il se produisait surtout lorsque les pontes avaient lieu dans une salle sèche et chaude, et que les œufs qui bivoltinaient étaient principalement ceux pondus par les premiers papillons sortis des cocons.

Nous avons eu l'occasion d'observer cette année-ci, qui a été particulièrement chaude, de nombreux cas de bivoltinisme, et nous avons remarqué que des cellules exposées une partie de la journée aux rayons du soleil avaient donné une très forte proportion de bivoltins.

Moyens de provoquer le bivoltinisme. — Nous avons vu qu'en faisant subir aux graines, au moins vingt jours après la ponte, une hivernation précoce, on les mettait en état d'éclore quarante ou cinquante jours après. M. Duclaux et d'autres savants, notamment MM. Verson et Quajat, ont cherché d'autres moyens de provoquer l'éclosion.

1° *Par le frottement.* — Déjà, en 1856, on avait obtenu en Italie des éclosions en frottant des graines avec une brosse. En 1872, Terni renouvela ces expériences et constata que, pour obtenir des éclosions, il fallait soumettre la graine au frottement du 10 juillet aux premiers jours d'août. MM. Verson et Quajat renouvelèrent ces essais en 1873, à la station séricicole de Padoue, et établirent que l'éclosion était d'autant plus régulière et abondante que l'on opérait à une époque plus rapprochée de la ponte. Lorsque la graine était mûre, le résultat diminuait et devenait presque nul en septembre et octobre. D'autre part, le résultat dépendait de la rapidité avec laquelle la brosse était conduite, de la pression exercée et de la rudesse plus ou moins considérable de la brosse. Les éclosions commencent quinze jours après l'opération et se prolongent toujours très longtemps, quelquefois pendant quarante jours consécutifs.

2° *Par l'électricité.* — Verson, pensant que les effets de l'électricité étaient semblables à ceux du frottement, soumit pendant dix minutes des œufs fraîchement pondus à une pluie d'étincelles et obtint une éclosion complète au bout de dix jours. Le résultat diminue à mesure que la graine devient plus âgée.

3° *Par les acides.* — En immergeant des graines pendant une ou deux minutes dans l'acide sulfurique concentrée et en les lavant ensuite à grande eau, M. Duclaux obtint en 1876 quelques éclosions seulement, parce que la graine était âgée.

Bolle obtint de meilleurs résultats avec les acides chlorhydrique et nitrique.

L'ingénieur Susani obtint des éclosions, mais en proportions différentes avec les acides : sulfurique, nitrique, chlorhydrique, phosphorique et acétique, en opérant sur des graines âgées de moins de trente-six heures.

MM. Verson et Quajat établirent que les acides les plus efficaces étaient par ordre décroissant : les acides chlorhydrique, nitrique, sulfurique, acétique et phosphorique, et que les acides borique, benzoïque, oxalique, citrique, lactique, pyrogallique, salycilique, etc., étaient complètement inefficaces.

4° *Autres moyens.* — On peut encore provoquer l'éclosion :

a. En portant pendant quelques secondes les graines à une température de 80 à 85°. On obtient ainsi le 30 p. 100 environ d'éclosions ;

b. Par la chaleur accompagnée de lumière intense. En plaçant les graines au foyer d'un miroir concave, on obtient 5 p. 100 d'éclosions ;

c. Par un brusque changement de température. En immergeant les graines alternativement dans de l'eau chauffée à 50 ou 60° C. et dans l'eau froide. Après une dizaine d'immersions, on peut obtenir jusqu'à 90 p. 100 d'éclosions ;

d. En immergeant pendant cinq à six secondes des graines dans l'eau bouillante, toutes celles qui ne sont pas tuées éclosent ;

e. Enfin M. Rollat a obtenu des éclosions en plaçant pendant douze jours des graines dans l'air comprimé à 3 ou 4 atmosphères.

« Quand on opère sur une graine jeune, de l'âge par exemple de un ou deux jours moment où l'on peut considérer tous les œufs comme étant absolument dans des conditions identiques, qu'on agisse par l'action du frottement ou de l'électricité, on observe à peu près le même intervalle entre le moment du traitement et le commencement de l'éclosion. En d'autres termes, la graine, de quelque manière qu'on la traite, quand elle est jeune, a à peu près exactement le même âge, quand l'éclosion se produit, et cet âge est d'environ dix à douze jours. Il est singulier que cet âge soit aussi le même auquel se produisent les bivoltins accidentels dans la graine annuelle. Il n'est pas moins singulier que, quand les naissances des bivoltins se produisent dans les pontes isolées de race annuelle, ces naissances soient d'autant plus rapides qu'elles sont plus complètes, comme cela a lieu dans le cas du frottement et de l'électricité.

« En présence de ces ressemblances, on est invinciblement conduit à croire que le phénomène produit est le même dans tous les cas, que la cause efficiente en est la même et que la cause occasionnelle seule varie. En d'autres termes, l'électricité, le frottement, l'hivernation artificielle sont probablement des moyens divers de mettre en jeu un même mécanisme physiologique, qui, une fois ébranlé, fonctionne avec régularité. Mais comment se fait la communication du mouvement? Quel est, suivant la question du programme, l'agent physique important dans les actions physiques diverses qui peuvent provoquer l'éclosion précoce? C'est ce que les résultats connus jusqu'ici ne permettent pas encore de dire (1). »

(1) Duclaux, *Congrès séricicole de Milan*, 1876. — Maillot, p. 43.

Parthénogenèse. — Quelques observateurs ont prétendu avoir obtenu des éclosions avec des œufs pondus par des femelles non fécondées. Si cela était, la parthénogenèse existerait dans certains cas chez les vers à soie. Mais toutes les expériences précises faites dans ce sens en Italie et en France n'ont jamais donné de résultats. A la station séricicole de Rousset, nous avons examiné un très grand nombre de pontes faites par des femelles bien isolées, et nous n'avons obtenu aucune éclosion. Les changements de coloration, peut-être même la formation de la bandelette germinative, peuvent se produire sans qu'il y ait eu accouplement; mais, après l'hivernation, de telles graines se dessèchent sans donner aucune éclosion. Le défaut d'isolement a pu induire quelques observateurs en erreur. On peut en effet ramasser sur les cocons des femelles que l'on croit non fécondées, mais qui, en réalité, ont été accouplées pendant quelques instants avec un mâle qui a bientôt disparu ou changé de place.

II. — LE VER A SOIE.

Le jeune ver, en naissant, a des dimensions variables suivant les races auxquelles il appartient; dans nos races indigènes, sa longueur moyenne est de 3 millimètres. Sa largeur est de 1 millimètre et son poids de 1 demi-milligramme. Tout son corps est recouvert de poils de couleur brune, et sa tête est d'un noir luisant. En sortant de l'œuf, il secrète un fil de soie très mince, 1 millième de millimètre de diamètre, et cependant assez résistant pour qu'il puisse s'y suspendre en s'isolant de la coque. Il dévore aussitôt les parties tendres des feuilles de mûrier et grossit rapidement si on lui fournit des aliments en quantité suffisante et si on le maintient à une température convenable (20 à 25°). Dans ces conditions, ving-cinq ou vingt-huit jours après l'éclosion, le ver a atteint son maximum de taille; sa longueur est de 8 à 9 centimètres, sa largeur de 6 à 8 millimètres et son poids de 4 à 5 grammes, soit de huit à dix mille fois ce qu'il pesait à sa naissance.

L'existence de la larve est divisée en cinq périodes

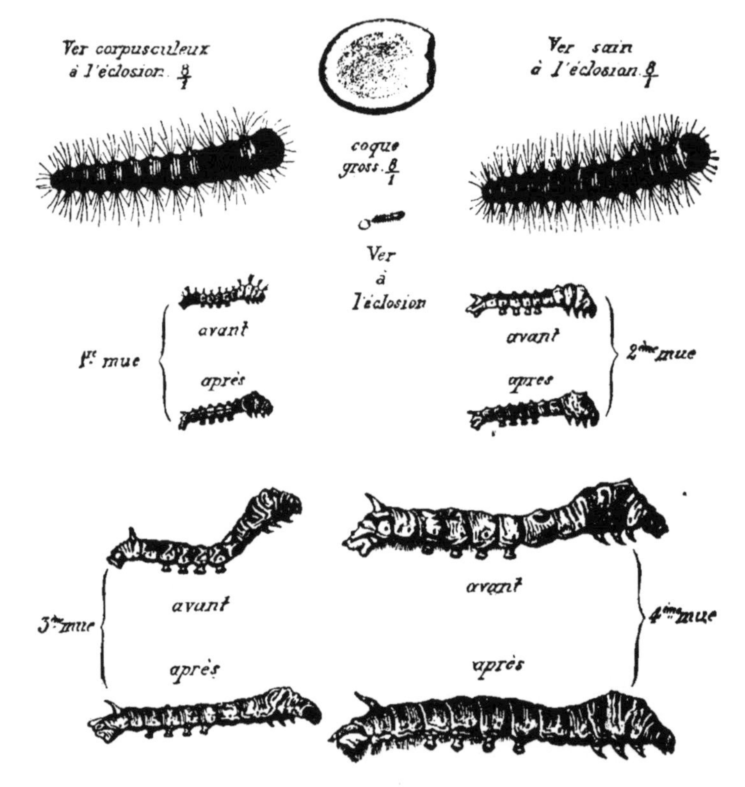

Fig. 4. — Les différents âges de la larve (1).

ou âges successifs, séparés par quatre mues (fig. 4).

Le jeune ver mange avidement pendant quatre ou cinq jours; les poils disparaissent peu à peu; la peau devient distendue, puis l'appétit diminue, et, vers le

(1) Dessiné par A. Millot, d'après Pasteur.

sixième jour, le ver devient immobile, sa tête levée et sa peau fixée aux objets voisins par des fils de soie qu'il a émis précédemment; c'est la première mue et la fin du premier âge. Après quelques heures d'immobilité (vingt-quatre heures environ), on voit le ver agiter à droite et à gauche la partie antérieure de son corps; bientôt la peau se fend longitudinalement sur le dessus de la tête, et le ver, abandonnant son ancienne dépouille, qui reste fixée par les fils de soie et dont il s'échappe comme d'un fourreau, sort régénéré. Sa tête est plus large et sa peau est ridée et humide. La mue est une véritable crise que traverse le ver, pendant laquelle s'opère une rénovation de tous ses organes. Aussi, dès qu'il a abandonné sa vieille dépouille, le ver s'étend comme pour se reposer et laisse sécher la surface de sa peau; il se met bientôt en quête de nourriture. Il mange pendant quatre ou cinq jours, puis se prépare à la deuxième mue, qui termine le deuxième âge.

Le troisième âge, qui est compris entre la deuxième et la troisième mue, dure de six à sept jours.

Le quatrième âge dure de sept à huit jours. Au milieu de cette période, le ver mange avec une grande voracité; c'est ce qu'on appelle la *petite frèze.*

Le cinquième âge (de la quatrième mue à la montée) dure de huit à douze jours, suivant les variétés. Après la *grande frèze*, qui a lieu au milieu de cet âge, le ver a atteint son maximum de taille. A partir de ce moment, l'appétit du ver diminue; il se dispose bientôt à confectionner son cocon et évacue une grande quantité d'excréments; on dit que le ver *mûrit.*

Aspect extérieur du ver.

Le corps du ver à sa plus grande taille a une forme cylindrique allongée et est divisé en douze anneaux, sans compter la tête (fig. 5).

La peau est généralement blanche avec des ombres cendrées. Il y a quelquefois, sur un certain nombre d'anneaux, deux taches foncées, en forme de croissant, appelées *lunules* et disposées symétriquement de chaque côté de la ligne dorsale médiane.

La peau, au lieu d'être blanche, contient quelquefois un pigment qui donne aux vers une couleur foncée. On les appelle vers *moricauds*.

D'autrefois, une raie noire transversale se trouve sur

Fig. 5. — Ver à soie au cinquième âge.

chacun des anneaux. Les vers ont alors un aspect assez curieux, qui les a fait appeler *zébrés*, *rayés* ou *bariolés*. Si cette particularité se rencontre chez les vers blancs, ce sont des *blancs zébrés*, et des *moricauds zébrés* si elle se rencontre chez les vers moricauds. Ces caractères sont héréditaires et semblent appartenir à des races distinctes.

On rencontre parfois, mais très rarement, des vers séparés longitudinalement en deux parties : l'une noire, l'autre blanche. Nous avons observé sept ou huit cas semblables et n'avons obtenu que trois papillons, qui ont présenté tous les caractères des mâles, mais n'ont pu s'accoupler à cause d'une mauvaise conformation des organes génitaux.

Il nous a été donné d'observer dans un croisement japonais deux vers dont le corps était de couleur verte et transparent comme le verre, si bien que l'on apercevait le passage des aliments dans le tube digestif. Ces vers, d'une très grande agilité, disparurent pendant la nuit de l'endroit où nous les avions placés pour faire leur cocon.

Tête. — La tête du ver à soie (fig. 6) a une forme globuleuse. Elle est protégée par une couche épaisse de matière chitineuse et présente deux squames pariétales et une squame frontale ; à cette dernière s'attache un appendice large et court : la *lèvre supérieure* (*ls*). De chaque côté des squames pariétales se trouvent six petites proéminences lenticulaires *v*, que l'on a appelées des *yeux*. Les *antennes* (*at*) sont des organes tactiles qui sortent des squames pariétales et sont formées de trois articles cylindriques.

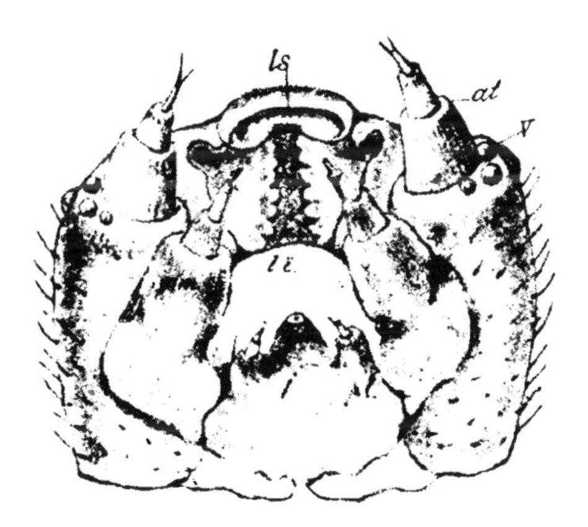

Fig. 6. — Tête grossie du ver à soie vue par sa face inférieure. — *ls*, lèvre supérieure ; *li*, lèvre inférieure ; *at*, antennes ; *pm*, palpes maxillaires ; *pl*, palpes labiaux ; *f*, filière ; *v*, yeux ; *md*, mandibules (Verson et Quajat).

Les *mandibules* (*md*) sont des pièces dures, dentelées comme des scies, qui se meuvent transversalement sous l'action de muscles puissants et peuvent de la sorte découper la feuille de mûrier.

La *lèvre inférieure* (*li*) est constituée par deux corps mous qui sont accolés ensemble et supportent chacun un organe tactile articulé appelé *palpe labial* (*pl*).

Entre les mandibules, la lèvre supérieure et la lèvre inférieure, se trouve l'orifice de la bouche, qui est le commencement du tube intestinal.

Les *mâchoires* sont des tubercules rigides garnis de gros poils courts ; elles se meuvent légèrement dans le sens transversal et supportent chacune un organe tactile à trois articles, les *palpes maxillaires* (*pm*).

Enfin, au-dessous de la lèvre inférieure et entre les

palpes labiaux, se trouve un petit mamelon conique qui est la trompe soyeuse; à son sommet, se trouve l'orifice de la filière (*f*), canal d'où sort la soie.

Thorax. — Le thorax est formé par les trois premiers anneaux; chacun d'eux est muni d'une paire de pattes appelées *pattes proprement dites*, parce qu'elles subsisteront chez l'insecte parfait, ou encore *pattes antérieures*, *thoraciques* ou *écailleuses*. Elles comprennent trois articles

Fig. 7. — Paire de pattes antérieures ou thoraciques. Patte membraneuse ou fausse patte. Stigmate.

(fig. 7) et sont terminées par un ongle recourbé et pointu; elles sont protégées du côté extérieur par une couche de matière chitineuse.

Abdomen. — L'abdomen est constitué par les neuf autres anneaux; les sixième, septième, huitième, neuvième et douzième portent chacun une paire de *pattes membraneuses* appelées aussi *fausses pattes* (fig. 7); ce sont des cylindres rétractiles. On aperçoit à leur sommet, dont le contour est elliptique, une double rangée de crochets recourbés. C'est surtout à l'aide des fausses pattes que le ver se meut et se soutient, les pattes antérieures lui servant à serrer la feuille qu'il mange. Sur le onzième anneau, on remarque une sorte de proéminence cutanée en forme de corne appelée *éperon*.

Enfin, pour terminer cette description des organes extérieurs du ver, il nous faut mentionner dix-huit taches noires de forme elliptique (fig. 7), situées sur les flancs de chaque côté de tous les anneaux, à l'exception du deuxième, du troisième et du dernier. Ce sont les *stigmates*, ouvertures des canaux respiratoires, sur la fonction desquels nous aurons l'occasion de revenir.

Structure intérieure.

Appareil digestif. — En examinant les organes intérieurs d'un ver à soie (fig. 8), on voit que le plus important de tous est le tube digestif, canal qui va de la bouche à l'anus.

Ce tube se divise en trois parties (fig. 9) : antérieure ou *œsophage*, moyenne ou *estomac*, postérieure ou *intestin*, formé lui-même par deux dilatations séparées, le *cæcum* et le *rectum*.

L'*œsophage* (*es*) part du fond de la bouche et traverse la tête et le premier anneau. Les deux glandes salivaires (*gs*) sont disposées symétriquement de chaque côté de l'œsophage, et leurs sécrétions viennent aboutir à droite et à gauche dans la cavité buccale. Ces glandes ont la forme de tubes à diamètre irrégulier et contiennent des cellules qui secrètent un liquide visqueux, à réaction acide, qui a la propriété de transformer l'amidon en dextrine.

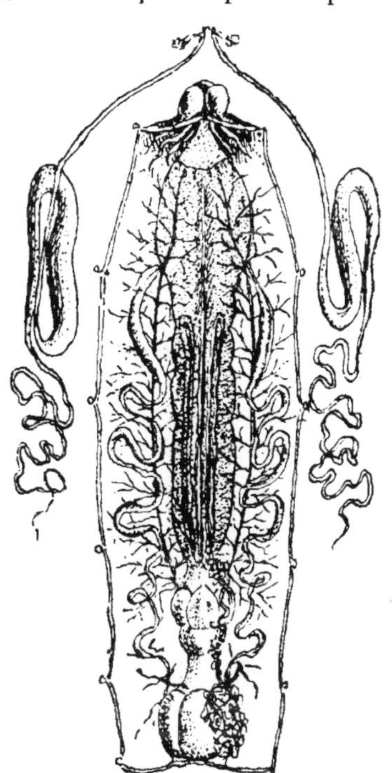

Fig. 8. — Ver au cinquième âge ouvert suivant la ligne dorsale médiane. Les glandes soyeuses ont été isolées.

L'*estomac* (*vt*) est la partie la plus grande; cette cavité commence à l'œsophage pour aboutir au neuvième anneau; sa paroi recèle des quantités de cellules glanduleuses qui sécrètent un liquide alcalin, lequel permet la digestion de la feuille de mûrier.

A la base de l'estomac se trouve une partie étranglée, *intestin grêle*, dans lequel viennent déboucher les vaisseaux urinaires, ou tubes de Malpighi (*vr*); ces tubes ont une fonction analogue à celle des reins chez les animaux supérieurs. Chacun de ces vaisseaux se ramifie en trois tubes, qui, avec de nombreuses sinuosités, se replient sur la face dorsale et la face ventrale de l'estomac et viennent se terminer en cul-de-sac vers la région anale. Ils contiennent à l'intérieur des cellules qui secrètent de nombreux urates. On remarque aussi dans ces tubes des cristaux octaédriques d'oxalate de chaux absolument semblables à ceux qui recouvrent la peau du ver au sortir des mues.

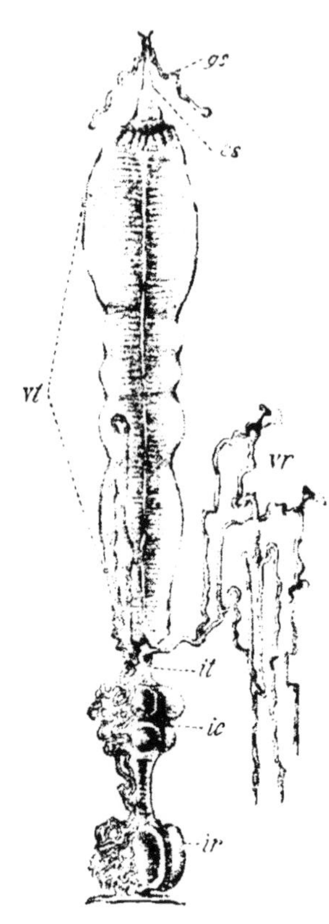

Fig. 9. — Tube digestif du ver à soie ayant accompli sa croissance; vu de la partie ventrale (grandeur naturelle). — *es*, œsophage; *vt*, estomac; *it*, intestin grêle; *ic*, cæcum; *ir*, rectum; *vr*, tubes de Malpighi; *gs*, glandes salivaires (Verson et Quajat).

On a remarqué que, tandis qu'avant les mues les tubes de Malpighi étaient gorgés de ces substances, ils étaient vides après la mue. Dans l'insecte parfait, ils ne contiennent plus que des urates.

Le *cæcum* reçoit les matières non digérées; il a un pouvoir absorbant presque nul; son épithélium est constitué par de grandes cellules polygonales. Il agit surtout mécaniquement sur la digestion par le moyen des fibres musculaires contractiles qui l'entourent.

Le *rectum* reçoit les matières fécales qui sont expulsées par l'anus; sa paroi est tapissée d'une épaisse cuticule, qui se continue au dehors de l'anus.

Toute la paroi musculaire du tube digestif est d'ailleurs doublée en dedans par une pellicule chitineuse qui fait comme suite à celle de la peau. Dans l'œsophage, cette pellicule est adhérente aux couches externes et plissée; dans l'estomac, elle est lisse et comme flottante : dans le cæcum, elle est de nouveau adhérente et tapissée d'épines; enfin, dans le rectum, elle est légèrement plissée, mais sans épines.

Appareil respiratoire. — Les dix-huit stigmates répartis sur le corps du ver permettent et règlent l'accès de l'air nécessaire à la respiration, qui pénètre de là dans les trachées ou tubes aérifères, dont les ramifications s'étendent à tous les organes.

Malpighi a démontré que l'air pénétrait par les stigmates; en plaçant avec une plume une goutte d'huile sur chacune de ces dix-huit ouvertures, il a constaté que l'animal mourait asphyxié au bout de quelques minutes.

L'expiration de l'air se fait au contraire par toute la surface de la peau. Réaumur a constaté en effet qu'en plongeant un ver vivant dans l'eau on voyait des bulles d'air se former sur toutes les parties du corps.

Le stigmate est l'ouverture d'un canal tapissé de sortes d'épines ou de poils qui forment un feutrage permettant le passage de l'air seul et l'amenant dans une cavité creusée dans une excroissance de l'hypoderme.

Cette cavité est fermée à sa partie inférieure par deux membranes juxtaposées formant comme une valve. A l'état de repos, la valve est fermée par une sorte de bâtonnet chitineux recourbé en arc, qui vient s'appuyer contre l'insertion des deux membranes et les maintient l'une contre l'autre. Pendant l'acte de l'inspiration, au contraire, un autre bâtonnet chitineux, formant bras de levier et commandé lui-même par un muscle spécial, fait soulever l'une des deux membranes, ce qui permet à l'air d'arriver dans une seconde cavité, sorte de vestibule de la trachée.

La trachée se compose d'un long tube d'un tiers de millimètre de diamètre chez le ver adulte, qui s'étend sur toute la longueur des flancs du ver et reçoit l'air des neuf stigmates de la façon que nous venons d'indiquer. Il y a deux trachées principales, une de chaque côté du ver.

De chaque vestibule pratiqué dans la trachée principale, à la hauteur de chaque stigmate, partent des trachées secondaires qui se ramifient à l'infini en canaux de plus en plus étroits et distribuent l'air à tous les organes et viscères contenus dans la moitié de l'anneau correspondant.

La paroi des trachées est formée extérieurement par une membrane mince, et intérieurement par une membrane chitineuse qui offre des replis affectant la forme de spires régulières et caractéristiques. Ces spires n'existent cependant pas dans les très petites ramifications des trachées.

En outre des deux trachées longitudinales, il existe du côté de la partie ventrale une autre trachée *interstigmatique*, qui établit la communication entre chacune des deux ouvertures respiratoires d'un même anneau.

Une trachée interstigmatique ventrale et une autre dorsale partent des deux premiers stigmates, viennent se terminer à la tête et envoient des ramifications sur leur parcours.

Le mécanisme respiratoire du ver à soie n'est manifesté par aucun mouvement rythmique. L'inspiration et l'expiration ne paraissent être commandées par aucun muscle spécial, mais seulement par les contractions musculaires de tout le corps, qui doivent nécessairement amener la compression ou l'expansion des canaux aérifères.

Respiration. — La respiration chez les vers comme chez tous les êtres vivants est une véritable combustion qui se traduit par une absorption d'oxygène et un dégagement d'acide carbonique.

En 1849, Régnault et Reiset ont recherché la quantité d'oxygène absorbée par les vers à soie dans l'acte de la respiration; ils ont trouvé pour 1 kilogramme de vers pendant une heure les chiffres suivants :

Vers au 5e âge (423 prêts à filer) ont absorbé 0gr,840 d'oxygène.
Vers — (461 —) — 0gr,687 —
Vers au 3e âge (1050) — 1gr,170 —.

Les vers étaient placés pour ces expériences dans des conditions défavorables qui pouvaient atténuer l'exercice de leurs fonctions; ils étaient en effet placés dans un tube de verre fermé à ses deux extrémités par des montures de laiton qui les faisaient communiquer d'une part avec un réservoir d'oxygène, d'autre part avec un tube manométrique recevant les gaz à analyser.

Verson et Quajat reprirent ces expériences à la station séricicole de Padoue et déterminèrent l'acide carbonique produit pendant une heure par 1 kilogramme de vers (1).

Age des vers.	Température.	Acide carbonique dégagée. gr.
Pendant la 3e mue........	22° C.	0,7381
Avant la 4e mue..........	22° C.	0,6058
Pendant la 4e mue........	18°	0,7450
Après la 4e mue..........	18°	0,8256
Commencement du 5e âge.	18°	0,6068
Un peu après.............	15°	0,2675
5e âge avancé............	15°	0,1998
Au moment de la montée.	17°	0,4225

(1) Verson et Quajat, p. 137.

Verson fait remarquer qu'une température plus ou moins élevée a une influence sur l'activité respiratoire et qu'il aurait fallu tenir compte, dans l'expérience, de la quantité de feuille contenue dans le tube digestif, le poids de cette feuille pouvant atteindre le 30 et 40 p. 100 du poids du ver. C'est pour cela que la production la plus faible d'acide carbonique correspond au moment de la grande frèze.

L'activité respiratoire des vers à soie est très intense ; il faut donc leur fournir abondamment l'oxygène qui leur est nécessaire et faire en sorte que la proportion d'acide carbonique ne soit pas supérieure à 1/1 000 dans la magnanerie.

Il conviendra donc de fournir aux vers de 1 once de graines, qui sont au nombre de 30 000 environ, 1 000 mètres cubes d'oxygène par vingt-quatre heures, soit environ 5 000 mètres cubes d'air. Si la magnanerie a 100 mètres cubes de capacité, il faudra que l'air soit renouvelé intégralement à peu près toutes les demi-heures.

Cependant les vers à soie peuvent supporter sans périr des proportions élevées d'acide carbonique, d'acide sulfureux, de chlore, etc., et peuvent séjourner jusqu'à quatre ou cinq heures dans l'eau. Il paraît étonnant avec cela que l'oblitération des stigmates par l'huile les fasse périr en quelques secondes. De Filippi a établi que cette mort rapide était produite par une sorte de paralysie générale résultant de ce que l'accès de l'air aux ganglions nerveux était empêché.

Toutes les odeurs, bonnes ou mauvaises, paraissent incommoder les vers; la fumée du tabac les fait périr rapidement, surtout lorsqu'ils sont jeunes.

Appareil circulatoire. — Le sang des vers à soie est un liquide de couleur jaune-paille, très limpide, à réaction généralement acide et noircissant rapidement à l'air. Il contient des globules de formes et dimensions variables à un ou plusieurs nucléoles et des cellules huileuses.

Tout ce liquide flotte dans la membrane péritonéale, baigne les parois de l'estomac, que les matières assimilées traversent par endosmose pour enrichir le sang.

Les ramifications des trachées sont baignées par le sang et lui fournissent l'oxygène. Grâce à ce mode de répartition des trachées, la circulation n'a pas besoin d'être divisée en veinale et artérielle pour se débarrasser des produits de l'oxydation, comme chez les Vertébrés. Le cœur est cependant représenté par un vaisseau dorsal.

Ce vaisseau dorsal est en quelque sorte un agitateur du sang par ses contractions rythmiques, qui ont lieu d'arrière en avant quarante à cinquante fois par minute environ et qui font ainsi cheminer le liquide sanguin dans la cavité du vaisseau.

Ce tube occupe toute la longueur du corps du ver ; il est élargi à sa partie inférieure en forme de bulbe; il va en se rétrécissant et s'évanouit dans la partie céphalique. Ses parois sont musculeuses et fort minces, sans orifices latéraux, ni valvules; le sang pénètre donc dans le canal par endosmose ; des ailettes musculaires soutiennent le vaisseau dorsal et figurent les ailettes du cœur. Ce sont des fibres musculaires contractiles disposées symétriquement de chaque côté du vaisseau dorsal et venant se fixer sur l'enveloppe dermique un peu au-dessus et en avant des stigmates de l'anneau correspondant.

Les pulsations sont à peu près au nombre de 40 par minute chez le ver adulte, à une température de 23 à 25° C. A 12°, on n'en compte plus que 8 à 10 par minute. Lorsque la larve est plus jeune, les pulsations sont sensiblement plus fréquentes que chez la larve âgée.

Maillot a observé chez un ver de la quatrième mue et à une température de 20° C. 30 pulsations par minute lorsque l'animal est au repos, 45 à 50 s'il se meut ou se met à manger, et 60 à 65 lorsque le ver file son cocon. Ce même observateur prit un ver prêt à filer, qui battait

55 pulsations; en le distendant légèrement entre les doigts, il vit le nombre des pulsations s'élever à 94; abandonnant alors le ver à lui-même, le nombre des pulsations était encore de 66 cinq minutes après, de 50 cinq autres minutes plus tard et 44 dix heures après, alors qu'il avait commencé son cocon. Enfin, en prenant un ver qui avait commencé son cocon et le retirant de sa légère enveloppe, il constata que les pulsations n'étaient que de 9 par minute, et dirigées d'avant en arrière (inversion qui se produit pendant le passage de l'état de larve à celui de chrysalide); un moment après, le ver se mit à marcher; ses pulsations étaient alors de 50 par minute et dirigées d'arrière en avant.

Température du corps. — La température du corps des vers à soie est sensiblement égale à la température extérieure. Plusieurs observateurs, en plaçant des vers à des températures très diverses, n'ont constaté que des différences de 1° en plus ou en moins. Il y a donc exactement compensation entre la chaleur dégagée par la combustion et celle absorbée.

Glandes soyeuses. — De chaque côté et au-dessous du tube digestif, on remarque chez un ver adulte deux longs tubes brillants de diamètre variable et considérablement contournés; c'est dans ces organes que l'on appelle *glandes soyeuses* que s'accumule la soie. Elles sont absolument semblables l'une à l'autre et disposées symétriquement par rapport à l'axe longitudinal. On y distingue trois parties (fig. 10) : la partie postérieure, tube cylindrique ayant 1 millimètre de diamètre environ, présentant de nombreux replis et atteignant une longueur de 14 à 15 centimètres. C'est dans cette partie que se forme la fibroïne ou la soie proprement dite; elle est incolore ou légèrement teintée en jaune.

La partie moyenne est beaucoup plus grosse, 3 millimètres de diamètre en moyenne; elle est recourbée en forme d'S, et sa longueur est de 6 à 7 centimètres,

Fig. 10. — Glandes soyeuses, d'après Pasteur.

incolore chez les races à cocons blancs; elle est colorée en jaune chez les races à cocons jaunes. C'est cette partie qui sécrète une matière glutineuse spéciale appelée *grès*, qui enveloppe la soie et lui donne sa coloration.

La partie antérieure, ou tube secréteur, a un diamètre de trois dixièmes de millimètre environ à son origine et va en se rétrécissant; sa longueur est de 3 à 4 centimètres et est presque rectiligne. Ces deux tubes se réunissent à leur extrémité en un seul, qui aboutit dans la trompe soyeuse et se termine par la filière. C'est dans ces tubes que les fils de soie prennent leur forme et leur consistance; ils agissent comme de véritables filières.

A leur point de jonction se trouve deux petites glandes découvertes par de Filippi, qui lubrifient le canal de la trompe soyeuse et revêtent le fil de soie d'un vernis cireux.

Au sortir de la trompe, le fil de soie a la forme d'une lanière plate de $0^{mm},02$ de largeur et de $0^{mm},01$ d'épaisseur: cette lanière est composée de deux fils réunis ensemble et enduits d'un vernis gommeux qui sèche à l'air, mais qui rend le fil assez gluant pour qu'il puisse adhérer, au moment de l'émission, au fil précédemment émis. C'est ce vernis qui se ramollit dans l'eau chaude et permet le dévidage du cocon.

Les trois parties des glandes soyeuses contribuent donc à former le fil de soie en secrétant chacune une matière différente :

1° Les glandes qui sécrètent la fibroïne ou soie proprement dite, qui forme l'axe massif du fil et qui résiste à l'action de l'eau chaude et des alcalis;

2° La partie moyenne enveloppe le fil d'une substance colorée, le grès, qui est soluble dans l'eau de savon bouillante ;

3° La filière et les glandes de Filippi, qui donnent au fil sa forme et l'enduisent d'un vernis soluble dans l'eau chaude.

L'enveloppe des glandes soyeuses présente la même structure dans toute sa longueur. Ce tube est en effet constitué par des cellules hexagonales qui enveloppent chacune exactement la moitié de la périphérie, de telle sorte que c'est la dimension de ces cellules qui varie avec celles du tube.

La paroi interne est différenciée dans les trois parties. Dans la partie postérieure, elle est constituée par deux épaississements fibriformes qui se croisent entre eux, dans la partie moyenne, par une membrane unie à la superficie, mais renforcée de fils circulaires; les tubes excréteurs ont un épais revêtement de chitine de couleur brune avec striure concentrique.

Les glandes soyeuses sont assurées et maintenues en place par les nombreuses ramifications des trachées partant de chaque stigmate.

La plus grande partie de la soie est émise par le ver au moment de la confection du cocon; les glandes soyeuses existent cependant dès la naissance et fonctionnent dès ce moment, puisque le jeune ver émet des fils de soie en sortant de l'œuf; il en émet aussi à toutes les mues pour fixer sa dépouille aux objets voisins.

Voici, d'après Haberlandt, la croissance en poids des glandes soyeuses pendant la vie du ver :

A la 1re mue..................	0mg,5
A la 2e mue..................	0mg,7
A la 3e mue..................	7 milligrammes.
A la 4e mue..................	10mg,8
A la maturité..................	468 milligrammes.

Système nerveux. — Le système nerveux du ver à soie est représenté par treize ganglions : deux sont situés dans la tête, un dans chacun des neuf premiers anneaux et deux dans le dixième (fig. 15).

Tous ces ganglions sont reliés entre eux par un cordon conjonctif, de façon à former une chaîne; des filaments partent de chaque ganglion et représentent les nerfs.

Les deux ganglions de la tête sont situés : l'un au-dessus de l'œsophage, *supra-œsophagien*, l'autre au-dessous, *sub-œsophagien*; leur cordon conjonctif forme le collier œsophagien.

Le ganglion supra-œsophagien est beaucoup plus volumineux que tous les autres, aussi l'appelle-t-on quelquefois *cerveau*. Les nerfs qu'il émet aboutissent à la lèvre supérieure, aux antennes et aux yeux; les nerfs du ganglion sub-œsophagien aboutissent à la lèvre inférieure, aux palpes maxillaires et aux muscles des mandibules.

Les autres ganglions émettent deux faisceaux de nerfs antérieurs et deux faisceaux postérieurs; ces faisceaux se ramifient et aboutissent à tous les muscles de l'anneau correspondant.

Les deux derniers ganglions sont accolés l'un à l'autre et presque confondus; ils émettent quatre paires de faisceaux postérieurs qui se ramifient en éventail comme des rayons divergents et commandent les muscles des deux derniers anneaux.

Les ganglions contiennent des cellules à nucléole munies d'un ou deux prolongements fibriformes.

Les nerfs sont constitués par des faisceaux de fibres parallèles qui partent du ganglion, organe central.

Le système nerveux dont nous venons de parler, composé par la chaîne des ganglions, n'a d'action ni sur le tube intestinal, ni sur l'appareil respiratoire, ni sur celui de la circulation, qui sont influencés par un système nerveux spécial.

A la face dorsale du tube intestinal, on remarque une série de trois ou quatre ganglions, dont le premier, appelé frontal, est au devant du cerveau, auquel il est rattaché par deux filaments nerveux. De chacun de ces ganglions partent des filaments nerveux qui agissent sur l'appareil digestif.

De chaque côté de la chaîne ganglionnaire principale, se trouve un filament nerveux qui présente des renflements, sortes de petits ganglions d'où partent les nerfs qui vont aboutir aux stigmates, ce sont les nerfs respiratoires.

Enfin, à droite et à gauche de la partie antérieure du vaisseau dorsal, on remarque des ganglions spéciaux attachés au cerveau par des filaments ; c'est de ces ganglions que partent les nerfs qui agissent sur l'appareil de la circulation.

Système musculaire. — Le système musculaire comprend deux sortes de muscles : les *muscles volontaires*, qui obéissent à la volonté de l'animal ; ce sont ceux qui lui permettent de se mouvoir, et les *muscles involontaires*, qui sont indépendants de sa volonté et agissent sur le tube intestinal, le vaisseau dorsal, etc...

Les muscles volontaires sont des faisceaux composés de fibres parallèles striées, dont les extrémités s'insèrent sous la peau. Ces faisceaux, sortes de rubans, ont la propriété de se contracter ou de se distendre, ce qui provoque les mouvements. Ils sont de trois sortes :

Les *muscles courts*, qui sont les plus superficiels, ne sortent généralement pas d'un anneau ; ils vont tout au plus à l'anneau voisin et servent à fléchir et à tendre les articles locomoteurs.

Les *muscles obliques* viennent au-dessous; ils sont plus ongs et produisent les mouvements de torsion du corps.

Enfin les *muscles profonds* sont longitudinaux ; ils s'insèrent les uns aux autres de façon à former un ruban continu.

Les fibres musculaires striées se composent d'une gaine membraneuse appelée sarcolemme, qui enveloppe un faisceau de fibrilles longitudinales, traversées à intervalles réguliers par des faisceaux de stries transverses.

Cornalia a compté 208 muscles courts ou superficiels, 168 muscles obliques et 110 muscles profonds.

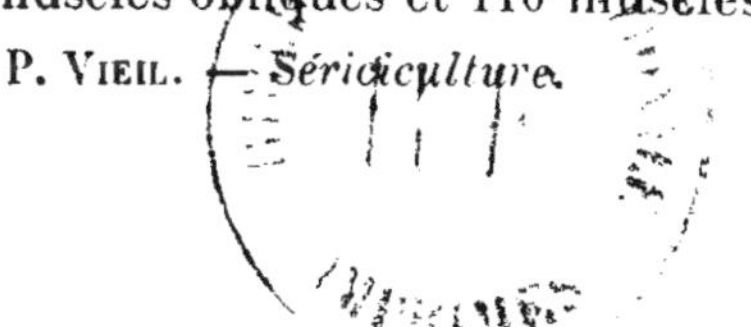

Si on considère que chacun de ces rubans musculaires contient au moins 8 faisceaux, on arrive à un total de plus de 4000 muscles.

Les muscles volontaires présentent une ligne droite d'un point d'insertion à l'autre; mais il n'en est pas de même des muscles involontaires, qui sont constitués par des groupes de fibres musculaires entre-croisés, ce qui ne permet pas l'isolement d'un élément sans une lacération de tout le faisceau. Chacun de ces éléments ne peut se contracter isolément; c'est toute la masse qui se contracte ou se distend.

Les mouvements de tous ces muscles, volontaires ou involontaires, sont ordonnés par le système nerveux.

Tissu graisseux ou adipeux. — Dans tous les interstices des organes et viscères dont nous venons de parler se logent des lobules d'aspect blanchâtre, qui sont des amas de cellules adipeuses de forme assez irrégulière; fils, cordons, lamelles, qui se réunissent et s'entre-croisent: ces amas sont entourés par la membrane péritonéale et forment ce qu'on appelle le *tissu graisseux ou adipeux*. Ces matières s'accumulent pendant la vie de la larve et permettent à l'animal de vivre à l'état de chrysalide et d'insecte parfait, sans prendre aucune nourriture.

Aux environs du vaisseau dorsal, le tissu graisseux présente un aspect un peu différent; les lobules, d'un jaune plus foncé, sont disposés irrégulièrement le long du vaisseau dorsal et sur les deux faces des ailetttes musculaires du cœur. Quelques auteurs estiment que ce sont des glandes particulières jouant le rôle du foie. On les appelle aussi *glandes péricardiales*.

Organes reproducteurs. — Les fonctions de reproduction sont évidemment nulles chez le ver à soie; cependant, dès la naissance, le jeune ver renferme les corps qui, en se développant, deviendront chez le papillon organe reproducteur mâle ou organe reproducteur femelle; on appelle ces corps *capsules génitales*.

L'examen au microscope de ces capsules génitales permet d'établir à quel sexe appartient l'individu ; mais, extérieurement, on ne remarque aucune différence entre les vers mâles et les vers femelles, et tous les caractères auxquels certains praticiens prétendent distinguer les sexes sont absolument illusoires.

Les capsules génitales sont deux petits corps réniformes blanchâtres situés de chaque côté du vaisseau dorsal en face la suture des septième et huitième anneaux ; elles ont 2 à 3 millimètres de longueur lorsque le ver est arrivé à maturité. Hérold a découvert qu'elles étaient tenues en place :

1° Par des trachées émanant de la sixième paire de stigmates ;

2° Par une paire de ligaments courts qui sont fixés aux tissus cutanés voisins ;

3° Par une paire de ligaments longs, fixés d'une part à la face interne des capsules génitales et venant se réunir et se fixer, d'autre part, contre la peau du onzième anneau, sur la ligne médiane et sous le rectum.

Dans les capsules mâles, on remarque, au début, une matière semi-fluide granuleuse où se formeront plus tard des cellules à noyaux, puis de grosses cellules dont le contenu est un amas de sphérules transparentes ; puis enfin ces cellules s'allongent en forme de poire, et leur contenu sera strié dans le sens de la longueur.

Les capsules femelles sont plus volumineuses; leur contenu a été sommairement décrit à propos de l'œuf.

Cabelli a observé un caractère qui permet de distinguer par une dissection sommaire de la partie ventrale du onzième anneau le sexe de la larve : chez les sujets mâles, les ligaments longs se réunissent sur un petit corps bilobé appelé *organe de Hérold*, qui est situé à l'arrière de la ligne médiane du onzième anneau. Chez les sujets femelles, les deux ligaments, après s'être rapprochés, s'écartent de nouveau de 1 millimètre environ pour aboutir à deux corps globuleux séparés qui représentent l'organe de Hérold.

STRUCTURE DE LA PEAU. — La peau présente deux couches distinctes, l'une profonde, l'*hypoderme*, composée de cellules de formes différentes, mais disposées dans le même ordre; l'autre superficielle, la *cuticule*, substance chitineuse, composée de lamelles d'aspect homogène, soudées entre elles, qui sont sécrétées par l'hypoderme. Cette cuticule se durcit et empêcherait la croissance de la larve si elle ne tombait au moment des mues, pour céder la place à une nouvelle également sécrétée par les cellules de l'hypoderme.

Les dimensions et la configuration des cellules de l'hypoderme ne changent pas pendant toute la durée de la vie de la larve; ces cellules sont remplies de granules et de pigments qui donnent aux vers leurs couleurs. Vlacovich a trouvé que ces cellules sécrétaient des cristaux d'oxalate de chaux et des urates, notamment d'ammoniaque, pendant toute la durée de la vie larvale, tandis que la sécrétion des urates n'a pas lieu pendant l'état de nymphe et d'insecte parfait; mais on trouve alors dans les tubes de Malpighi uniquement des urates alors qu'ils n'en contenaient que très peu avant. C'est parce que le régime alimentaire a changé, le ver de végétarien est devenu carnivore et parce que les tubes de Malpighi jouent un rôle complémentaire de celui de la peau.

La surface de la cuticule est hérissée d'aspérités microscopiques, qui la font paraître comme chagrinée, ainsi que de poils dont plusieurs sont visibles à l'œil nu. Ces poils sont formés par des excroissances coniques de la substance chitineuse; les uns sont courts et rigides, les autres longs et flexibles; ce sont probablement des organes du toucher. C'est à la face interne de la cuticule que viennent s'insérer les muscles.

MUES DE LA LARVE. — Nous avons vu que la croissance rapide du ver à soie se faisait grâce aux quatre mues. A ce moment des mues, sous la vieille cuticule, il s'en forme une autre de même nature, revêtue d'aspérités et de poils; entre les deux enveloppes, on voit un liquide dans lequel flottent des cristaux d'oxalate de chaux; la vieille dépouible s'isole du corps et se fend au niveau de la boîte cranienne. L'animal sort alors régénéré, le fourreau restant fixé par les fils de soie émis avant la mue et par les crampons des fausses pattes.

Après la mue, la surface de la peau du ver est encore recouverte des cristaux cités plus haut, et, en examinant la vieille dépouille, on voit qu'elle contient non seulement la cuticule extérieure, mais tous les organes de la bouche et la membrane de l'intestin; celle de l'intestin antérieur se trouve du côté de la tête, et, du côté de l'anus, celle de l'intestin postérieur. Au niveau de chaque stigmate on trouve les dépouilles des trachées et de tout l'appareil respiratoire.

Exhalation d'eau. — La peau exhale non seulement l'acide carbonique résultant de la respiration, mais aussi une quantité considérable de vapeur d'eau.

La quantité de feuille consommée par un ver est considérable (15 grammes en moyenne); cette feuille contient 65 p. 100 d'eau, et, comme les déjections du ver ne sont que solides, la plus grande partie de cette eau est rejetée par la peau. Dandolo estime que 30 000 vers doivent exhaler par la peau, de la naissance à la montée, 275 kilogrammes d'eau (1).

Si on tient compte aussi de l'énorme quantité d'eau contenue dans les litières, lesquelles sont constituées par les déjections et la feuille non consommée, dont la quantité est au moins égale à celle ingérée, on voit la nécessité d'une ventilation énergique dans les magnaneries.

Maillot estime que les volumes d'air nécessaires à une

(1) Dandolo, *L'art d'élever les vers à soie,* traduit de l'italien par Fontaneilles.

éducation d'une once de 30 000 vers environ doivent être les suivants (1) :

Au 1er âge......	1 544	mètres cubes par 24 heures.
Au 2e âge......	1 730	— —
Au 3e âge......	2 306	— —
Au 4e âge......	3 520	— —
Au 5e âge......	10 276	— —

Si le local a la contenance de 100 mètres cubes, convenant à l'éducation de 1 once, au cinquième âge. l'air du local devra être renouvelé complètement cent fois en vingt-quatre heures, soit tous les quarts d'heure.

On voit que ce chiffre est le double de celui indiqué comme étant nécessaire pour la respiration. Il faut donc fournir aux vers, par une aération convenable, un volume d'air suffisant à l'évaporation de la vapeur d'eau, et ce volume d'air suffira amplement à assurer une bonne respiration.

Différents sens. — Les organes du toucher chez les vers à soie sont représentés par les poils qui se trouvent à la surface du corps, et principalement aux extrémités des antennes, des palpes maxillaires et des palpes labiaux.

L'odorat paraît très peu développé et doit avoir pour siège l'orifice de la bouche et les stigmates, et le goût a pour siège les parois de la bouche.

L'ouïe doit être nulle chez les vers à soie, car ils paraissent indifférents aux bruits les plus intenses.

On ne saurait dire que les yeux leur permettent de distinguer les objets, car les vers paraissent être privés de la vue et être attirés ou repoussés seulement par l'odorat ou autres sensations telles que : fraicheur, chaleur, courant d'air, etc.

Influence de la température. — La pratique a conduit à

(1) E. Maillot, *Leçons sur le ver à soie du mûrier*, 1884, p. 76.

considérer comme température optima pour la conduite des éducations celle comprise entre 20 et 25° C. Dans ces conditions, la vie de la larve dure normalement de trente à trente-cinq jours.

Mais on peut abaisser la température sans causer de préjudice sensible à l'insecte; la durée de la vie est simplement prolongée. A 15°, elle est de cinquante jours.

Les vers peuvent même subir des froids très intenses pendant une durée limitée. En 1753, Justi a exposé des vers à un degré de froid tel que leur corps solidifié se brisait comme du verre; rechauffés lentement, les vers ont mangé et sont arrivés à filer leur cocon.

En 1837, Loiseleur Deslonchamp soumit des vers nouvellement éclos à une température de — 5° pendant dix, quinze, vingt et vingt-cinq minutes; ces derniers succombèrent seuls; les autres, réchauffés lentement, recommencèrent à manger.

Ce même expérimentateur prit deux cents jeunes vers et les soumit pendant huit minutes à une température de — 5°; puis il les ranima et les garda pendant dix jours à 4°; pendant ce temps, ils ne mangèrent pas et semblaient dormir. Il les éleva ensuite dans les conditions habituelles et obtint quatre-vingt-dix-sept cocons.

Ce n'est guère qu'à partir de 8°, pendant le premier âge, et de 10 à 12°, pendant les âges suivants, que les vers sortent de leur engourdissement et qu'ils commencent à manger; leur appétit n'est développé qu'entre 15 et 20°.

Une température élevée ne fait pas périr les vers: Cantoni les a maintenus dans une étuve à 47° sans leur voir manifester aucun signe de souffrance.

Par l'élévation de température, on active toutes les fonctions et on diminue la durée de la vie.

L'abbé de Sauvages a réussi des éducations de 30 à 37° C., qui n'ont duré que vingt-quatre jours. On cite même des cas d'éducation terminés en quatorze jours à 45°. Mais, dans ces cas, il faut donner des repas très fréquents, car la feuille se dessèche rapidement et la quantité consommée en vingt-quatre heures est très considérable. Pour 1 once de vers, par exemple, la quantité de feuille ingérée reste sensiblement la même, mais est consommée en un temps qui varie de quinze à cinquante jours, suivant que le température varie de 45 à 15°.

Confection du cocon. — Le ver, arrivé à maturité, ne mange plus ; il élimine par des déjections abondantes tous les résidus non digérés; les glandes soyeuses s'agrandissent considérablement ; le corps devient comme transparent et de couleur ambrée si le cocon doit être jaune, et blanc d'albâtre si le cocon doit être blanc. Le ver cherche dès lors un endroit propice à la confection de son cocon ; c'est pour cela qu'on dispose les bruyères, ou divers branchages; le ver y monte aussitôt et laisse échapper une goutte d'excrément liquide, la seule qu'il évacue pendant toute sa vie de larve. Ce liquide est, d'après Péligot, du bicarbonate de potasse.

Lorsqu'il a trouvé une place à sa convenance, le ver jette par la trompe soyeuse un fil de soie continu en agitant, à droite et à gauche, la partie antérieure de son corps et en allongeant le museau ; il attache ce fil aux objets voisins et forme ainsi un réseau irrégulier qui délimite l'espace au centre duquel il fera son cocon. Bientôt, en effet, il construit tout autour de son corps une enveloppe de forme ovoïde, dont il continue à tapisser l'intérieur par des mouvements de tête, qui font décrire au fil soyeux la forme d'un 8. L'épaisseur du cocon devient peu à peu suffisante pour dérober l'animal à la vue, mais il continue à tapisser l'intérieur de sa prison volontaire par des couches régulières, jusqu'à ce que les glandes soyeuses soient complètement vides. Si la température s'est maintenue aux environs de 25°, le cocon est complètement terminé au bout de trois jours;

le ver a alors considérablement diminué; il est replié sur le ventre, la tête placée à la partie supérieure et la peau plissée; il est sur le point de se transformer en chrysalide.

Le réseau irrégulier qui enveloppe le cocon, formé par le premier fil émis, est toujours blanc, même chez les races à cocons colorés, et constitue ce que l'on appelle la bave, la blaze ou la bourre, dont le cocon devra être débarrassé avant d'être livré à la filature.

Le brin de soie étant continu, on conçoit que le cocon soit dévidable, lorsqu'il a été formé régulièrement de la façon que nous venons d'exposer. Mais certains vers, au lieu de s'enfermer dans un cocon, vomissent leur fil de soie, tout en courant de côtés et d'autres ; ou bien ils en recouvent une surface plane ; on les appelle alors *vers tapissiers*. Dans les deux cas, les vers se transforment en chrysalide à nu, et la soie est perdue. Ces cas sont assez rares.

COCONS DÉFECTUEUX. — *Cocons doubles et multiples*. — Il arrive plus souvent que deux vers s'enferment dans la même enveloppe; les fils de soie sont alors enchevêtrés en tous sens, et ces cocons sont indévidables; on les appelle des *cocons doubles*. On les reconnaît à une forme plus grosse et plus arrondie, à un tissu plus feutré et à une résistance beaucoup plus considérable de la coque.

La proportion des cocons doubles varie du 4 au 12 p. 100, suivant les races et les procédés d'encabanage. On estime en effet que la rareté des bruyères obligeant les vers à se réunir favorise la construction des doubles.

Duseigneur (1) rapporte, et il paraît approuver cette opinion, que les auteurs chinois attribuent la production des cocons doubles au besoin qu'éprouvent certains vers débiles de réunir leurs matériaux pour obtenir un abri suffisamment solide.

(1) DUSEIGNEUR-KLEBER, *Le cocon de soie*, Paris, 1875, Rothschild, éditeur, p. 218.

Dans certains cas, ce n'est pas seulement deux vers, mais trois et même un plus grand nombre qui se réunissent dans la même enveloppe et donnent ainsi des *cocons multiples*.

Ces cocons multiples ont les mêmes défauts, le même aspect et sont produits par les mêmes causes que les cocons doubles. On les rencontre surtout dans les races chinoises. Quelquefois, au lieu de présenter une forme régulière, ils sont cloisonnés à l'intérieur et sont soudés bout à bout ou présentent toutes sortes de formes bizarres.

Ces cocons doubles et multiples ne pouvant être dévidés sont vendus à part pour être cardés.

Les *cocons faibles de pointe* sont ceux dans lesquels une ou deux extrémités cèdent sous la pression des doigts; on ne sait pas exactement ce qui a déterminé le ver à tapisser moins fortement cette partie du cocon. Duseigneur estime que le ver agit ainsi par une crainte instinctive qu'il a de ne pouvoir, une fois sa métamorphose en papillon accomplie, sortir de sa coque. Le dévidage de ces cocons est assez délicat, car ils se remplissent d'eau et tombent au fond de la bassine.

Les *cocons ouverts* sont ceux qui, comme leur nom l'indique, sont ouverts à une de leur extrémité (rarement deux), cette extrémité étant généralement allongée. Ils présentent à la filature les mêmes inconvénients que les cocons faibles de pointe.

Les *cocons étranglés* sont ceux dans lesquels la dépression centrale est si profondément creusée qu'elle constitue un véritable étranglement et qu'au moment du dévidage ces cocons se séparent fréquemment en deux calottes.

Les *cocons satinés* sont ceux chez lesquels les différentes couches ou vestes qui composent la coque sont séparées, au lieu d'être intimement unies, comme dans le cocon parfait. Les cocons satinés ont un aspect particulier; la coque est plus molle et la surface plus unie; à la filature, l'eau pénètre à travers la coque, dont le tissu est plus lâche, et le cocon tombe au fond de la bassine. On arrive à les filer à l'eau froide. Ils contiennent généralement une forte proportion de grès.

Certaines races ont des tendances à donner un grand nombre de satinés; un abaissement de température au moment de la montée paraît déterminer la confection de ces cocons.

Les *cocons safranés* sont ceux qui ont une coloration beaucoup plus vive que les autres ; ils se distinguent sur la masse des cocons jaunes par leur couleur orangée ou rouge-safran, de même que les *céladons* se distinguent au milieu des blancs par leur couleur vert-pomme. Ces défauts paraissent être le propre de certaines races.

Les *cocons faibles*, c'est-à-dire très pauvres en soie, sont généralement produits par des vers débiles.

Les cocons *fondus*, *tachés* ou *muscardinés*, sont produits par des vers atteints des maladies dont nous parlerons plus loin. Les cocons muscardinés ne présentent aucun inconvénient pour la filature, lorsque l'insecte a terminé son cocon avant de périr. Au contraire le poids de la chrysalide morte de muscardine est très faible ; par conséquent, le cocon déchète peu, et son rendement en soie est élevé.

III. — LA CHRYSALIDE.

TRANSFORMATION DU VER EN CHRYSALIDE. — Lorsqu'il a terminé son cocon, le ver demeure immobile, sauf de légères torsions de sa partie inférieure ; son corps est raccourci par le plissement de la peau entre les anneaux : les pulsations du vaisseau dorsal sont rares et ont lieu d'arrière en avant ; les fausses pattes et l'éperon sont comme flétris, les glandes soyeuses complètement vides et le tube intestinal raccourci. Le ver se prépare à subir une nouvelle mue, appelée aussi métamorphose, à cause des changements considérables qui s'opèrent en lui. Pendant les quatre premières mues, les organes du ver se renouvellent semblables à eux-mêmes et simplement grandis, tandis que, pendant la cinquième, il s'opère un changement radical qui permettra à l'insecte de remplir de nouvelles fonctions.

On constate bientôt sous la peau du ver une nouvelle cuticule épidermique. Vers le cinquième jour, la partie inférieure de la vieille enveloppe est vide; elle se fend au niveau de la tête, et, sous l'action des gonflements et contractions successives de l'animal qu'elle contient, elle se fend suivant la ligne dorsale et tombe desséchée et repliée sous l'abdomen, tandis que la chrysalide apparaît.

Aspect extérieur de la chrysalide. — Il serait difficile de reconnaître la larve sous son nouvel aspect. La

Fig. 11 (1).

chrysalide presente la forme d'un corps ovoïde, allant en s'amincissant de la tête à la queue (fig. 11); elle est incapable de se mouvoir et est recouverte d'une cuticule qui, d'abord jaune clair, brunit peu à peu sous l'action de l'air. Au moment où elle vient d'abandonner sa dépouille, la chrysalide est très molle; toute la surface de son corps

(1) Dessiné d'après Pasteur.

est mouillée par un liquide qui existait entre les deux enveloppes et avait été sécrété par les cellules hypodermiques. Au bout de quelques heures, le corps s'est raffermi par suite de la dessiccation de ce liquide, et on distingue à travers l'étui du cuticule les changements qui se sont opérés dans les organes qui deviendront ceux du futur insecte : le papillon.

Tout à fait au sommet, une plaque blanchâtre représente la tête et, de chaque côté, deux proéminences hémisphériques, qui deviendront les yeux à facettes du papillon; les antennes sortent des cavités du crâne, qui logeaient les muscles des mandibules. Les trois segments thoraciques de la larve ont fusionné de façon à former un robuste corselet auquel sont attachées, à la place même où étaient les pattes antérieures de la larve, six pattes allongées avec leurs jointures et un ongle terminal. De nouveaux organes, les ailes, sont insérés sur le dos du corselet; elles se replient et se réunissent sur la face ventrale qu'elles recouvrent jusqu'au septième anneau, en laissant au sommet un espace libre en forme de cœur, dans lequel les antennes et les pattes sont repliées et disposées symétriquement.

La partie abdominale est annelée, ce qui lui permet d'exécuter des mouvements de torsion, tandis que la partie antérieure est complètement immobile.

Les fausses pattes et l'éperon ont disparu, laissant une trace à peine visible.

Les stigmates subsistent toujours sous forme de fentes linéaires; ceux du onzième anneau sont entièrement fermés et ceux des quatrième et cinquième anneaux sont cachés sous les ailes.

Structure intérieure. — Jusqu'à la sortie du papillon, la chrysalide présentera extérieurement le même aspect, tandis que des changements considérables s'opéreront à l'intérieur.

Les tissus hypodermiques et adipeux, les trachées, les

muscles, vont se désagréger et former une sorte de bouillie composée d'une infinité de cellules qui se rapproche de la substance vitelline de l'œuf, si bien que M. Raulin a pu dire : « La chrysalide est au papillon ce que l'œuf est à la larve. » Cette destruction des tissus a été appelée *histolyse*.

Aux dépens de cette bouillie, d'autres muscles, d'autres téguments, de nouvelles trachées vont se former, et les organes reproducteurs vont s'accroître. Les parties qui servent de centre de formation aux nouveaux organes ont reçu le nom de *disques imaginaux*. L'étude de ces phénomènes a tenté un grand nombre de savants (1); nous nous contenterons ici de décrire rapidement ces organes tels qu'ils sont au bout de cinq à six jours, alors que la réorganisation est commencée.

L'*œsophage* a la forme d'un tube allongé ; les glandes salivaires sont atrophiées, mais il s'est formé sur le côté un renflement, sorte de poche appelée quelquefois *jabot*, dans laquelle s'amasse un liquide alcalin que rejettera le papillon. Ce gonflement singulier de l'œsophage a été observé pour la première fois par Galli Bibiena, qui a remarqué que le liquide contenu avait la propriété de décoller les fils de soie, comme l'eau chaude, ce qui permet au papillon, qui en sortant rejette ce liquide par la bouche, de se frayer une

(1) WEISMAN, *Die Entwickelung d. Dipteren* (*Zeitschrift f. wissensch. Zool.*, Bd. XIV) ; — *Die Metamorphose d. C. plumicornis* (*Zeitschrift f. wissensch. Zool.*, Bd. XVI). — VIALLANES, *Recherches sur l'histologie des insectes et sur les phénomènes histologiques qui accompagnent le développement post-embryonnaire de ces animaux*, Paris, 1883. — VERSON, *La formazione delle ali nella larva del B. mori* (*Pub. Anat. d. R. Stazione Bacologica*, IV, Padova, 1890). — *Altri cellule Glandulosi di origine postlarvale* (*Pubb. Anat. della R. Staz Bacologica*, VII, Padova, 1892. — GONIN, *Recherches sur la métamorphose des Lépidoptères*. Travail fait sous la direction de M. le professeur BUGNION (*Bull. de la Soc. vaud. des sc. nat.*, XXX, n° 115, 1894).

issue en écartant les fils du cocon avec sa tête et ses pattes. Maestri a reconnu que cette liqueur était alcaline. M. Verson pense qu'une partie pénètre dans l'estomac et facilite ainsi la dissolution des résidus qui s'y trouvent. Cette poche, une fois vidée, deviendra le sac à air chez le papillon.

La *poche stomacale* de forme ovale n'occupe plus qu'une faible partie de la cavité abdominale; sa surface est ridée. Son contenu est au début très liquide, puis s'épaissit peu à peu en une matière gluante de couleur rouge orangé. Si on y trouve des parcelles de feuilles non digérées, et surtout des ferments, c'est, comme nous le verrons, l'indice d'une maladie chez le ver.

L'*intestin* se divise en deux parties : la partie antérieure, tube assez long qui part de l'estomac et reçoit non loin de là les tubes de Malpighi, dont les nombreuses ramifications sont repliées dans la cavité abdominale. Ce tube vient aboutir à la deuxième partie, poche assez volumineuse appelée *poche cæcale*. C'est dans cette poche que vient s'accumuler un liquide excrémentiel de couleur rouge brunâtre sécrété par les tubes de Malpighi, par les parois de la poche cæcale et peut-être aussi par l'estomac. Ce liquide, que le papillon évacuera dès sa sortie, est très riche en urates.

Les trachées de la partie inférieure sont atrophiées; les autres, encore actives, sont en voie de développement; elles sont entourées de cellules à noyaux qui formeront de nouvelles trachées plus grandes que les premières.

Le vaisseau dorsal occupe toujours toute la longueur du corps; ses pulsations sont devenues beaucoup plus rares et irrégulières ; elles paraissent partir de la région du vaisseau située dans le troisième anneau abdominal et se propager de là en avant et en arrière.

Les ganglions nerveux forment une chaîne qui a subi le même raccourcissement que le corps ; les deux ganglions de la tête se sont rapprochés. La partie thoracique comprend toujours trois ganglions ; mais les deux postérieurs se sont réunis. La partie abdominale, qui comprenait huit ganglions, n'en contient plus que quatre ; les premier, quatrième et sixième se sont atrophiés et les septième et huitième se sont réunis en un seul.

Les *organes génitaux* se sont considérablement développés ; on peut, le plus souvent, distinguer les sujets mâles des femelles par le volume de l'abdomen.

Chez les *sujets mâles*, les capsules génitales sont situées de chaque côté et en dessous du vaisseau dorsal. Les ligaments longs de Hérold se sont transformés en un long tube flexueux ; ces deux tubes sont les *conduits déférents* ; ils partent des capsules génitales et aboutissent dans l'organe de Hérold ; celui-ci donne naissance à un conduit unique appelé *éjaculateur*. Au point de bifurcation du canal éjaculateur et des conduits déférents, l'organe de Hérold a formé deux petits réservoirs allongés appelés *vésicules séminales*, qui se prolongent à l'arrière par deux tubulures appelées *glandes accessoires*.

Chez *les sujets femelles*, les capsules génitales sont situées l'une contre l'autre sur la ligne médiane du corps, à la hauteur du quatrième anneau abdominale ; elles ont laissé échapper leur tube ovarique, dont l'extrémité est renflée ; ces tubes suivent le parcours des ligaments longs pour aboutir à l'organe de Hérold ; celui-ci a produit un gros tube bifurqué, *oviducte*, dont les deux branches sont appelées *trompes* ; l'oviducte comprend aussi des *glandes accessoires*. Les tubes ovariques, après leur partie terminale renflée, sont rectilignes et contiennent un amas de cellules qui deviendront des œufs ; plus bas, on trouve des œufs mieux formés ; les tubes ovariques forment alors de nombreux replis qui distendent toute la partie abdominale à mesure que les œufs grossissent.

Si la température est convenable, à mesure que la chrysalide avance en âge, tous les organes dont nous venons de parler se raffermissent ; les nouvelles trachées ont formé des ramifications qui s'étendent dans tout le corps; la circulation est devenue régulière et dirigée d'avant en arrière; les muscles du futur papillon se sont formés et, chez les femelles, les coques des œufs se sont durcies.

Sous l'enveloppe brune de la chrysalide, il s'est formé une autre pellicule chitineuse recouverte de poils écailleux, et qui accuse toutes les formes définitives du papillon; celui-ci est bientôt complètement formé et prêt à briser son enveloppe et à sortir du cocon, à l'abri duquel cette merveilleuse métamorphose s'est opérée.

Mais, avant de décrire l'insecte ailé, il nous faut étudier les actes physiologiques qui s'accomplissent pendant la vie de la chrysalide. L'enveloppe du cocon est très perméable aux gaz, et, malgré son inertie apparente, l'insecte vit; il respire, il assimile et sécrète certaines substances, et il est sensible à l'action de la température. Toutes ces choses doivent donc être connues du sériciculteur; il devra en tenir compte pour la conservation des cocons, surtout pour ceux réservés au grainage.

Respiration. — Réaumur, renouvelant sur les chrysalides les expériences qu'il avait faites sur les vers, a constaté qu'en immergeant des chrysalides dans l'eau on voyait bientôt des bulles d'air s'échapper des stigmates antérieurs, et qu'en raréfiant l'air au-dessus du vase on accélerait la sortie des bulles. La sortie des gaz ne s'effectue donc plus ici par toute la surface de la peau, comme chez le ver, mais seulement par les stigmates qui servent à la fois à la rentrée et à la sortie de l'air.

Réaumur a remarqué, en outre, qu'en plongeant dans l'huile les moitiés antérieures de plusieurs chrysalides elles périssaient toutes au bout de peu de temps. Tandis que, si on plonge leurs moitiés postérieures, les chrysalides n'en souffrent pas, même après un séjour d'une heure, à moins qu'elles ne soient trop jeunes. Par conséquent les stigmates antérieurs fonctionnent seuls; les autres se sont fermés rapidement après la mue.

Regnault et Reiset ont établi que 1 kilogramme de chrysalides absorbaient pendant une heure 242 milligrammes d'oxygène, dont les 0,639 auraient servi à former de l'acide carbonique.

Ces chiffres n'ont, bien entendu, rien d'absolu; nous avons signalé, à propos des vers, les causes qui rendaient les expériences de Regnault et Reiset légèrement défectueuses; de plus, ces chiffres doivent varier suivant l'âge des chrysalides sur lesquelles on opère.

En ce qui concerne les fonctions respiratoires, il est certain que la chrysalide est beaucoup plus délicate que la larve. Si on entasse des cocons dans un espace restreint hermétiquement clos, on voit d'abord la masse s'échauffer considérablement, puis les chrysalides périr par asphyxie. La plupart des gaz et vapeurs sont très nuisibles aux chrysalides; on peut les tuer rapidement en soumettant les cocons à des vapeurs d'acide sulfureux, d'ammoniaque, d'acide sulfhydrique, de sulfure de carbone, de camphre, d'alcool, etc... La fumée du tabac leur est très nuisible.

Les chrysalides exhalent non seulement de l'acide carbonique, mais aussi de la vapeur d'eau. En enfermant des chrysalides dans des tubes de verre scellés, Réaumur a vu, au bout de peu de temps, des gouttelettes d'eau se déposer à l'intérieur des tubes.

Perte de poids. — Tous les sériciculteurs savent bien que les cocons, une fois terminés, subissent une perte de poids journalière, et, puisque le poids de la coque soyeuse reste constant, cette perte de poids provient de la respiration et de l'exhalation d'eau chez la chrysalide.

Quajat a étudié à la station séricicole de Padoue, pour plusieurs races, les pertes de poids journalières subies par les cocons. Nous reproduisons ici quelques-uns des résultats qu'il a trouvés (1).

(1) Verson et Quajat, *Il Filugello e l'arte sericola*, p. 404 et 405.

Perte de poids des cocons.

Japonais verts Padoue, montée le 1er et 2 juin, 319 cocons pesant 400 grammes.	gr.	Bivoltins blancs, montée le 30 et 31 mai, 502 cocons pesant 400 grammes.	gr.
7 juin	400	7 juin	400,0
8 —	398	8 —	397,5
9 —	397	9 —	397,5
10 —	395	10 —	395,5
11 —	395	11 —	393,0
12 —	394	12 —	391,0
13 —	392	13 —	388,0
14 —	391	14	383,5
15 —	388	15 — sortie des papillons.	
16 —	384		
17 —	381		
18 —	378		
19 — sortie des papillons.			

Perte totale.

Pour 1 kilogramme.. 55 gr. | Pour 1 kilogramme.. 41 gr.

Brianzoli, montée des vers le 15 juin, 200 cocons.	gr.	Japonais verts, montée des vers le 19 juin, 200 cocons.	gr.
18 juin	366,0	22 juin	237,0
19 —	349,5	23 —	229,0
20 —	340,5	24 —	224,5
21 —	333,0	25 —	221,5
22 —	322,0	26 —	220,5
23 —	316,5	27 —	218,5
24 —	313,5	28 —	217,0
25 —	312,5	29 —	215,0
26 —	311,0	30 —	213,0
27 —	309,5	1er juillet	210,0
28 —	306,5	2 —	204,5
29 —	302,5	3 —	195,5
30 —	299,0	4 —	192,0
1er juillet	295,0	5 — sortie des papillons.	
2 —	291,0		
3 —	285,0		
4 —	280,5		
5 — sortie des papillons.			

Perte totale.

Pour 1 kilogramme. 233 gr. | Pour 1 kilogramme. 189 gr.

Il ressort de ces différents chiffres que la perte totale par kilogramme est d'autant plus forte que la race est plus grosse et que, toutes choses égales d'ailleurs, la durée de la vie à l'état de nymphe est plus considérable pour les grosses races que pour les petites.

Influence de la température. — La température exerce une influence sur l'activité vitale de la chrysalide. Cornalia a constaté qu'à 10 et 12° C. les chrysalides subissaient un arrêt complet dans leur développement, pour ne se transformer en papillons qu'au printemps suivant, et qu'elles pouvaient vivre jusqu'à un an si on les maintient à une température de 2° C. M. Raulin a constaté qu'à une température de 0° elles périssaient au bout de quatre mois, mais qu'elles pouvaient supporter des froids beaucoup plus intenses lorsque la durée n'en était pas prolongée.

Le Dr Colosanti a exposé des cocons âgés de dix à douze jours à un froid de — 10° pendant quarante-huit heures et, en les réchauffant progressivement à 20°, la sortie des papillons s'est effectuée au bout de vingt-cinq jours.

Ces phénomènes n'ont d'ailleurs rien de bien surprenant, puisque, à l'état de liberté, des nymphes de *Bombyx* analogues résistent l'hiver à des froids rigoureux pour se transformer en papillons aux premiers jours de chaleur.

A une température de 20 à 25°, les chrysalides de nos races indigènes deviennent papillons au bout de vingt à vingt-quatre jours. A 30 à 35°, si on a soin de maintenir l'air légèrement humide, on obtient des papillons au bout de quinze à dix-huit jours.

Si la température s'élève à 55 et 60°, les chrysalides sont tuées après dix heures de séjour. A partir de 75°, elles sont tuées très rapidement. Cette action de la température élevée est utilisée pour l'étouffage, comme nous le verrons.

On voit qu'il y a une très grande analogie entre les effets de la température sur les chrysalides et sur les œufs.

IV. — LE PAPILLON.

Lorsque le moment de la transformation en papillon approche, la peau de la chrysalide devient moins adhérente; elle est plissée et comme flétrie, surtout dans la partie abdominale; la plaque blanchâtre de la tête est encore plus apparente; les yeux sont plus noirs et plus saillants.

La sortie des papillons, comme l'éclosion des vers, a lieu surtout le matin de quatre à huit heures.

La peau de la chrysalide se fend sur la tête et sur la ligne dorsale; le papillon se dégage de cette enveloppe au moyen de ses pattes et se fixe contre le sommet du cocon; il excrète alors le liquide contenu dans le jabot pour amollir les brins de soie; il écarte avec ses pattes les fils du cocon à droite et à gauche et passe la tête, puis la première paire de pattes, avec lesquelles il cherche un point d'appui sur les objets voisins. Après quelques instants d'efforts, il est complètement dehors; toute la surface de son corps est humide; les ailes épaisses et courtes paraissent atrophiées.

Aspect extérieur. — Mais bientôt les écailles qui recouvrent le corps se sèchent; l'animal inspire l'air par les stigmates et le refoule dans les trachées; on voit alors les ailes se déplier, s'amincir et s'allonger sous l'effet de la pénétration de l'air. Le jabot vidé se remplit d'air, ainsi que toutes les trachées. Le papillon évacue par l'anus le liquide généralement rouge brun contenu dans la poche cæcale.

Les papillons femelles restent à peu près immobiles; les mâles, au contraire, s'agitent, battent des ailes et tournent en tous sens à la recherche des femelles.

Le papillon a tout le corps recouvert de poils écailleux, généralement blancs, qui sont le prolongement des cellules épidermiques. Les mâles ont sur les ailes des bandes plus foncées, et le duvet qui recouvre le corps est quelquefois de couleur cendrée. On trouve des races à papillons noirs, les mâles étant très foncés et les femelles un peu plus claires; quelquefois aussi on voit des papillons couleur froment.

Le corps du papillon se divise en trois fragments principaux : la *tête*, le *thorax* et l'*abdomen*.

La tête. — La tête (fig. 12 et 13) a une forme ovoïde, et,

Fig. 12. — Femelle pondant, *Bombyx* du mûrier.

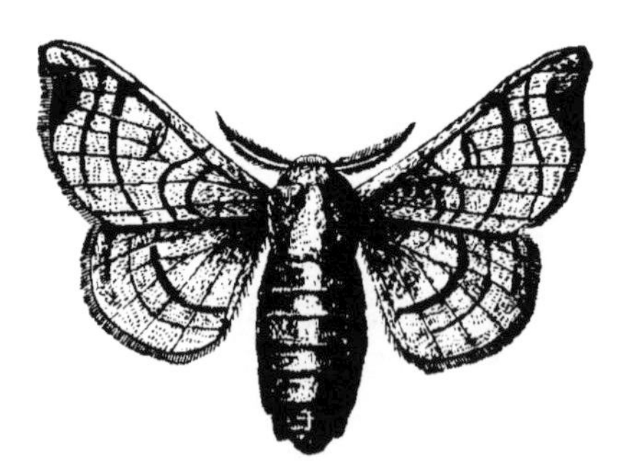

Fig. 13. — Papillon mâle, *Bombyx* du mûrier.

sur les faces latérales, on remarque les yeux. Ceux-ci sont constitués par plus de 10 000 hexagones réguliers, juxtaposés, et dans lesquels sont enchâssés autant de petites cornées dont le diamètre est de 1/35 de millimètre; sous chacune de ces cornées se trouve un cône transparent appelé *cristallin*, entouré d'une gaine; au-dessous se trouve la *rétine*, puis une matière noire, la *choroïde*; enfin, au-dessous, se trouvent les ramifications des nerfs optiques, qui vont aboutir à chaque sommet des cristallins.

Les *antennes* sont insérées au-dessus et en arrière des yeux; elles sont formées chacune par une tige légèrement recourbée en arc, composée de 30 à 40 articles, qui vont en diminuant de la base au sommet et qui émettent chacun une paire de prolongements creux garnis de poils. Les articles des antennes forment un canal qui contient des muscles, des trachées et un nerf spécial.

Les antennes sont les organes de l'odorat. Les mâles perçoivent la présence des femelles à une assez grande distance et se dirigent immédiatement vers elles. Cornalia a constaté qu'en supprimant les antennes à des mâles ces derniers ne s'apercevaient plus de la présence des femelles, même assez rapprochées. Les antennes sont plus fortement pectinées chez les mâles que chez les femelles.

Entre les yeux et un peu au-dessous, on voit un petit repli charnu, vestige des lèvres, et au-dessous deux proéminences qui étaient les mâchoires; enfin, à la partie inférieure de la tête, deux petits palpes biarticulés, qui remplacent les palpes labiaux.

Le *thorax* comprend trois anneaux distincts : le *prothorax*, le *mésothorax* et le *métathorax*.

Sur le *prothorax*, qui est indépendant et possède une mobilité propre, on remarque une paire de stigmates et la première paire de pattes, dont les hanches sont bien séparées du tronc et ont leur mouvement indépendant.

Le *mésothorax* et le *métathorax* sont soudés l'un à l'autre et portent chacun une paire d'ailes et une paire de pattes; mais, dans ces pattes, la hanche n'est pas distincte; elle est incorporée à la masse des deux anneaux.

Les six pattes sont articulées, et, dans chacune, on distingue, outre la *hanche*, le *trochanter*, le *fémur*, le *tibia* et le *tarse*, divisé en six articles dont le dernier comprend deux griffes, entre lesquelles on distingue une petite pelotte sur laquelle la patte s'appuie.

Les ailes de la première paire s'insèrent sur le méso-thorax, et on remarque, à leur point d'insertion, une petite lanière courte, les *paraptères*.

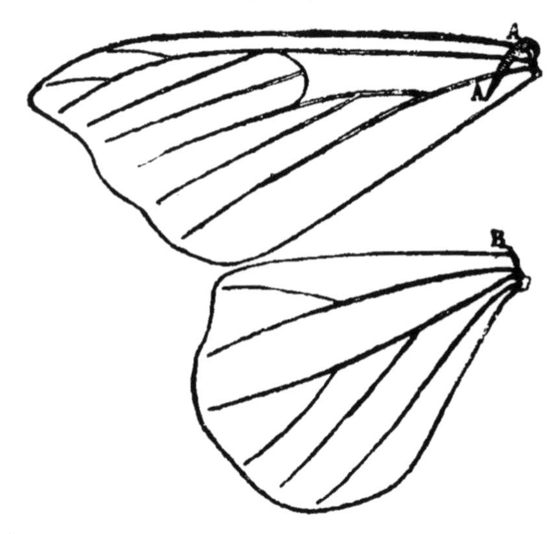

Fig. 14. — Ailes gauches d'un papillon mâle. — A, paraptère ; B, crin.

Les ailes antérieures sont les plus grandes ; elles ont une forme triangulaire allongée (fig. 14).

Les ailes postérieures sont plus courtes et ont une forme plus arrondie ; on remarque à leur point d'insertion sur le métathorax un petit prolongement en forme de crin, chez les mâles, et une sorte de petit moignon, chez les femelles.

Au repos, les ailes sont le plus souvent à plat en forme de toit très obtus, la première paire recouvrant le bord antérieur de la deuxième. Elles sont quelquefois relevées verticalement et comme collées l'une à l'autre ; les mâles, lorsqu'ils cherchent à s'accoupler, les agitent très vivement. On voit quelquefois, le cas est cependant assez rare, des mâles voler à une certaine distance.

L'*abdomen* se compose de neuf anneaux unis par une membrane assez délicate; les sept premiers sont pourvus de stigmates. Dans chaque anneau, les parties postérieures ou tergales sont résistantes, tandis que les flancs et les parties sternales le sont moins. Chez les mâles, les anneaux sont rentrés l'un dans l'autre, tandis que chez les femelles, avant la ponte, les membranes sont très distendues par les œufs. A ce moment, on peut distinguer à première vue un mâle d'une femelle. Après la ponte, les parties abdominales présentent le même volume chez les deux sexes.

Mais une différence très sensible subsiste dans les deux derniers anneaux.

Chez les mâles, le huitième anneau a, à sa partie antérieure, une plaque chitineuse très dure, dont le bord externe, légèrement aigu, présente deux saillies; de l'autre bord, cette plaque est munie aussi de deux dents tournées en dehors de façon à protéger le neuvième anneau. Ce dernier, qui est l'anneau terminal, possède la propriété de se rétracter complètement dans le huitième anneau ; il entoure les organes de la copulation et l'orifice anal abrités sous une pièce chitineuse bilobée ; plus bas se trouve un autre orifice d'où sort la verge protégée par une ceinture osseuse qui forme le sternum. Ce sternum comporte deux appendices en forme de corne, *crochets copulateurs*, qui sont mobiles et dont le mâle se sert pour s'accrocher à la femelle dans l'acte de l'accouplement.

Chez les femelles, le huitième anneau n'offre rien de particulier ; il est réuni au septième du côté tergal, mais reste libre du côté sternal.

Le neuvième anneau a son sternum formé par une plaque de chitine échancrée sur la ligne médiane. Cette plaque se recourbe par-dessus, de façon à protéger un espace circulaire dans lequel se loge un bourrelet charnu de forme conique, qui est la terminaison de l'oviducte. Autour de ce bourrelet charnu, la peau est mince et plissée; quand le sang y afflue, il se forme deux ampoules transparentes débordant de chaque côté de l'oviducte. On observe surtout cette turgescence avant l'accouplement. L'extrémité de l'oviducte est fendue verticalement; c'est par cette fente que sortent les œufs. Au-dessous débouche l'orifice anal.

Toute la surface du corps du papillon est, comme nous l'avons dit, recouverte de poils écailleux, sortes de petites plaquettes chitineuses de forme variable et plus ou moins denticulées. Sur les ailes, elles s'imbriquent régulièrement comme les tuiles d'un toit; sur le reste du corps, elles sont disposées plus irrégulièrement.

Structure intérieure. — Le papillon ne prenant aucune nourriture, le *canal digestif* n'a plus pour fonction d'assimiler les substances consommées. L'œsophage est entouré du sac à air à parois musculeuses, qui, par son gonflement, facilite l'expulsion des matières contenues dans la poche cæcale et dans les organes reproducteurs. La poche stomacale, dont le volume est très réduit chez les sujets sains, communique avec l'intestin par un sphincter. Les parois de cette poche sont parcourues par les ramifications des trachées.

L'intestin, de forme tubulaire, reçoit tout près de l'estomac les deux tubes excréteurs des six vaisseaux urinaires, tubes de Malpighi, qui sont contournés, s'étendent jusqu'à la partie inférieure de l'abdomen, et sécrètent des urates d'ammoniaque, de soude et autres, que l'intestin amène dans la poche cæcale. Cette poche pyriforme, dont les parois musculeuses logent des glandes spéciales, renferme les urates sécrétés par les tubes de Malpighi et un liquide généralement rouge brun ; tout son contenu est éliminé par l'anus.

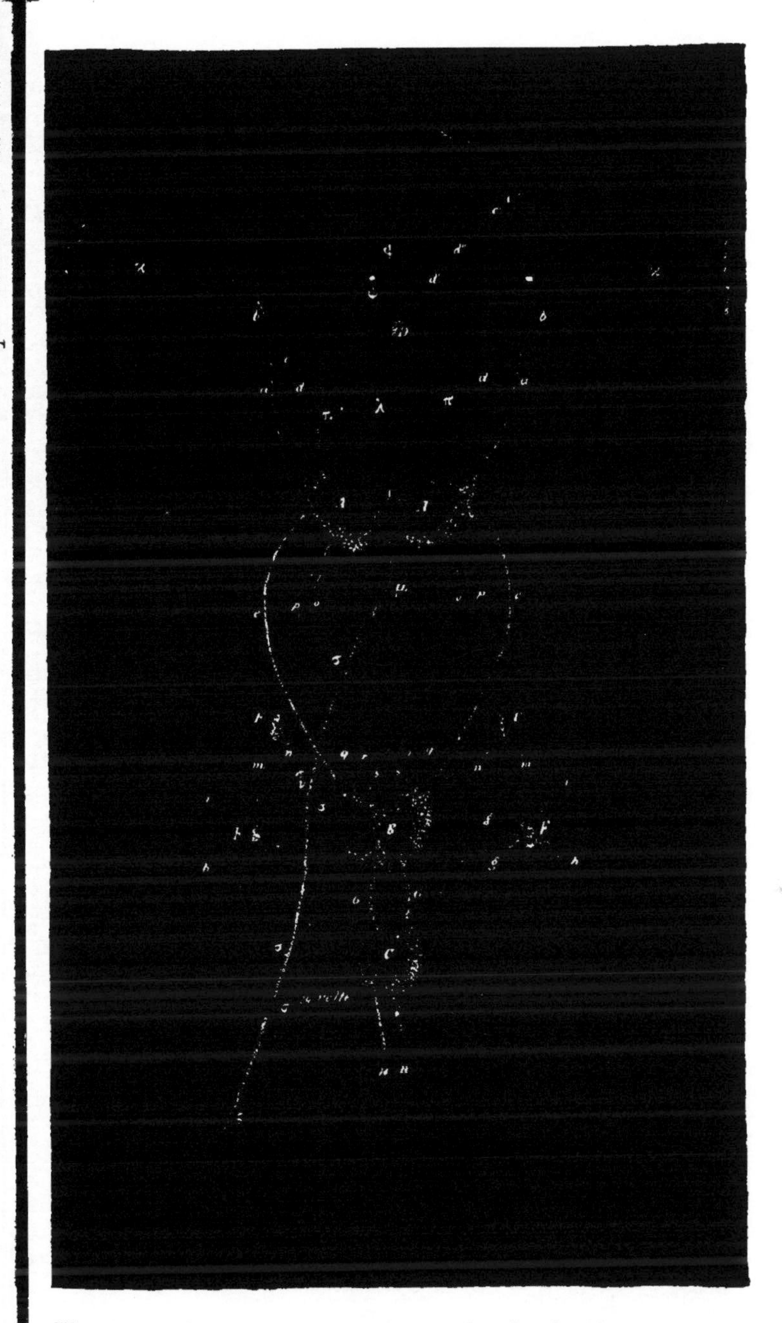

Fig. 15. — Système nerveux du ver à soie. Système nerveux de la tête, grossi hors de proportion pour le comprendre mieux. — AA, lobes du ganglion sus-œsophagien ; B, deuxième ganglion (premier sous-œsophagien) ; C, troisième ganglion ; D, ganglion impair frontal ; E, E, premiers ganglions splancniques pairs ; F, F, deuxième paire de ganglions splancniques (Cornalia *Monografia del Bombice del Gelso*).

De chacun des stigmates partent des trachées qui se ramifient à l'infini de façon à maintenir tous les organes en place et à leur fournir l'air nécessaire.

Le *vaisseau dorsal* part de la tête, longe l'œsophage jusqu'au mésothorax ; là il se relève et aboutit dans une poche assez large. Cette poche joue le rôle de cœur ; elle a en effet de véritables pulsations que l'on peut apercevoir en enlevant les écailles sur cette partie du corps. En sortant du cœur, le vaisseau dorsal descend brusquement pour se relever aussitôt et suivre dans la partie abdominale la ligne dorsale, jusqu'à sa terminaison dans le sixième anneau.

Le *système nerveux* (fig. 16) est constitué par une chaîne de ganglions. Dans la tête se trouvent deux ganglions : supra-œsophagien et sub-œsophagien, reliés par le collier œsophagien.

Le ganglion supra-œsophagien, appelé aussi cerveau, est très volumineux ; ses parties latérales forment les nerfs optiques. Il émet aussi en avant deux proéminences d'où partent les nerfs des antennes et deux petits filets nerveux venant aboutir au ganglion frontal.

La chaîne nerveuse forme, dans le prothorax, un ganglion assez volumineux et, dans le mésothorax, un très gros provenant de la fusion des deux ganglions qui existaient chez la larve dans les deuxième et troisième anneaux. Ces ganglions émettent des ramifications qui vont aboutir aux muscles moteurs des ailes et des pattes.

Dans la partie abdominale, la chaîne nerveuse présente cinq ganglions logés à la face ventrale des deuxième, troisième, quatrième, cinquième et sixième anneaux; un grand nombre des fibres musculaires transversales viennent s'insérer sur cette chaîne et lui impriment des mouvements d'oscillation de droite à gauche et de gauche à droite.

Le *système musculaire* est composé de rubans insérés immédiatement sous la peau et allant d'un anneau au

Fig. 16. — Système nerveux de la chrysalide et du papillon. Système nerveux de l'insecte parfait. Les numéros indiquent les ganglions. — A et B sont plus spécialement les thoraciques ; *a*, *b*, *c*, *d*, *e*, *f*, *g*, cordons interganglionnaires ; *z*, *z*, *00*, ganglions splancniques pairs avec leurs rameaux d'union au système pair ; λ, μ, α', δ', ρ, ς, rameaux qui se dirigent aux pattes ; *a*, *b*, rameaux qui s'élèvent du cinquième, sixième, septième et huitième ganglions. — 1, 2, 3, 4, 5, 6, rameaux qui partent du dernier ganglion (Cornalia *Monografia del Bombice del Gelso*).

suivant; il comprend aussi des muscles tranverses, des muscles moteurs et la masse musculaire de l'abdomen.

Les glandes soyeuses sont complètement atrophiées et représentées par deux petites masses rougeâtres, situées de chaque côté de l'estomac, qui sont les gaines des glandes soyeuses vides et repliées sur elles-mêmes.

Les tubes excréteurs et la filière ont disparu.

Organes reproducteurs males. — A l'intérieur du quatrième anneau abdominal se trouve les deux testicules, corps réniformes d'une longueur de 3 millimètres, qui secrètent le sperme. Celui-ci est évacué par les deux tubes déférents qui partent chacun de la partie centrale du testicule et, après de nombreux replis, forment un renflement appelé *vésicule séminale*. Ces deux vésicules sont accolées l'une à l'autre; elles ont 3 à 4 millimètres de longueur; elles reçoivent le sperme et les sécrétions des glandes accessoires, produits destinés à délayer les cellules spermatiques.

Des vésicules séminales part un conduit éjaculateur unique, terminé par un bout rigide pouvant saillir au dehors, appelé *pénis* ou verge. Ce pénis est un petit tube cylindrique de $1^{mm},5$ de longueur et de $1/5^{e}$ de millimètre de diamètre. Il est terminé par un évasement triangulaire.

Organes reproducteurs femelles (fig. 17). — Les organes reproducteurs sont un peu plus compliqués chez la femelle. Les huit tubes ovariques *to* sont divisés en deux groupes de quatre venant aboutir dans les deux oviductes *ovd*. Ces deux oviductes, après un trajet court, 2 à 3 millimètres, se réunissent en un seul *vg*, terminé à l'extérieur par le bourrelet conique, dont nous avons parlé; mais dans ce trajet l'oviducte reçoit : 1° sur le côté droit, le canal de la poche copulatrice *bc*, laquelle communique d'autre part avec l'extérieur; 2° en face et à gauche, le canal d'une vésicule appelée vésicule séminale accessoire *rs*, laquelle ne communique pas avec l'extérieur; 3° un peu plus bas et du côté dorsal, le canal qui amène le produit de deux glandes spéciales, appelées glandes mucipares *gm*, qui émettent le vernis dont l'œuf sera revêtu au passage.

La femelle a donc trois ouvertures terminales qui sont de haut en bas : celle de l'anus, de l'oviducte et de la bourse copulatrice, tandis qu'il n'y en a que deux chez le mâle : l'anus et l'orifice du pénis.

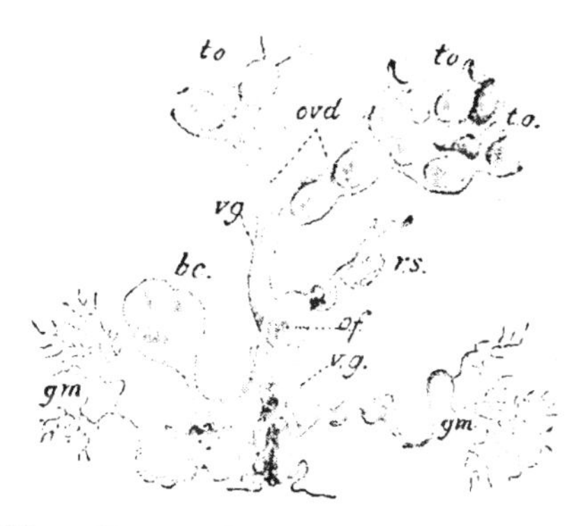

Fig. 17. — Organes reproducteurs femelles. — *to*, tubes ovariques ; *ovd*, oviductes ; *vg*, vagin ; *rs*, vésicule séminale ; *bc*, poche copulatrice ; *gm*, glandes mucipares : *of*, œuf fécondé. Gross. : 5 : 1. (Verson et Quajat.)

Accouplement. — Le mâle cherche avec ardeur une femelle, et, sitôt qu'il l'a trouvée, il agite vivement ses ailes, tord son abdomen tout en tournant autour d'elle, jusqu'à ce qu'il soit arrivé à fixer ses crochets copulateurs contre les parois de l'anneau terminal de la femelle. Le pénis pénètre alors dans la poche copulatrice, où s'écoule et s'accumule la liqueur spermatique. Cette poche copulatrice renferme tout un système particulier d'invaginations de la cuticule, qui oblige le sperme, entré par l'orifice externe, à accomplir des contours variés avant de déboucher dans l'oviducte, d'où il se rend par un conduit spécial dans la vésicule séminale accessoire *rs*. Cette vésicule a plusieurs membranes internes et un prolongement glandulaire. Il est permis de se demander si, en réalité, cet organe n'accomplit pas des fonctions plus importantes que ne semble l'indiquer son nom.

Au moment de la ponte, les tubes ovariques sont très

distendus et contiennent des œufs parfaitement formés, sauf à leur origine même, où l'on trouve des amas de cellulles qui n'arriveront pas à se développer à l'état d'œuf. On compte jusqu'à cent œufs dans chacun des huit tubes ovariques. Les œufs descendent dans ces tubes un à un, puis dans l'oviducte, et arrivent ainsi jusqu'à la bifurcation des canaux de la poche copulatrice et de la vésicule séminale accessoire. C'est là que les spermatozoïdes, venant de la vésicule séminale, pénètrent dans l'œuf par le micropyle, et la fécondation s'accomplit. L'œuf, continuant sa course, est revêtu aussitôt de la matière gommeuse ou vernis secrété par les glandes mucipares; il est alors expulsé, la partie où se trouve le micropyle sortant toujours la dernière.

Durée de l'accouplement. — A la température normale de 25° C., l'accouplement se prolonge souvent très longtemps, et, si on laissait faire le mâle, il resterait souvent accroché jusqu'à la mort de la femelle, ou ne l'abandonnerait qu'épuisée et incapable d'expulser la totalité des œufs de son oviducte. Il est donc, dans la pratique, très utile de désaccoupler au bout de quelques heures.

Cornalia a constaté qu'à 24° C. et après une heure d'accouplement la poche copulatrice avait reçu 7mg,9 de liqueur spermatique, ce qui correspondrait à plus de vingt millions de spermatozoïdes, quantité plus que suffisante pour féconder tous les œufs d'une femelle. En effet, tant Cornalia que MM. Verson et Quajat, à la station séricicole de Padoue, ont obtenu des œufs parfaitement fécondés après un accouplement d'une demi-heure à 24° C.

La durée de l'accouplement doit varier suivant la température. Il faudra le prolonger plus longtemps à 18 ou 20° C. qu'à 24 ou 25° C. Si la température s'abaisse au-dessous de 15° C., l'accouplement n'a pas lieu; les mâles paraissent indifférents à la présence des femelles.

Un mâle peut servir à la fécondation de plusieurs

femelles. Ce nombre dépend naturellement de la vigueur du mâle ; pratiquement, il est bon de ne pas faire servir un mâle plus de trois fois.

On n'a jamais pu observer de différences entre les vers provenant d'œufs fécondés par des accouplements de durée variable, pas plus qu'entre ceux provenant d'un premier ou deuxième accouplement.

Respiration. — Le papillon vit au dépens de ses réserves, du tissu graisseux notamment, et évacue des excréments liquides très riches en acide urique ; mais il respire activement, absorbant l'oxygène et exhalant de l'acide carbonique et de la vapeur d'eau. Cette respiration se fait par les stigmates ; elle est d'autant plus active que la température est plus élevée.

MM. Verson et Quajat, à la station séricicole de Padoue, ont obtenu les chiffres suivants, comme quantité d'acide carbonique produit pendant une heure pour 1 kilo de matières vives (1) :

			gr.
Papillons	femelles.	1er jour de la vie	0,4871
—	—	2e — —	1,1623
—	—	3e — —	0,8908
—	—	4e — —	1,333
—	—	5e après la ponte de tous les œufs.	1,4958
—	—	6e — — —	1,2125
—	—	7e — — —	1,4516

L'activité respiratoire est donc très intense.

Durée de la vie. — Le papillon, lorsqu'il est sain, vit tant qu'il n'a pas épuisé toutes ses réserves. Cette durée de la vie varie suivant les races. D'une façon générale, elle est plus considérable pour les grosses races que pour les petites. A la température de 25° C., les petits papillons des races chinoises et japonaises ne vivent que cinq à six jours, tandis que ceux des grosses races (Bagdad, gros

(1) Verson et Quajat, *Il Filugello*, p. 281.

Var, etc.), vivent jusqu'à douze jours. Les petites races ont plus d'activité, dépensent plus et ont moins de réserves que les grosses.

INFLUENCE DE LA TEMPÉRATURE. — La température a une influence sur la durée de la vie. Nous avons vu des papillons éclos en novembre d'un élevage automnal vivre jusqu'à quarante-cinq jours.

Si on prend des papillons d'un même lot et éclos le même jour et qu'on les divise en deux parties : l'une, maintenue à 25 ou 27° C., aura le dixième jour la plus grande partie des papillons vivants ; l'autre, portée dans une chambre chaude à 35 ou 36° C., aura presque tous les papillons morts le cinquième jour. On ne constatera aucune différence dans la qualité des graines obtenues. Les papillons peuvent subir, sans périr, un froid assez intense pendant un temps limité. Le Dr Colosanti a placé des papillons à une température de — 10° C. et a vu leur corps se durcir ; en les réchauffant ensuite lentement, ils ont repris l'état normal et se sont accouplés.

Au-dessous de 10° C., les fonctions vitales paraissent suspendues. D'une façon générale, l'augmentation de température active les fonctions vitales en diminuant la durée de la vie. A 75° C., les papillons ne tardent pas à périr par suite du dessèchement de tous leurs tissus.

III

MALADIES DES VERS A SOIE

I. — LA PÉBRINE.

Caractères extérieurs de la maladie. — C'est à partir de 1849, comme nous l'avons vu dans la partie historique, que le terrible fléau commença à faire des ravages. Les éducateurs les plus habiles voyaient périr leurs chambrées malgré les soins les plus assidus. Quelquefois une quantité considérable de graines n'éclosaient pas, ou bien les jeunes vers mouraient dans les premiers jours de leur vie; mais le plus souvent l'éclosion était bonne, et ce n'était que plus tard, et peu à peu, que la maladie exerçait ses ravages. A chaque âge, on voyait des vers languissants, prenant peu de nourriture, restant plus petits que les autres et franchissant difficilement les mues; il en résultait une grande irrégularité dans l'éducation.

Un grand nombre de ces vers succombaient; leurs cadavres se desséchaient et se mélangeaient aux litières; le magnanier voyait de jour en jour diminuer le nombre de ses vers. Quelquefois même les symptômes de la maladie ne se manifestaient qu'après la troisième ou même la quatrième mue, ce qui était une cruelle déception pour l'éducateur, qui avait conservé jusque-là de belles espérances.

Le plus souvent, à la surface de la peau des vers malades, on remarque des taches noires disséminées irrégulièrement (fig. 18), ce qui a fait donner à la maladie le nom de *pébrine* (1). Il ne faut pas confondre ces

(1) Du mot provençal *pèbre*, poivre, parce que les vers paraissaient comme saupoudrés de poivre.

taches avec les cicatrices des blessures que se font mutuellement les vers avec l'ongle terminal des pattes antérieures.

Lorsque la maladie a été contractée assez tard, le ver arrive à faire son cocon, à se transformer en chrysalide et même en papillon. Parfois alors la chrysalide pré-

Fig. 18. — Partie antérieure du corps de ver malade couvert de taches de pébrine.
Taches au début. Taches prononcées.

sente une teinte noire à l'emplacement des ailes, et les papillons naissent avec les ailes recoquillées, et le duvet qui recouvre leur corps est teinté de noir, ce qui fait donner à ces papillons le nom de charbonneux.

Véritable indice de la maladie. — Si tous les sujets qui présentent ces caractères extérieurs sont malades, un grand nombre peuvent l'être tout en ayant une apparence saine, et Pasteur a établi que tous les vers d'une chambrée pouvaient être atteints sans qu'aucun d'entre eux l'accuse extérieurement par la présence des taches à la surface de la peau.

Guérin Menneville, dès 1849, observa dans le sang des vers à soie des petits corpuscules brillants, tous identiques, de forme ovale, doués d'un mouvement spécial et à contour bien accusé, leur dimension, suivant le plus grand axe, étant de 2 à 3 millièmes de millimètres. De Filippi découvrit des corpuscules non seulement dans le sang du ver, mais dans tous les organes de la larve et du papillon. « Seulement, dit-il, c'est un produit morbide « chez la larve et un *produit normal et constant chez le papillon.* » Cette dernière opinion, qui fut partagée longtemps par les naturalistes italiens, est absolument fausse.

Leydig reconnut la présence des mêmes corpuscules ou autres très analogues dans le corps de plusieurs insectes et crustacés tels que : le coccus de la cochenille, les araignées, les écrevisses, etc. Ce savant, dont Balbiani a fait connaître les opinions en France, considère ces corpuscules comme des parasites et range ces organismes dans le genre Psorospermie, section des Microsporidies.

Cornalia constata que le sang des papillons malades (charbonneux, à ailes recoquillées, à abdomen gonflé) contenait des corpuscules en abondance; mais il ne dit pas que c'est là un signe de la maladie.

Le Dr Osimo de Padoue découvrit la présence des corpuscules dans les œufs, et le Dr Carlo Vitadini reconnut que la proportion des œufs corpusculeux augmentait à mesure que l'on approchait de l'époque de l'éclosion, et il proposa d'examiner les graines au microscope pour distinguer les bonnes des mauvaises. Il émit même l'opinion qu'il serait bon d'examiner non seulement les graines, mais aussi les chrysalides.

Pasteur démontra d'une façon irréfutable et définitive que la présence des corpuscules était le véritable indice et la cause de la maladie régnante. Voici les conclusions de sa note présentée le 26 juin 1865 au Comice agricole d'Alais et au mois de septembre de la même année à l'Académie des sciences :

« 1° On avait tort de chercher exclusivement le signe du mal, le corpuscule, dans les œufs ou dans les vers; les uns et les autres pouvaient porter en eux le germe de la maladie, sans offrir de corpuscules distincts et visibles au microscope ;

« 2° Le mal se développait surtout dans les chrysalides et les papillons ; c'était là qu'il fallait le rechercher de préférence ;

« 3° Il devait y avoir un moyen infaillible de se procurer une graine saine, en ayant recours à des papillons exempts de corpuscules (1). »

Recherche des corpuscules. — Leur développement. — Lorsqu'un sujet est fortement atteint de la pébrine, tous ses organes sont envahis par les corpuscules :

Les glandes soyeuses;

Les ganglions nerveux;

Les déjections des papillons;

La graine, etc.

Il n'est pas nécessaire, pour rechercher les corpuscules dans un individu, de le disséquer et de placer tel ou tel tissu sous le microscope. Il suffit de broyer dans un mortier avec quelques gouttes d'eau le corps à examiner, de placer une goutte de la bouillie obtenue sur une lamelle de verre et de la porter sous l'objectif du microscope. Si l'animal examiné est corpusculeux, le champ du microscope présentera un aspect analogue à celui de la figure 19.

Généralement ces corpuscules seront tous semblables les uns aux autres, ovoïdes et brillants et à contours bien délimités; ce sont ceux que Pasteur appelle corpuscules *adultes* ou corpuscules *vieux*.

Si on examine des vers ou des chrysalides jeunes, on pourra rencontrer des corpuscules pyriformes à simple ou double membrane, avec ou sans granulins à l'intérieur. Ces granulins s'échapperont du corpuscule et donneront naissance à leur tour à un nouveau corpuscule; ils sont donc de véritables organes reproducteurs.

On pourra rencontrer aussi des corpuscules de forme ordinaire, mais dont les extrémités présentent des sortes de vacuoles. Des cellules rondes se multipliant par segmentation et contenant des granulins entourent ces corpuscules. Quelquefois, à l'intérieur de ces cellules, on constatera la présence de corpuscules ovoïdes de dimen-

(1) Pasteur, *Études sur la maladie des vers à soie*, p. 55.

sions ordinaires, mais à contour à peine accusé. Tels sont les différents aspects sous lesquels se rencontrent les corpuscules en voie de développement.

On voit plus rarement des amas de corpuscules de

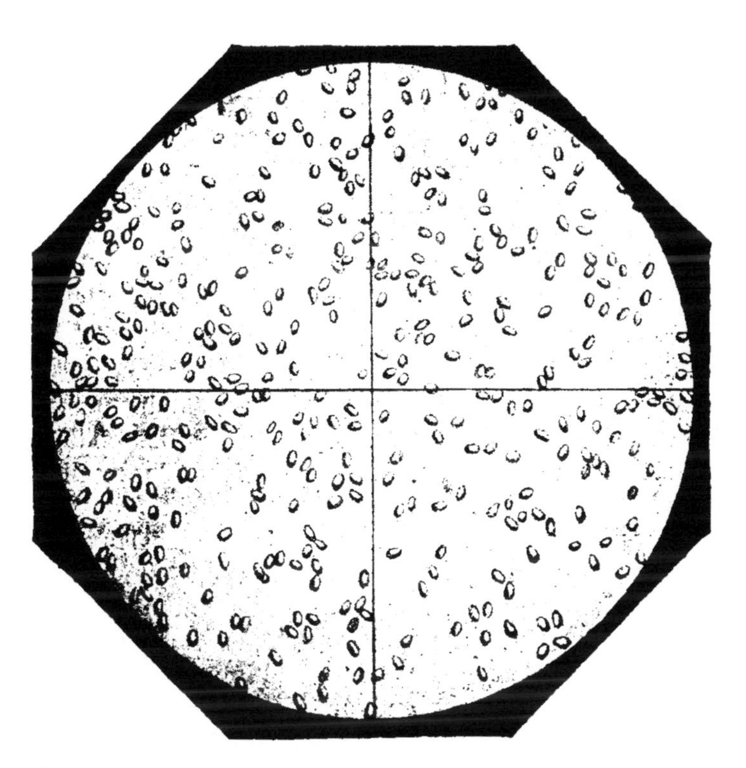

Fig. 19. — Aspect du champ du microscope dans l'examen d'un ver très corpusculeux (d'après Pasteur).

forme ovale plus allongés et moins distincts que les corpuscules adultes. Ils se multiplient par segmentation transversale. Lorsqu'on rencontre cette forme de multiplication différente de celle par granulins, le nombre de ces corpuscules en voie de division par scission est très considérable, et celui des corpuscules pâles et pyriformes, quieux se multiplient par granulins, est au contraire très restreint.

MOYEN DE PRÉVENIR LA PÉBRINE. — A la suite de travaux mémorables, de longues et patientes recherches, Pasteur indiqua une méthode infaillible pour produire des graines saines. Il faut pour cela prendre les graines provenant de sujets exempts de corpuscules et éviter la contagion en cours d'éducation.

Nous ne pouvons relater ici dans tous leurs détails les nombreuses expérienceés de cet illustre savant ; nous allons donner seulement les principales conclusions que ses recherches lui ont permis de formuler :

1° *La pébrine est éminemment contagieuse.* — Pasteur, après avoir écrasé un ver corpusculeux, enduisit des feuilles de mûrier avec le liquide obtenu et les fit consommer à des vers. Tous contractèrent la maladie et donnèrent des papillons corpusculeux, tandis que les vers témoins qui avaient absorbé des feuilles enduites d'une bouillie non corpusculeuse donnèrent des papillons parfaitement sains.

En piquant des vers avec une aiguille préalablement trempée dans une bouillie corpusculeuse, Pasteur obtint des papillons corpusculeux, mais ils ne le furent pas tous.

« La contagion par piqûres infectées a donc lieu, mais elle est moins sûre que par le canal intestinal, ce à quoi il fallait s'attendre, parce que le sang qui sort de la blesssure ne laisse pas toujours pénétrer les corpuscules que l'on cherche à inoculer (1). » C'est sans doute à cette particularité qu'il faut attribuer les insuccès de contagion par piqûre qu'ont récemment constatés plusieurs auteurs qui n'admettent pas que la contagion soit possible autrement que par le tube digestif.

Si on examine les poussières d'une magnanerie où

(1) PASTEUR, *Traité sur la maladie des vers à soie,* 1870, p. 131.

l'éducation a été décimée par la pébrine, on trouve une quantité énorme de corpuscules mélangés aux spores de moisissure qui se sont développées dans les litières. Si ces poussières sont apportées par le vent sur les feuilles de mûrier ou dans une magnanerie voisine, la contagion a lieu. Il est, à plus forte raison, dangereux de laisser ensemble des vers sains et des vers malades dans le même local.

Mais la contagion ne peut en aucun cas détruire l'éducation industrielle d'une graine issue de papillons sains. Si surtout la contagion est tardive, tous les vers arriveront à faire leurs cocons; mais les papillons seront corpusculeux. Cela résulte de la lenteur du premier développement des corpuscules et de la résistance à la mort qu'offrent les vers envahis par le parasite. Il n'y aura donc lieu de s'inquiéter de l'isolement parfait des éducations que lorsque les cocons seront destinés au grainage.

2° *Les corpuscules vieux et secs sont des organismes caducs, incapables de se reproduire.* — Si la pébrine était la seule maladie à redouter, on pourrait se dispenser de désinfecter tous les ans les magnaneries et le matériel, même dans le cas où l'éducation aurait été décimée l'année précédente.

Les débris corpusculeux de papillons morts depuis un an, les corpuscules recouvrant les graines, etc., ne peuvent transmettre la pébrine. Pasteur a constaté en effet que, six semaines après la mort de l'animal corpusculeux, les corpuscules que contient son cadavre sont incapables de se reproduire et par suite de contaminer d'autres sujets.

3° *Dans les éducations atteintes de pébrine, il est possible de trouver des sujets ne présentant aucun corpuscule.*

Les graines pondues par une femelle exempte de corpuscules, même après accouplement avec un mâle très corpusculeux, ne peuvent, dans aucun cas, donner à l'éclosion un seul ver atteint de pébrine. — Il suffira donc, après l'accouplement, de faire pondre les femelles isolément sur des petits morceaux de toile suspendus par des fils et bien isolés. Après la ponte, on replie la femelle dans un coin (fig. 20). On emploie également de petits sachets en tarlatane ou en papier, dans lesquels la femelle est

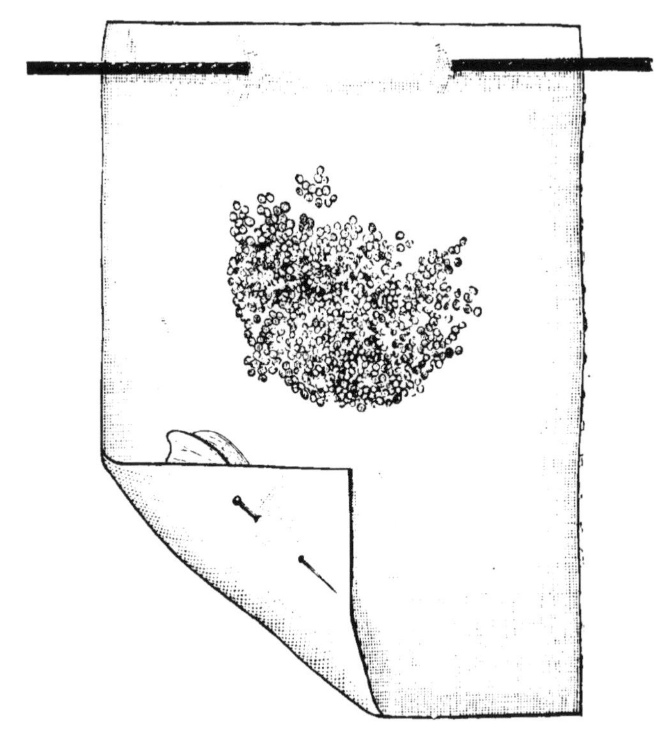

Fig. 20. — Cellule après la ponte (la femelle est repliée dans un coin) (d'après Pasteur).

enfermée pour faire sa ponte. Ces toiles et sachets portent le nom de cellules, d'où le nom de *grainage cellulaire* donné à la méthode Pasteur. Les femelles sont examinées plus tard une à une; les corpuscules, s'ils existent, seront alors bien apparents sous leur forme adulte. On rejettera et brûlera toutes les graines provenant de sujets corpusculeux pour ne conserver que celles provenant d'individus sains. Telle est la méthode que Pasteur a indiquée pour obtenir des graines exemptes de pébrine, et il a pu affirmer que, si tout le monde appliquait sa méthode de sélection, cette terrible maladie était destinée à disparaître au bout de peu d'années.

4° *Lorsque les papillons sont corpusculeux, les œufs qui en proviennent peuvent ne pas être tous corpusculeux.* — Cette découverte de Pasteur a eu une très grande importance pour la conservation de certaines races indigènes. A ce moment-là, en effet, il était très difficile de rencontrer dans la plupart des éducations de nos anciennes races un seul sujet non corpusculeux. Pour perpétuer une race, Pasteur imagina d'élever les vers isolément, c'est-à-dire de placer chaque ver dans une case spéciale pour éviter la contagion ; ceux qui n'avaient aucun germe de la maladie à leur naissance donnèrent des papillons non corpusculeux, qui furent conservés pour la reproduction.

II. — LA FLACHERIE.

Avant les travaux de Pasteur, on avait bien distingué différentes formes dans le fléau qui dévastait les éducations; mais toutes étaient rapportées à une seule maladie, dont les symptômes et les caractères étaient mal définis et dénommée : *la maladie*.

« Dès l'époque des essais précoces de l'année 1867, je reconnus que le mal, du moins dans les départements de grande culture, n'était ni aussi simple, ni aussi compliqué qu'on le croyait communément ; que la cause des désastres devait être attribuée non à une seule, mais à *deux maladies distinctes indépendantes*, ayant chacune leur nature propre, toutes deux fort anciennes, la *pébrine* ou maladie de la tache, identique avec la maladie des corpuscules, et la maladie des *morts blancs* ou des *morts flats*, *maladies des tripes* dans quelques localités, autrement dit la *flacherie* (1). »

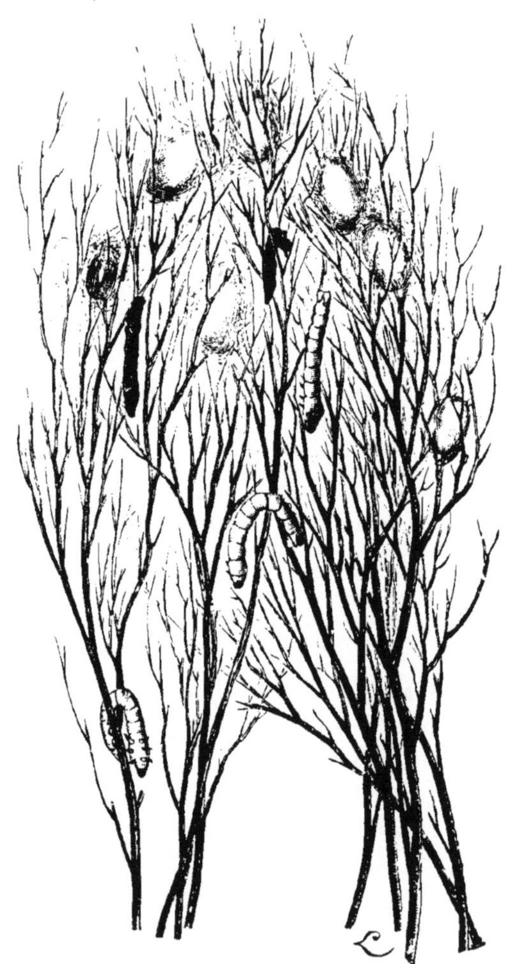

Fig. 21. — Vers atteints de flacherie sur la bruyère (d'après Pasteur).

Caractères extérieurs de la flacherie. — C'est généralement après la quatrième mue que cette maladie se

(1) Pasteur, p. 209.

manifeste. Les vers, qui jusque-là étaient vigoureux et de belle apparence, deviennent languissants, refusent la nourriture, se traînent vers le bord des claies, où ils ne tardent pas à périr; si on les touche, ils sont mous et flasques. Si la maladie sévit au moment de la montée, les vers morts restent suspendus aux brindilles (fig. 21). Leur corps ne tarde pas à se décomposer et à prendre une couleur noire; il est rempli d'un liquide brun, qui dégage une odeur aigre et piquante tout à fait particulière.

Souvent une chambrée entière périt en vingt-quatre heures; d'autres fois, le mal progresse plus lentement, et les vers arrivent à faire leurs cocons et à se transformer en chrysalides; mais alors la chrysalide se décompose en une bouillie noire. C'est ce qui produit les *cocons fondus*. Quelquefois même la chrysalide atteinte peut se transformer en papillon; celui-ci a le corps mou, l'abdomen plein de liquide brun noirâtre; ses déjections ont la même couleur et salissent les toiles sur lesquelles les papillons sont placés pour effectuer leur ponte.

Nature de la maladie. — Pasteur a montré que la flacherie était due à une altération des fonctions digestives produite par le développement d'organismes que l'on rencontre dans le tube intestinal des vers atteints de flacherie, et jamais dans celui des vers sains.

Ces organismes sont de deux sortes :

1° Des vibrions très agiles avec ou sans noyaux brillants à l'intérieur (fig. 22);

2° Des ferments en chapelets formés par deux, trois ou un plus grand nombre de petits grains sphériques de 1 millième de millimètre de diamètre (fig. 23).

Dans le premier cas, il se produit dans le tube digestif une véritable fermentation de la feuille ingérée. Les vibrions attaquent les parois du tube intestinal, qui, par suite, ne fonctionne plus; toute la matière contenue à l'intérieur se liquéfie et entre en putréfaction; la peau se plisse, et le ver meurt, présentant encore l'apparence d'un ver vivant. Mais bientôt les vibrions, continuant leur œuvre, perforent les parois du tube intestinal et se répandent dans tout le corps, qui devient mou. Tous les

Fig. 22. — Vibrions de la flacherie (d'après Pasteur).

tissus se résolvent alors en bouillie ; la peau devient noire et laisse échapper, si on la touche, un liquide brun où les vibrions pullulent. Il est rare, dans ce cas, que la mort n'arrive pas avant la formation du cocon et la transformation en chrysalide. On ne rencontrera donc qu'exceptionnellement des vibrions dans le corps de chrysalides ou de papillons vivants.

L'action des ferments en chapelets de grains est beaucoup plus lente. La fermentation des matières contenues

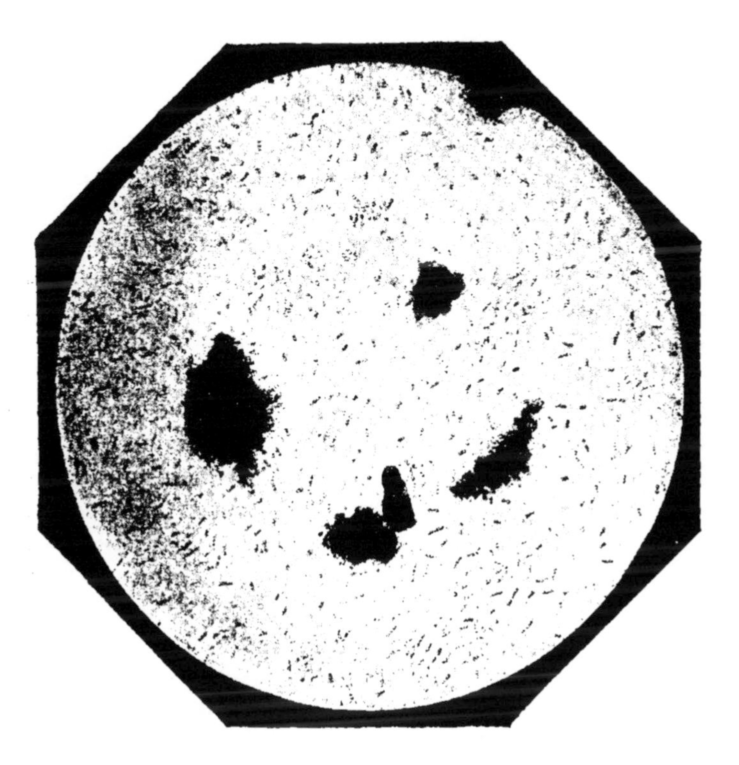

Fig. 23. — Ferment en chapelets de grains témoin de la maladie des morts flats (d'après Pasteur).

dans le tube intestinal entraîne moins rapidement la mort du ver, qui devient languissant, mais peut faire son cocon, se transformer en chrysalide et même en papillon, si les ferments ne se sont développés que dans les derniers jours de la vie de la larve.

La Flacherie peut être accidentelle. — Toutes les fois

qu'une cause quelconque vient apporter des troubles dans le bon fonctionnement des organes de la larve, la flacherie peut se déclarer. Les causes les plus fréquentes sont celles qui proviennent du manque d'aération d'une température chaude et humide, du trop grand entassement des vers dans un même local, de la fermentation des litières, d'une température trop élevée, surtout au moment des mues, etc.

Nous savons que le ver doit exhaler par la surface de la peau une quantité d'eau considérable. Si cette exhalation ne se fait pas, la digestion devient difficile ; les ferments et vibrions répandus à profusion dans les poussières de l'atmosphère se développent rapidement dans le tube intestinal. Un simple changement dans la qualité de la feuille distribuée aux vers peut amener des troubles digestifs et par suite la flacherie. La distribution aux vers d'une feuille ayant subi un commencement de fermentation produit fatalement les mêmes effets. Pasteur a remarqué, en effet, qu'en examinant au microscope des feuilles fermentées et broyées, le champ du microscope présentait une infinité de ferments en chapelets de grains, tout comme le tube intestinal du ver malade (fig. 23).

Si on distribue aux vers de la feuille trop aqueuse, comme est celle des mûriers taillés tous les ans, les vers sont obligés d'absorber inutilement et d'exhaler ensuite une grande quantité d'eau. Si l'équilibre n'est pas parfaitement établi, la flacherie peut se déclarer.

La flacherie est éminemment contagieuse. — Pasteur a déterminé la flacherie chez des sujets parfaitement sains en leur faisant absorber de la feuille souillée par des vibrions ou des ferments en chapelets de grains.

Le contagion a lieu uniquement par le tube digestif, le ver absorbant avec sa nourriture les poussières chargées de ferments et de vibrions récents ou anciens. Il faut, par conséquent, éviter non seulement le contact entre vers sains et vers malades, mais aussi empêcher les poussières contaminées d'arriver sur la feuille.

Contrairement à ce qui se passe pour les corpuscules, les ferments et les vibrions peuvent se reproduire d'une année à l'autre.

On devra donc désinfecter soigneusement tous les ans le local et le matériel qui ont déjà servi.

La flacherie est héréditaire. — Ce caractère héréditaire de la maladie a été mis en évidence par les expériences de Pasteur. Tous les reproducteurs choisis dans des lots atteints de flacherie ont donné des éducations décimées par cette maladie. Il faut donc surveiller avec grande attention, surtout au moment de la montée, toute éducation destinée au grainage et rejeter impitoyablement celles dans lesquelles les vers ne montent pas rapidement à la bruyère. En cas de doute, il est bon d'examiner le contenu de la poche stomacale de quelques chrysalides. Si on y rencontre des ferments en chapelets de grains ou très rarement des vibrions, ceux-ci entraînant la mort rapide du sujet, c'est que les vers étaient atteints de la flacherie, et le lot doit être éliminé.

Certains sériciculteurs, croyant mieux faire, recherchent les ferments et les vibrions dans les papillons morts depuis plusieurs mois.

A ce moment, la présence de ces organismes ne prouve absolument rien ; ils proviennent de la décomposition du corps des papillons conservés dans de mauvaises conditions. Cette recherche est pratiquée par bon nombre de sériciculteurs-graineurs, même par certains qui ont la prétention de n'appliquer que des méthodes modèles. Pasteur cependant avait déjà mis en garde les praticiens contre cette cause d'erreur. Parlant de la présence possible des vibrions dans le corps du papillon, il dit :

« Je parle ici, bien entendu, de papillons qui montrent des vibrions étant encore pleins de vie ; je laisse de côté le cas de papillons conservés, morts dans un lieu humide, ou, ce qui revient au même, réunis en masse épaisse dans un lieu quelconque. Les papillons peuvent alors pourrir à la manière de toutes les substances organiques mortes et se trouver remplis de vibrions. C'est là une putréfaction ordinaire, et ces vibrions ne peuvent être comparés aux vibrions de la flacherie, ni avoir la signification que nous venons d'attribuer à ces organismes dans les conditions précitées (1). »

De la résistance de certaines races à la flacherie. — Pasteur avait déjà remarqué que les races chinoises et japonaises étaient beaucoup plus résistantes à la flacherie que nos races indigènes; il attribuait avec raison cette résistance à la brièveté de la vie de la larve de ces races. Les magnaniers ont également remarqué que, d'une façon générale, les races à petits vers sont plus résistantes à la flacherie que les races à gros vers. M. G. Coutagne nous en donne la raison : « Lorsqu'un ver devient plus grand, sa surface croît comme le carré de ses dimensions, et son volume comme le cube, en sorte que le rapport de sa surface à son volume diminue progressivement et que, dès lors, sa transpiration cutanée s'effectue dans des conditions de plus en plus défavorables (2). »

III. — LA MUSCARDINE.

Symptômes extérieurs. — La muscardine était connue bien avant les maladies dont nous venons de parler. Vallisnéri, vers 1720, en signale les effets.

Les vers atteints meurent rapidement; leur corps devient mou et prend généralement une teinte rosée, puis durcit rapidement, devient comme pétrifié et se recouvre d'une moisissure blanche dans un milieu humide, sur les litières par exemple. Les vers peuvent

(1) Pasteur, note 1, p. 230.

(2) G. Coutagne, *Recherches expérimentales sur l'hérédité chez les vers à soie*, p. 69.

être atteints à tout âge par cette maladie. S'ils le sont au moment de la montée, ils peuvent encore faire leur cocon ; la chrysalide meurt, puis durcit et se recouvre d'efflorescences blanches sous l'effet de l'humidité. Cette couleur blanche que prennent généralement les vers et les chrysalides et la dureté de leur corps ont fait donner aux vers atteints cette maladie les noms de : *platrés*, *dragées*, *muscardins*, etc. Les cocons qui contiennent les chrysalides mortes de muscardine sonnent en les agitant comme s'ils contenaient un petit caillou.

Causes de la muscardine. — Le Dr Bassi démontra vers 1835 que la muscardine était causée par un champignon parasite et que les spores de ce cryptogame qui forment les efflorescences blanches étaient les agents de contagion. Balsamo Crivelli étudia ce champignon, le rapporta au genre *Botrytis* et l'appela *Botrytis Bassiana*, en l'honneur de Bassi, qui l'avait découvert.

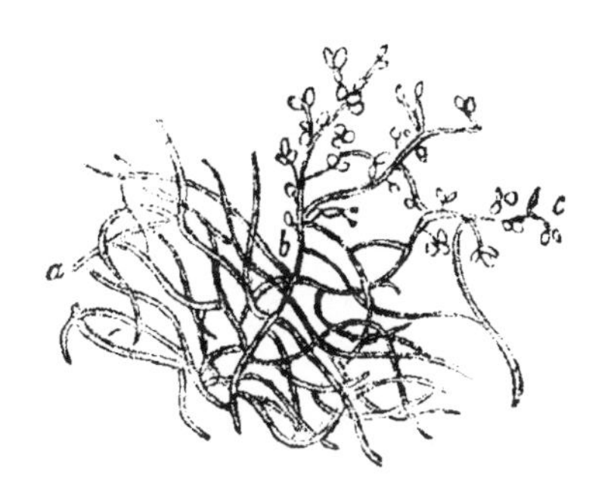

Fig. 24. — Développement du *Botrytis Bassiana* au contact de l'air dans le corps d'un ver atteint de muscardine. — *a*, mycélium ; *b*, ifes ; *c*, conidies, 300 : 1 (Verson et Quajat).

De nombreux chercheurs : Audouin, Guérin-Mènneville, Robinet, etc., s'adonnèrent à l'étude de la muscardine ; mais c'est le Dr Vittadini qui publia l'étude la plus exacte et la plus détaillée du *Brotritis Bassiana*.

Les spores emportées par le vent, tombant sur la peau de vers sains, pénètrent à l'intérieur par les pores et trouvent un milieu favorable à leur développement. Ils émettent de nombreux filaments de mycélium (fig. 24), qui grandissent au dépens des organes du ver, du tissu graisseux notamment, et produisent de nombreuses conidies, lesquelles émettent à leur tour de nouveaux filaments. Tous les organes du ver, sauf les glandes soyeuses, sont envahis par le mycélium et les conidies. Le sang devient acide, et on y aperçoit au microscope des cristaux octaédriques d'oxalate de chaux (fig. 25). Les pulsations se font de plus en plus rares et le ver ne tarde pas à succomber.

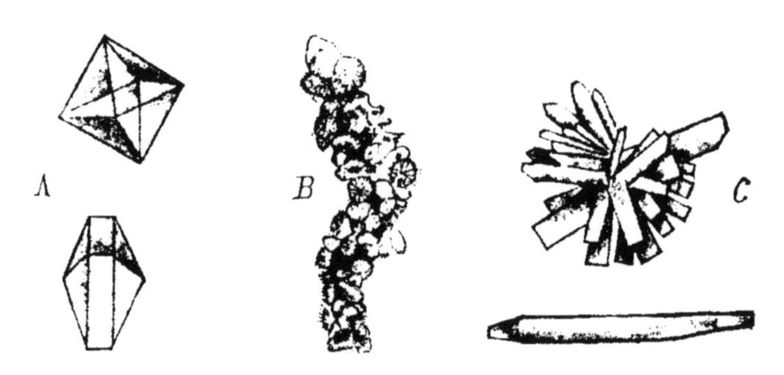

Fig. 25. — A, cristaux d'oxalate de chaux, 450 : 1 ; B, ver mort de muscardine dépouillé de la plus grande partie des conidies et placé dans un milieu humide ; C, principales formes des cristaux trouvés dans le ver B, 90 : 1 (Verson et Quajat).

Il s'écoule un temps plus ou moins long entre l'époque de la contagion et celle de la mort, suivant la température et le degré d'humidité de l'air. Cette durée est en moyenne d'une dizaine de jours.

Après la mort, le mycélium continue à se développer et émet à l'extérieur des fructifications ou spores qui produisent, vingt-quatre heures après la mort, les efflorescences blanches. Ces spores propagent le mal. Le corps du ver se durcit, et il se produit à l'intérieur une véritable cristallisation. En effet, si on détache la poussière blanche qui recouvre le corps d'un ver mort de muscardine et qu'on abandonne ce cadavre huit à dix jours dans un milieu humide, on le trouvera couvert de gros cristaux visibles à l'œil nu (fig. 25, B). Ces cristaux, vus à un grossissement de 90, présentent l'aspect de la figure 25, C. M. Verson a reconnu qu'ils étaient formés par un oxalate de magnésie et d'ammoniaque.

La muscardine est éminemment contagieuse. — Cela résulte de son mode même de propagation. Les spores conservent leur faculté germinative pendant plusieurs années et se développent aussi bien sur un sujet robuste que sur un sujet affaibli, non seulement sur les vers à soie, mais sur toutes les chenilles en général et même sur des corps non organisés, tels que la gomme, la colle, la gélatine, etc. Il faut donc se contenter de sourire, quand on voit certains graineurs offrir à leur clientèle des races réfractaires à la muscardine.

Moyens de prévenir la muscardine. — La maladie est propagée par la dissémination des spores. C'est donc seulement après la mort, lorsque le cadavre a blanchi, que le ver muscardiné devient dangereux pour ses voisins. Tout sujet contaminé par les spores est destiné à périr, car il n'existe aucun remède curatif. Il faut, pour prévenir le mal, détruire les spores et les empêcher de se multiplier. Les vapeurs d'acide sulfureux produisent cet effet ; le local et le matériel devront être soumis à des fumigations énergiques de ce gaz avant de commencer l'éducation.

Malgré ces précautions, des vers peuvent être atteints en cours d'éducation par des germes apportés du dehors. En pareil cas, on doit enlever soigneusement tous les vers atteints et les brûler, déliter fréquemment, faire des fumigations journalières à raison de 30 grammes de soufre par 100 mètres cubes de capacité de la magnanerie. Ces vapeurs sulfureuses ne font pas périr les vers et empêchent le mal de progresser.

La muscardine n'est jamais héréditaire. — Cette maladie ne saurait être héréditaire, puisque la chrysalide atteinte périt toujours avant d'avoir pu se transformer en papillon. Elle a d'ailleurs dû contracter le mal à l'état de larve. Le papillon muscardiné n'existe pas, ou du moins est extrêmement rare. Les cas exceptionnellement observés sont ceux de papillons qui ont contracté le mal après leur sortie du cocon dans un milieu humide contenant des spores en abondance. De tels papillons meurent rapidement avant d'avoir accompli leur ponte, et, dans tous les cas, les œufs pondus ne peuvent être contaminés, puisqu'ils étaient formés dans le tube ovarique avant la contagion.

IV. — LA GRASSERIE.

De toutes les maladies qui attaquent les vers à soie, la grasserie est celle dont les effets sont les plus anciennement connus. Les vers en sont atteints généralement au cinquième âge, surtout au moment de la montée. Il est rare que cette maladie fasse de grands ravages; elle se présente plutôt par cas isolés. Les vers atteints portent les noms de *gras*, *ladres*, *vaches*, *porcs*, *jaunes*, etc., suivant les localités. Ils deviennent comme gonflés, jaune-citron dans les races à cocons jaunes, blanc laiteux dans les races à cocons blancs ou verts. Le gonflement s'accentue et le ver ne tarde pas à succomber, présentant alors l'aspect d'un sac rempli de liquide blanc ou jaune, suivant les races; tous les organes sont détruits par ce liquide, qui, d'après Cornalia, doit sa coloration à la dissolution des glandes soyeuses.

Si on examine au microscope une goutte de ce liquide, on le trouve rempli d'une quantité énorme de granulations qui paraissent sphériques, mais qui, examinées plus attentivement et à un fort grossissement, présentent l'aspect de cristaux. C'est pourquoi Bolle les a appelés *granules polyédriques* (fig. 26).

La nature chimique de ces cristaux n'est pas encore exactement connue. Bolle a remarqué que leur diamètre moyen était de 4 millièmes de millimètre, qu'ils se comportaient avec les réactifs comme la substance albuminoïde, mais qu'ils se conservaient pendant plus d'un an dans l'eau sans altération.

Causes de la maladie. — On n'est pas encore fixé sur la cause réelle de cette maladie ; il est probable que ce sont les cristaux polyédriques. Bolle pense que ces cris-

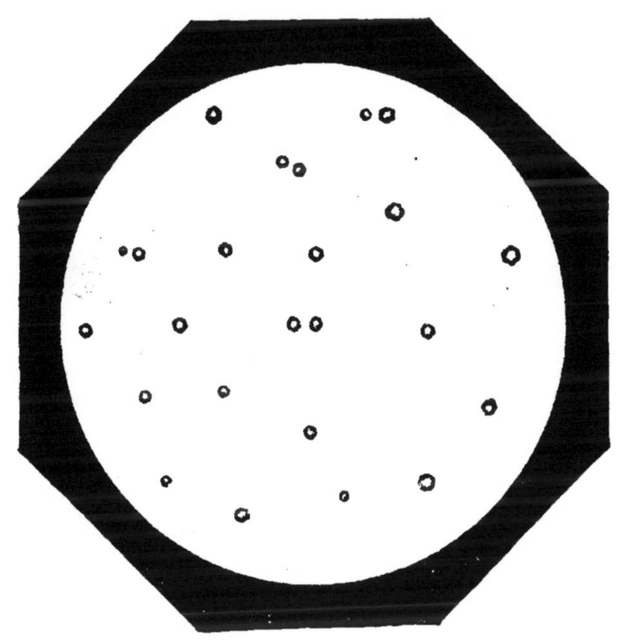

Fig. 26. — Granules polyédriques, 450 : 1 (Verson et Quajat).

taux sont de véritables spores qui, en se multipliant rapidement, occasionnent la mort. Suivant d'autres auteurs, la formation des cristaux ne serait qu'une conséquence de la maladie. Ce qu'il y a de certain, c'est que le mal sévit surtout sur les grosses races lentes à monter et lorsque surviennent des conditions défavorables à la respiration et à la transpiration des vers : chaleur humide, défaut d'aération, changement brusque de pression, temps orageux au moment de la montée.

La qualité de la feuille exerce certainement une influence sur le développement de la maladie. Le Dr Pasqualis pense même que c'est là l'unique cause du mal.

Il nous a été donné d'observer un cas d'éducation décimée par la grasserie, produite sans nul doute par le changement de qualité de la feuille. Cette éducation avait eu une marche très régulière jusqu'au moment de la montée et avait été nourrie avec de la feuille de

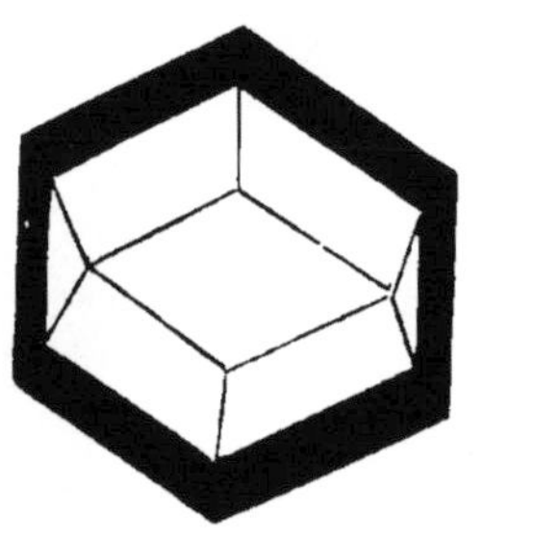
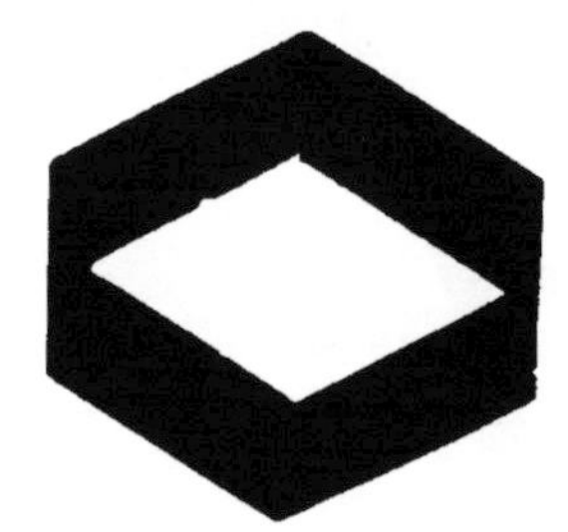

Fig. 27. — Granule polyédrique fortement grossi (Verson et Quajat).

mûriers non taillés depuis trois ou quatre ans. La montée commençait et tout faisait augurer une réussite parfaite, quand, la feuille venant à manquer, l'éducateur dut recourir à des mûriers taillés de l'année. Tous les vers qui absorbèrent cette feuille périrent de grasserie. Rien autre que la qualité de la feuille ne pouvait expliquer cet accident.

Les mêmes causes semblent favoriser le développement de la grasserie et de la flacherie. Les races sensibles à la flacherie le sont également à la grasserie. Suivant les cas, c'est l'une ou l'autre de ces maladies qui se déclarent, quelquefois toutes les deux.

Le ver atteint de grasserie peut arriver à filer son cocon et à se transformer en chrysalide. Celle-ci périt et rend le cocon fondu. On trouve dans le liquide produit par la décomposition de la chrysalide des quantités de cristaux polyédriques.

Précautions a prendre pour éviter la grasserie. — Il va de soi que toutes les causes énumérées ci-dessus comme pouvant déterminer le grasserie doivent être soigneusement évitées.

Le caractère contagieux de la maladie n'est pas absolument reconnu. Toutefois les éducateurs agiront prudemment en enlevant les vers atteints.

Le mal ne semble pas lui-même être héréditaire; mais la prédisposition à le contracter l'est certainement. Il vaut mieux ne pas conserver pour la reproduction une éducation qui aura présenté un nombre élevé de vers gras; quelques cas isolés ne devront pas effrayer. Certains magnaniers s'en réjouissent même, estimant qu'ils présagent une bonne récolte, ce qui est évidemment un préjugé.

V. — ACCIDENTS. — MALADIE DE L'OUDJI. ENNEMIS DIVERS.

Accidents. — Il peut se produire quelques accidents en cours d'éducation.

Il n'est pas étonnant de rencontrer quelques avortons ou sujets débiles dans un si grand nombre d'individus; mais il n'existe pas d'autres maladies proprement dites que celles dont nous venons de parler.

Tous les cas signalés par les éducateurs : les hydropiques, les passis, les arpians, les lusettes, sont des formes de la flacherie et de la pébrine.

La maladie dite des petits est produite soit par la pébrine, soit par la dégénérescence de la graine, soit par la négligence de l'éducateur.

Maladie de l'oudji. — Il existe un parasite fort heureusement inconnu dans nos régions, mais qui exerce de grands ravages sur l'élevage des vers à soie en Orient.

Voici comment Maillot décrit cette affection parasitaire :

« Au Japon, notamment, une certaine mouche appelée *oudji*, du genre *tachina*, pond ses œufs en avril et mai, sur les feuilles de mûrier que les vers à soie dévorent. Les œufs, qui n'ont qu'un cinquième de millimètre de long sur un dixième environ de large, éclosent dans l'estomac des vers ; les petites larves apodes qui en sortent se frayent une route à travers les tissus de leur hôte, dévorent ses lobules graisseux et s'établissent près du vestibule d'un stigmate afin d'y respirer.

« Si le ver loge deux ou trois oudjis, il meurt; s'il n'y en a qu'un, le ver arrive en général à faire son cocon et à se chrysalider ; mais sa chrysalide meurt toujours. La larve d'oudji, devenue assez grande, en se repaissant du corps de la chrysalide, perce le cocon et se laisse tomber à terre; si elle peut s'enfoncer dans le sol, elle s'y chrysalide sous forme d'un petit tonnelet de 13 millimètres de long sur 6 de large. Au printemps suivant, le mouche adulte s'en échappe.

« L'oudji, au Japon, est la cause de dégâts comparables en intensité à ceux que fait la flacherie dans nos contrées (1). »

Autres ennemis du sériciculteur. — Les rats et souris causent souvent de grands dégâts aux graines, vers, cocons, chrysalides et papillons, dont ils sont très friands.

Les araignées dévorent quelquefois les petits vers. Tous les insectivores en général se repaissent de vers à soie et papillons.

Les larves de dermestes et d'anthrènes causent des dégâts aux graines et aux papillons morts.

(1) Maillot, *Leçons sur le ver à soie du mûrier*, p. 187.

IV

DE L'ÉDUCATION DES VERS A SOIE

Le but du magnanier est de retirer de son éducation un profit aussi élevé que possible. Il doit s'efforcer de remplir toutes les conditions qui permettent d'arriver au plus haut rendement.

Ces principes constituent les règles de l'élevage que nous allons exposer dans cette quatrième partie.

L'éducateur doit se préoccuper d'avoir en quantité suffisante la feuille de mûrier, base de l'alimentation des vers, un local pour les abriter, le matériel nécessaire et, avant tout, les graines ou œufs qui leur donneront naissance.

I. — ALIMENTATION DES VERS A SOIE.

Aliments. — L'aliment préféré du ver à soie est sans contredit la feuille de mûrier. On a souvent essayé de le nourrir avec d'autres feuilles, et notamment avec celles de *Maclura aurantiaca*, de scorsonères, de ramie, de ronces, etc.

On présente chaque année un nouveau produit pour l'alimentation des vers à soie; jusqu'à présent, dans la région du mûrier, aucune feuille ne peut remplacer avantageusement celle de cet arbre. Ce n'est que très exceptionnellement, en cas de gelée par exemple, que l'on pourra avoir recours à un autre aliment, et, parmi toutes les feuilles proposées jusqu'à ce jour, c'est celle de la *Maclura aurantiaca* qui devra être préférée.

En Amérique, on élève les vers à soie exclusivement avec cette feuille.

En 1834, les mûriers avaient été gelés dans la plus grande partie des régions séricicoles de la France, et le botaniste Seringe rapporte que des vers furent nourris avec la *Maclura*, qu'ils donnèrent des cocons de sept à huit jours en retard sur ceux nourris avec le mûrier et légèrement plus petits, mais très fermes et fort bien conformés (1). Cette plante pourra donc rendre, dans certains cas, des services réels, mais ne supplantera pas le mûrier.

Le mûrier noir était autrefois cultivé pour l'élevage des vers à soie; mais, depuis Olivier de Serres, le mûrier blanc s'est répandu partout et lui est préféré à cause de sa croissance rapide, de sa feuille plus abondante et plus délicate.

Dans certaines régions cependant, en Sicile et en Calabre notamment, on cultive encore le mûrier noir, parce qu'il est moins précoce et par suite moins sujet aux gelées de printemps.

Des élevages comparatifs ont souvent été faits avec les feuilles de mûrier blanc et de mûrier noir. Les vers alimentés avec le mûrier noir vivent un ou deux jours de plus, donnent des cocons plus lourds, mais plus grossiers.

Il existe un grand nombre de variétés de mûrier blanc dont les principales sont par ordre de précocité : les sauvageons, les multicaules, les mûrier roses, toutes trois à feuilles minces; le mûrier romain et le mûrier d'Espagne à feuilles épaisses, dures et lourdes.

Composition de la feuille de mûrier. — La composition des feuilles varie suivant les variétés de mûriers, la nature du sol, la fumure, les modes de culture et de taille, l'exposition des arbres.

La composition de la feuille varie considérablement suivant sa situation sur les rameaux et suivant son âge.

(1) Seringe, *Notice sur la maclure orangée*, lue à Lyon en 1835, à la *Société royale d'agriculture, histoire naturelle et arts utiles de Lyon*.

Péligot a constaté les différences suivantes entre les feuilles cueillies au sommet ou à la base des rameaux.

	Cime.	Base.
Silice	12,8	40
Chaux	28,2	31
Phosphate de magnésie	16,4	4
Acide phosphorique	1,6	»
— carbonique, potasse, etc	41,0	24

Les feuilles jeunes contiennent jusqu'à 80 p. 100 d'eau, et cette quantité va en diminuant jusqu'à 65 p. 100 environ.

La quantité de matières sèches varie également.

Péligot a analysé, à différentes époques, les cendres de feuilles de mûrier rose. Il a trouvé les chiffres suivants :

	28 avril.	28 mai.	10 juin.
Silice	6,6	15,6	20,6
Chaux	20,2	36,9	38,8
Phosphate de magnésie	22,7	13,2	13,3
Acide phosphorique	30,9	1,6	1,2
— carbonique, potasse, etc.	20,2	32,7	26,1

Avec l'âge, la feuille devient donc plus siliceuse, plus calcaire et plus pauvre en acide phosphorique. Il faut autant que possible que l'âge de la feuille soit en rapport avec l'âge des vers auxquels on la destine.

Voici le résultat des expériences que Robinet a faites sur des éducations successives du 15 avril au 15 août, en ayant fait éclore les vers à quinze jours d'intervalle.

Race chinoise.

Éducations.	Date de l'éclosion.	Date de la montée.	Poids moyen des vers. gr.	Nombre de cocons au kil.	Poids de cocons obtenus. kil.
1	27 avril.	20 mars.	4,00	532	2 »
2	14 mai.	5 juin.	3,63	595	1,500
3	29 mai.	25 juin.	3,80	681	2 »
4	11 juin.	8 juill.	3,43	701	2 »
5	26 juin.	24 juill.	3,00	724	1,658
6	12 juill.	10 août.	3,10	680	1,532
7	22 août.	17 sept.	1,93	880	0,620

Les élevages d'automne donnent toujours un poids de cocons plus faible et des cocons de qualité inférieure. Cela s'explique, la seconde feuille étant toujours moins riche que la première en éléments nutritifs.

Pasqualini a fait des analyses comparatives de la première feuille en mai et de la seconde en septembre.

	1re feuille.	2e feuille.
Eau	17,600	18,250
Matières grasses	3,905	3,847
Substances solubles dans l'eau	19,800	17,857
Protéine	5,167	4,742
Cellulose	20,450	21,350
Cendres	3,540	2,930
Matières non dosées (par différence)	29,538	31,024
Total	100,000	100,000

Kellner a fait une analyse plus complète de la feuille aux époques correspondant aux différents âges du ver à soie.

Composition centésimale de la feuille.

	1e âge.	2e âge.	3e âge.	4e âge.	5e âge.
Eau	75,59	74,89	75,45	74,10	70,72
Matières fixes	24,41	25,11	24,55	27,90	29,28

Cent parties de matières fixes contiennent :

Protéine	32,89	29,83	29,09	27,84	25,00
Matières grasses	5,15	5,51	4,88	4,14	3,25
Cellulose	9,80	10,35	11,34	11,57	10,44
Matière extractive non azotée	44,46	46,89	46,73	47,51	52,47
Cendres sans carbone	7,70	7,42	8,00	8,91	8,84
Azote total	5,262	4,773	4,640	4,454	4,09
— protéique	3,902	3,757	3,826	3,611	3,353
— non protéique	1,369	1,016	0,814	0,843	0,637
Rapport de l'azote non protéique à l'azote total	25,85	21,29	17,54	18,03	15,92

D'après M. Quajat, 100 parties de cendres contiennent en moyenne :

Silice	5	à	15	p. 100.
Chaux	15	à	30	—
Magnésie	4	à	10	—
Chlore	0,5	à	2	—
Acide sulfurique	1	à	3	—
— phosphorique	12	à	20	—
Alcalis	15	à	25	—

L'exposition des mûriers a également une influence sur la composition des feuilles.

De Gasparin a trouvé que la feuille d'un mûrier exposé tout le jour au soleil donnait 45 p. 100 de résidus solides; celle d'un mûrier exposé au soleil seulement jusqu'à une heure du soir n'en donnait plus que 36 p. 100, et celle d'un mûrier tout le jour à l'ombre, à peine 27 p. 100.

Pour savoir quelle est la meilleure variété de mûriers, il faudrait faire l'analyse comparative de leurs feuilles en ayant soin de la prendre exactement du même âge. Les résultats des analyses faites le même jour ne sont pas comparables, étant donné que les feuilles de variétés précoces sont plus âgées que celles des variétés tardives. C'est pour ne pas avoir tenu compte de ce fait que les auteurs ne s'accordent pas sur le choix de la meilleure variété de mûriers. Dandolo estime qu'à poids égal les feuilles de sauvageons sont plus nutritives que les autres. Robinet met en première ligne le mûrier rose et relègue bien loin le sauvageon. Maillot conseille avec raison de commencer à nourrir les vers avec les feuilles de sauvageon et de continuer avec celles du mûrier rose.

En résumé, et puisque ce n'est pas au moment de se livrer à l'élevage des vers à soie qu'il y a lieu de se préoccuper de la plantation de telle ou telle variété de mûrier, on choisira de préférence la feuille dont l'âge correspond à celui des vers et provenant de mûriers exposés au soleil, bien cultivés et taillés depuis deux ans au moins, sauf bien entendu dans les régions où les circonstances exigent la taille annuelle. La meilleure est une feuille fine, mince et bien découpée. Malheureusement beaucoup de mûriers sont actuellement délaissés ; ils poussent dans un sol inculte ; il n'est pas possible, dans de pareilles conditions, d'arriver à un bon rendement.

Consommation de la feuille. — Dandolo estime que la quantité de feuilles nécessaire à l'élevage de 1 once de graines de 25 grammes est la suivante :

	1er âge.	2e âge.	3e âge.	4e âge.	5e âge.
	kil.	kil.	kil.	kil.	kil.
Feuille émondée.......	2,800	8,400	28,000	82,600	512,400
Épluchures...........	0,700	1,400	4,200	12,600	47,600
Totaux........	3,500	9,800	32,200	95,200	560,000

Total général. .... 700kg,700.

Le poids récolté était de 750 kilogrammes, soit 49kg,300 de déchets.

On a retrouvé dans les litières 275kg,100. Les vers ont donc ingéré 359kg,500 de feuilles, qui ont produit 72kg,800 d'excréments et 57kg,200 de cocons. La perte en vapeur d'eau ou autres a été de 229kg,500.

Maillot fait remarquer que Dandolo a opéré sur une grosse race de 472 cocons au kilogramme, soit 27000 vers à la montée. Pour 30000 vers donnant 63 kilogrammes de cocons, Maillot indique les chiffres suivants (1) :

(1) Maillot, p. 148.

Poids de feuilles nécessaires pour 30 000 vers.

	Feuille mondée. kil.	Épluchures. kil.	Poids total. kil.
1er âge...........	3,11	0,78	3,89
2e —	9,33	1,55	10,88
3e —	31,10	4,66	35,76
4e —	93,30	14,00	107,30
5e —	569,00	52,90	621,90
Totaux.....	705,84	73,89	779,73
Eau évaporée et déchets..................			54,40
Poids total de la feuille détachée de l'arbre.			834,13

Les chiffres ci-dessus sont ceux du poids de la feuille au moment de la cueillette. Pour estimer les poids en feuille adulte, on doit compter d'après Maillot 1 100 à 1 200 kilogrammes pour élever 1 once de 25 grammes.

Il est bien évident que ces chiffres n'ont rien d'absolu ; ils dépendent de la qualité de la feuille, de la race des vers à soie, de la durée de l'éducation, de la température et de la manière de distribuer la nourriture, qui fait que les vers en gaspillent plus ou moins.

On peut obtenir des cocons même en privant les vers de nourriture au milieu du cinquième âge. Il est inutile d'ajouter que les cocons seront alors faibles et le rendement peu élevé. C'est une économie mal comprise que de ne pas donner aux vers de la feuille tant qu'ils veulent en manger, sans toutefois la gaspiller. Un rendement élevé sera assuré en faisant consommer le plus de matière nutritive possible sous le minimum de volume, c'est-à-dire en donnant des feuilles riches et saines, peu à la fois, et des repas fréquents.

MATIÈRES UTILES DE LA FEUILLE. — Nous avons vu que l'eau des feuilles absorbées était exhalée par la surface de la peau du ver. Les matières minérales et organiques sont en partie assimilées, en partie rejetées sous forme de déjections. Péligot a recherché en 1851 comment étaient réparties ces matières et a trouvé les résultats suivants :

Des vers pesant 1gr,078 le 12 juin pesaient 144gr,690 le 11 juillet, soit une augmentation de 143gr,612 ou de 20gr,260 ramenés à l'état sec. Ces vers avaient absorbé 265 grammes de feuilles réduites à l'état sec ; le poids de la litière sèche était de 136 grammes et les déjections sèches pesaient 98 grammes. En retranchant les litières, on a donc :

Feuilles employées...	129,000 à 11,6 % de cendres	= 15,0 de cendres.
Vers secs ..	20,160 à 9 —	= 1,9 —
Déjections..	98,000 à 13,8 —	= 13,5 —

et les matières minérales sont réparties dans les cendres de la façon suivante :

	Feuilles.	Vers.	Déjections.
Silice...............	2,64	0,07	2,70
Acide carbonique...	2,89	0,20	2,43
— phosphorique.	1,55	0,55	1,03
— sulfurique ...	0,23	0,03	traces.
Chlore.............	0,18	0,02	0,16
Oxyde de fer.......	0,09	traces.	0,09
Chaux......	3,95	0,15	4,01
Magnésie..........	0,87	0,17	0,85
Potasse............	3,76	0,68	2,29
Totaux.........	16,16	1,87	13,56

On voit que la silice et la chaux sont éliminées. C'est pour cela que les feuilles âgées riches en matières calcaires et siliceuses ne conviennent pas aux jeunes vers, qui ont besoin d'aliments nourrissants pour se développer.

Péligot a recherché également la répartition des matières organiques en opérant sur les mêmes poids :

Feuilles (moins les litières)...............		128gr,0
Vers..............	20gr,16	118gr,16
Déjections......	98 gr.	
Différence.		9gr,84

due à l'exhalation d'acide carbonique par la respiration.

Composition centésimale.

	Feuilles.	Vers.	Déjections.
	gr.	gr.	gr.
Carbone	43,73	48,10	42,00
Hydrogène	5,91	7,00	5,75
Azote	3,32	9,60	2,31
Oxygène	35,44	26,30	36,14
Matières minérales	11,60	9,00	13,80

On déduit de cette composition centésimale la répartition suivante :

	Feuilles.	Vers.	Déjections.
	gr.	gr.	gr.
Carbone	50,41	9,69	41,16
Hydrogène	7,63	1,41	5,62
Azote	4,28	1,93	2,26
Oxygène	45,62	5,30	35,41
Matières minérales	20,93	1,81	13,52
Total	128,87	20,14	97,97

Il y a perte de carbone, d'hydrogène et d'oxygène à cause de l'acide carbonique et de la vapeur d'eau exhalées. Péligot fait remarquer que ces chiffres n'ont qu'une valeur relative et non absolue et constante.

Maillot (1) constate que l'azote des feuilles consommées se retrouve en totalité dans les vers et les déjections, mais que celles-ci sont plus pauvres en azote (2,31 dans les déjections, 3,32 dans les feuilles), tandis que les vers en contiennent beaucoup plus (9,60). Cette différence s'accentue si on fait le dosage sur des vers au moment de la montée, qui contiennent alors 12 à 14 p. 100 d'azote.

Les matières minérales, au contraire, sont accumulées dans les déjections (13,8 p. 100 contre 11,6 dans la feuille et les vers 9 p. 100). Ce dernier chiffre se réduit à 5 p. 100 si on opère sur des vers prêts à filer, dont la composition est la suivante :

Phosphate de magnésie et acide phosphorique	40,7
Chaux	14,1
Phosphate et carbonate de potasse	45,2

(1) MAILLOT, p. 84.

On a essayé de saupoudrer ou d'imbiber les feuilles de toutes sortes de poudres, liquides et ingrédients en vue d'augmenter leur valeur nutritive, de guérir ou prévenir les maladies ou d'augmenter la sécrétion soyeuse. En général, ces matières (soufre, sucre, chaux, superphosphate, vin, alcool, etc.), n'empêchent pas les vers de consommer la feuille, tant est grande leur voracité ; au point de vue des résultats visés, l'inefficacité est complète, et ces pratiques sont plutôt nuisibles. Le sulfate de cuivre à doses élevées ou fréquemment répétées amène la mort des vers.

Cueillette de la feuille. — Dans certaines régions, on a l'habitude de couper les rameaux pour les porter aux vers ; les mûriers sont alors taillés chaque année et les vers disposés d'une façon spéciale, dont nous parlerons plus loin. Dans les régions séricicoles de la France, l'usage le plus répandu est de placer les vers sur des claies et de leur distribuer la feuille nette. Tant que les vers sont jeunes et que la quantité à leur distribuer est minime, on cueille les feuilles une à une en les choisissant çà et là sur les rameaux ; plus tard, les vers demandent une quantité importante de nourriture ; on dépouille alors complètement les rameaux en glissant la main de la base au sommet. A l'inverse, la feuille serait froissée et entraînerait avec elle une partie de l'écorce. Il est d'usage de placer la feuille dans des sacs maintenus ouverts au moyen d'une baguette flexible recourbée en cercle ; elle ne doit pas être fortement tassée dans ces sacs. Chaque jour la feuille nécessaire aux repas de la journée et au premier repas du lendemain est cueillie en évitant de le faire le matin avec la rosée.

Soins a donner a la feuille. — Sitôt récoltée, la feuille est portée dans un local spécial, frais, mais non humide, parfaitement propre et à l'abri des poussières de la magnanerie. Nous avons déjà vu qu'elle sert de véhicule aux germes de maladies. La feuille est étendue sur le sol ou sur des claies en couches de faible épaisseur et remuée de temps en temps pour éviter tout échauffement et tout commencement de fermentation, qui occasionneraient la flacherie.

Il n'est pas rare qu'à la saison des élevages il règne un temps pluvieux, pendant lequel, pourtant, les vers ne peuvent jeuner. La feuille mouillée, mais saine et non échauffée, ne paraît pas être très préjudiciable aux vers qui absorbent simplement de ce fait une plus grande quantité d'eau. Mais comme, pratiquement, il est impossible d'empêcher l'échauffement et la fermentation des feuilles humides, soit dans le local où elles sont conservées, soit sur les claies mélangées aux litières, il faut absolument les faire sécher.

Pour cela, les feuilles aussitôt cueillies sont étendues sur le sol d'une pièce aérée et remuées fréquemment avec des fourches, retournées en tous sens de façon à faire écouler l'eau le plus possible. Elles sont ensuite placées sur des toiles grossières que l'on replie en partie. On secoue fortement la feuille ainsi enfermée dans la toile, ce qui lui fait abandonner le reste de l'eau conservée dans ses replis.

S'il s'agit de très petites éducations, on peut simplement couper quelques rameaux de mûrier, et, les apportant à l'intérieur, on les agite à plusieurs reprises pour bien sécher les feuilles avant de les détacher. On peut alors sans crainte les distribuer aux vers. Mais ce moyen ne peut être mis en pratique que lorsque la feuille n'est nécessaire qu'en faible quantité.

Il nous paraît utile d'insister particulièrement sur ce point et de redire ce que Dandolo écrivait à ce sujet (1) :

« Plusieurs auteurs disent que, dans le cas de pluies longues et constantes, on ne peut mieux faire que de

(1) Le comte Dandolo, *L'art d'élever les vers à soie*, traduit de l'italien par Philibert Fontaneilles, Paris, 1845, p. 163 et suivantes.

couper les petites branches de mûrier, de les transporter sur des chars et de les suspendre dans les maisons, afin de faire sécher la feuille le mieux possible. Ce sont de ces erreurs qu'un écrivain copie d'un autre, sans penser que c'est une absurdité. Dans un jour de grand appétit, les vers à soie provenant de 5 onces d'œufs, et en bon état, consomment 275 livres de feuilles.

« D'après ce qu'on propose, si on voulait obtenir une telle quantité de feuilles, il faudrait couper plus de 6 000 livres de branches, en supposant qu'on ne coupât que celles des mûriers destinés à être défeuillés cette année.

On pourrait procéder de cette manière dans les temps où, avec 1 once d'œufs, on n'obtenait que 15 ou 20 livres de cocons, parce que les vers naissaient en petite quantité ou périssaient dans leurs différents âges; mais cela ne peut se pratiquer de nos jours, puisque avec 1 once d'œufs on obtient 100 et même 120 livres de cocons.

« On peut couper les petits rameaux, lorsqu'il ne faut pas beaucoup de feuilles, comme il arrive jusqu'au quatrième âge accompli, ou lorsque l'on a à soigner que de petits ateliers. »

Et l'auteur donne ensuite le moyen qu'il emploie pour sécher la feuille, qui est celui indiqué sommairement plus haut :

« Pour sécher dans un jour plusieurs centaines de livres de feuilles mouillées, j'agis de la manière suivante :

« Lorsque la feuille a été portée à la maison, je la fais étendre sur des pavés de briques; si on n'a pas de ces pavés, on peut la mettre sur le sol, qu'on doit rendre aussi propre que possible.

« Alors, selon la quantité, une ou deux personnes l'étendent avec des fourches de bois, la jettent en l'air et la remuent beaucoup; ces mouvements répétés font tomber promptement par terre la plus grande partie de l'eau.

« Quoique la feuille semble presque entièrement sèche, après cette opération, elle contient cependant encore de l'eau dans ses plis. On prend alors un grand drap commun, et on met dessus 15 ou 20 livres de feuille; on le plie en deux dans sa longueur, ce qui doit le faire ressembler à un grand sac : deux personnes doivent tenir les deux extrémités et l'agiter, faisant porter la feuille d'une extrémité du drap à l'autre, jusqu'à ce qu'on s'aperçoive qu'elle est presque sèche, ce qui a lieu en peu de minutes. Si on pèse le drap avant et après l'opération, on trouvera qu'il a augmenté sensiblement en poids par l'eau de la feuille qu'il a retenue.

« Si on veut faire sécher encore plus la feuille, qu'on fasse brûler une bonne quantité de copeaux ou d'autres bois menus, et qu'on place la feuille tout autour, ayant soin de la tourner et retourner dans tous les sens avec des fourches; elle devient aussi sèche, par ce moyen, que si on l'avait cueillie dans une très belle journée et en plein midi.

« J'ai donné aux vers de la feuille séchée par ces divers moyens, et j'en ai toujours été satisfait. Si elle n'était mouillée que par la rosée, la seule opération du drap l'essuie.

« Je dois à ce sujet faire observer :

« 1° Qu'il vaut mieux faire jeûner les vers pendant quelques heures que de leur donner de la feuille mouillée, qui augmenterait l'humidité de leur corps et nuirait à leur santé;

« 2° Que l'air intérieur se trouve plus humide et méphitique, ce qui exige plus de soins et d'attention. »

Feuilles coupées. — Beaucoup d'éducateurs, d'après les conseils de certains auteurs, ont l'habitude de couper la feuille en menus morceaux, avant de la distribuer aux vers. Des machines spéciales ont même été construites pour cette opération.

Nous ne voyons pas l'utilité d'une telle pratique; elle

vient, croyons-nous, de ce que beaucoup de magnaniers s'imaginent que les goûts et besoins des vers à soie sont semblables à ceux de nos animaux domestiques. Le ver attaque aussi facilement avec ses mandibules la feuille entière que la feuille découpée. Par contre, les instruments dont on se sert, machines, couteaux, etc., altèrent toujours un peu le suc des feuilles ; celles-ci se trouvent comprimées par l'opération ; la litière est plus compacte et par suite plus fermentescible. C'est enfin une perte inutile de temps et de main-d'œuvre.

Lorsque, à l'éclosion, les feuilles sont déjà grosses, circonstance défavorable qui ne devrait pas se produire, on peut les découper délicatement pour éviter que les jeunes vers se perdent dans les replis que les larges feuilles forment en séchant.

Jusqu'à la quatrième mue, il est bon de distribuer aux vers la feuille nette, c'est-à-dire débarrassée des mûres et brindilles ramassées avec elle ; sans cette précaution, les litières seraient trop considérables.

Par des temps humides et chauds, il arrive que la feuille est atteinte sur l'arbre par une sorte de rouille. Elle n'est pas, malgré cette avarie, nuisible aux vers, qui n'en consomment que les parties saines. Les déchets sont plus considérables, ce qui nécessite des délitages fréquents.

II. — LOCAL ET MATÉRIEL.

Choix du local. — Le ver à soie a besoin d'oxygène pour respirer, et il exhale une quantité considérable de vapeur d'eau, ce qui nécessite dans la magnanerie un constant renouvellement d'air aussi sec que possible. Cette condition essentielle doit guider dans le choix du local, puisque, sous notre climat, on ne peut songer à élever les vers à soie en plein air.

Dandolo a été le premier à préconiser l'aération et à donner le plan de magnaneries perfectionnées, où le renouvellement d'air est assuré par de nombreuses cheminées. Ces cheminées ne sont pas destinées au chauffage, mais par des flambées fréquentes on effectue un renouvellement d'air considérable. Même sans feu, par suite de la différence qui existe généralement entre la température intérieure et celle de l'extérieur, une cheminée peut évacuer, par heure, plusieurs centaines de mètres cubes d'air.

Magnanerie Dandolo. — Nous donnons ci-après la description de cette magnanerie telle qu'elle est donnée par l'auteur lui-même, en la faisant précéder des réflexions et observations que lui ont suggérées les méthodes défectueuses d'élevage des vers à soie pratiquée par les magnaniers de son temps. Bien que déjà anciens, ces conseils seront suivis avec fruit par les éducateurs de nos jours.

« On a de la peine à concevoir combien, pendant plusieurs siècles, l'exercice de l'art d'élever les vers à soie, si utile et si précieux, est resté entre les mains de gens généralement ignorants.

« Tandis qu'il est de fait que l'abondance et la certitude du produit annuel des cocons reposent uniquement sur la bonne éducation des vers à soie pendant tout le cours de leur vie, et que tout le monde sait que ces insectes ne sont pas des animaux qui appartiennent à nos climats, et qu'ils ne vivent parmi nous que par les soins que nous avons pris pour les rendre domestiques, on ne croirait pas qu'il manque encore de règles sûres pour leur donner une habitation propre à leurs besoins, et qui leur soit utilement adaptée dans leurs différents âges.

« L'expérience prouve que les hommes et les animaux tombent malades et meurent même, dans des habitations trop étroites, où ils ne peuvent pas respirer et transpirer librement, et même dans les grandes habitations, si l'air ne peut s'y renouveler facilement.

« On dirait que, pour les vers à soie, les lois de l'art de conserver la santé doivent être violées ou négligées.

« On ne pensait pas, sans doute, que 5 onces d'œufs produisent près de deux cent mille vers, qui tous doivent respirer librement et constamment un air pur et secréter les substances nécessaires à leur vie.

« Un local sagement construit, selon les principes de l'art, où l'air puisse se renouveler en tout temps et dans tous les cas, et conserver sa siccité, doit seul contribuer puissamment à la santé et à la prospérité constante de l'animal, et par suite à la production d'une grande quantité de cocons de très belle qualité.

« Lorsqu'on a bien préparé l'habitation des vers à soie, on a déjà obtenu le plus grand des avantages, et alors tout marche pour ainsi dire de soi-même.

« Comme nous devons supposer que beaucoup de propriétaires feront construire des ateliers pour s'assurer un bon revenu en cocons, je vais donner ici une idée de leur construction, et j'indiquerai en même temps les petites réformes indispensables qu'on doit faire aux ateliers des fermiers. Les réformes que je propose n'ont pour but que l'avantage des propriétaires et des fermiers.

« En parlant des deux espèces d'atelier, je dois traiter aussi de l'un de leurs accessoires principaux, qui est le lieu destiné à conserver la feuille fraîche et saine, même pendant trois jours. De cette manière, il est presque certain qu'on évite les pertes auxquelles on serait exposé en employant la feuille mouillée, ou flétrie, ou fermentée (1). »

L'auteur s'efforce ensuite de démontrer que la dépense occasionnée par l'établissement d'une magnanerie salubre est largement rétribuée par le meilleur rendement de la

(1) DANDOLO, p. 285 et suiv.

récolte. Il fait d'ailleurs remarquer que beaucoup de locaux peuvent, avec une faible dépense, être aménagés en magnaneries, et il ajoute qu'en tous cas des constructions nouvelles donnent une plus-value à la propriété et peuvent servir à d'autres usages domestiques en dehors du moment de l'élevage des vers à soie, qui est de courte durée.

« Voici, dit-il, comment est construit mon atelier, qui pourrait servir pour 20 onces d'œufs, c'est-à-dire qui pourrait donner 24 quintaux, à peu près, de cocons.

« Il a environ 30 pieds de largeur, 77 de longueur et à peu près 12 de hauteur et, en considérant la hauteur jusqu'au faite, 21 pieds.

« On peut placer dans la largeur six rangs de tables ou claies, d'à peu près 2 pieds 6 pouces de largeur chacune. Comme ces claies doivent être placées de deux en deux, il paraît n'y avoir que trois rangs ; il y a donc entre elles quatre passages, deux du coté des deux murs et deux entre les claies. Les passages ont à peu près 3 pieds de largeur ; ils servent pour agir sur les claies et pour placer les échelles et les planches.

« Entre un rang de claie et l'autre, il y a des pieux de 4 pouces de diamètre, sur lesquels sont fixés des barres de bois transversales qui soutiennent les claies ; il y a, entre les deux claies, un vide d'à peu près 5 pouces et demi (1) pour la circulation de l'air.

Il y a dans ce local treize fenêtres avec des jalousies et des châssis de papier en dedans ; sous chaque fenêtre, près du pavé, des soupiraux ou trous carrés d'à peu près 13 pouces, bouchés par une planche mobile qui s'y enchâsse bien, afin de pouvoir, à volonté, faire circuler l'air.

« Lorsque l'air de la fenêtre n'est pas nécessaire, on

(1) Il s'agit de l'intervalle entre les deux rangs de claie et non de la distance d'une claie à l'autre en hauteur, qui doit être au minimum de 50 centimètres.

tient les châssis de papier fermés. On ouvre les jalousies, ou on les laisse fermées, selon les circonstances. Lorsque le mouvement de l'air est lent, et que les températures intérieure et extérieure sont presque égales, on peut ouvrir tous les châssis, tenant toutes les jalousies fermées, ou au moins une bonne partie.

« J'ai fait établir huit soupiraux en deux lignes au plancher et au plafond de la chambre ; ils correspondent perpendiculairement au milieu des passages pratiqués entre les claies. Ces soupiraux se ferment avec un vitrage mobile pour avoir de la lumière, et, en cas de besoin, on les bouche avec des châssis recouverts en toile blanche, qu'on doit aussi pouvoir ouvrir ou fermer selon les circonstances.

« J'ai fait faire aussi six soupiraux au pavé, pour communiquer avec les chambres de dessous.

« Des treize fenêtres, trois sont placées à une extrémité de l'atelier, et, à l'extrémité opposée, il y a trois portes construites de manière à donner aussi de l'air à volonté.

« Par ces portes, on va à une autre salle d'à peu près 36 pieds de longueur et 30 pieds de largeur, qui fait la continuation du grand atelier, et qui contient aussi des claies assez élevées au-dessus du pavé pour qu'on puisse librement faire le service de l'atelier. Il y a dans cette salle six fenêtres avec un soupirail à chacune au niveau du pavé, ainsi que quatre soupiraux au plancher ou plafond.

« Il y a six cheminées dans la grande salle : une à chaque angle et une au milieu des deux grands côtés.

« J'ai fait placer un grand poêle rond d'environ 3 pieds 8 pouces de diamètre, sur 9 pieds 2 pouces de hauteur, au milieu de l'atelier ; il partage a peu près en deux le grand rang du milieu des claies.

« Je me sers, pour éclairer la nuit, de petit quinquets qui ne donnent pas de fumée. Le pavé de l'atelier est le seul qui soit fait de ciment ; celui de la salle ou vestibule est en briques, afin qu'au besoin il puisse servir pour sécher la feuille.

« Entre le grand atelier et le vestibule, il y a une petite chambre située au milieu, ayant deux grandes portes, une pour communiquer avec l'atelier et l'autre avec le vestibule. Au milieu du pavé de cette petite chambre est une grande ouverture qui communique avec le dessous de l'atelier ; cette ouverture se ferme avec deux battants en planches qu'on peut ouvrir et fermer à volonté ; elle sert pour jeter la litière et les ordures de l'atelier ; elle est aussi utile pour monter facilement la feuille par le moyen d'une poulie.

« Ce grand trou tient aussi en mouvement une grande colonne d'air, lorsque les trois châssis de l'extrémité de l'atelier sont ouverts.

« J'ai fait placer une sonnette au haut du mur et à l'extérieur, afin de faire exécuter les ordres promptement.

« Voilà la construction de mon grand atelier dans lequel je ne mets les vers à soie qu'après la quatrième mue.

« Il est impossible que l'air y reste stagnant, ni qu'il puisse jamais se charger de trop d'humidité.

« Comme ce bâtiment est isolé de trois côtés, il arrive difficilement que, d'après les différentes expositions des soupiraux, l'air extérieur ne tarde pas à s'y équilibrer et à y maintenir une douce température.

« S'il arrivait que l'air fût trop stagnant et que la température fût partout en équilibre, on provoquerait de suite le mouvement des grandes colonnes d'air en faisant de la flamme dans les six cheminées.

« Lorsqu'on n'a pas besoin d'allumer du feu dans les cheminées et qu'elles ne sont pas nécessaires comme soupiraux, on les bouche avec des planches faites exprès.

« En fermant avec de petites planches les soupiraux qui sont au niveau du plancher, lorsqu'il y a un grand courant d'air, on peut le régler comme on veut. On en fait autant pour les soupiraux supérieurs, avec cet avantage qu'ayant un vitrage et un châssis on peut ouvrir et fermer l'un et l'autre selon le besoin.

« On emploie le poêle que lorsqu'il faut échauffer l'air de l'atelier.

« Dans ce cas, pendant que le poêle chauffe l'atelier, une colonne d'air extérieur entre continuellement dans une portion du corps du poêle qui est comme détachée du lieu où on fait du feu et d'où sort la fumée. Cet air s'échauffe, sort par plusieurs trous dans l'atelier et en augmente par conséquent l'air et la chaleur.

« J'ai fait placer dans divers points de la salle 4 hygromètres, 6 thermomètres et 2 thermométrographes, pour indiquer ce qu'il convient de faire dans le cas d'accumulation d'humidité et d'augmentation ou de diminution de température dans l'atelier (1). »

Nous avons reproduit cette description détaillée de la magnanerie Dandolo, parce que cet agencement a le grand avantage de pouvoir s'adapter à un grand nombre de locaux déjà existants. Il n'est pas d'ailleurs nécessaire de suivre à la lettre toutes les indications. Il suffit, comme nous le verrons, d'aménager le local destiné à élever les vers à soie de façon à ce qu'on puisse y maintenir une température constante, une aération suffisante pour fournir aux vers l'oxygène qui leur est nécessaire et pour entraîner au dehors l'énorme quantité de vapeur d'eau produite par l'évaporation des feuilles, des litières et du corps des vers. Ce sont du reste ces indications que l'auteur donne en exposant la façon d'aménager les ateliers de fermiers.

En Lombardie notamment, presque toutes les magnaneries sont construites d'après ces principes, et elles portent le nom de *Dandolières*, en souvenir de leur inventeur.

Nous avons déjà dit que cet éminent séricicolteur est

(1) DANDOLO, p. 257 et suiv.

le premier qui ait attiré l'attention sur la nécessité d'élever les vers à soie dans un local sain et aéré. Le tableau qu'il fait de la plupart des magnaneries à son époque n'a rien d'exagéré ; et même malheureusement aujourd'hui on en rencontre encore de semblables dans certaines régions reculées de la France et à l'Étranger.

« J'ai trouvé le plus souvent, en entrant dans les chambres où on élevait ces insectes, qu'elles étaient humides, constamment éclairées par la flamme d'une huile puante ; que l'air était stagnant et vicié, au point de gêner la respiration ; qu'on sentait des odeurs désagréables masquées par celle de quelque aromate ; que les claies étaient trop rapprochées, couvertes de litière en fermentation, sur laquelle les vers languissaient. L'air ne s'y renouvelait que par les ouvertures que le temps avait faites aux portes et aux fenêtres (1). »

Dandolo donne ensuite les dimensions et dispositions pour une magnanerie destinée à élever 5 onces de graines de vers à soie. La longueur est de 13^{m},20, la largeur de 6 mètres, la hauteur de 4^{m},20, quatre fenêtres, deux portes, six à huit soupiraux, cinq cheminées et deux fourneaux.

De même pour une magnanerie destinée à un élevage de 3 onces et moins, les dimensions sont réduites proportionnellement, deux à quatre fenêtres, quatre à huit soupiraux, deux cheminées et un fourneau.

Il conseille ensuite, comme nous l'avons dit nous-même, d'avoir un local suffisamment frais pour y conserver la feuille à l'abri des poussières et des rayons du soleil.

MAGNANERIE DARCET (fig. 28). — La magnanerie Darcet est d'une construction plus compliquée, qui permet d'amener dans la magnanerie de l'air chaud par des trous percés dans le plancher et d'évacuer l'air de la salle par des

(1) DANDOLO, p. 307.

ouvertures munies de gaines situées au plafond. La prise d'air a lieu dans une salle en dessous de la magnanerie et dans laquelle se trouve un calorifère. La température de cet air est réglée par le mélange d'une quantité plus

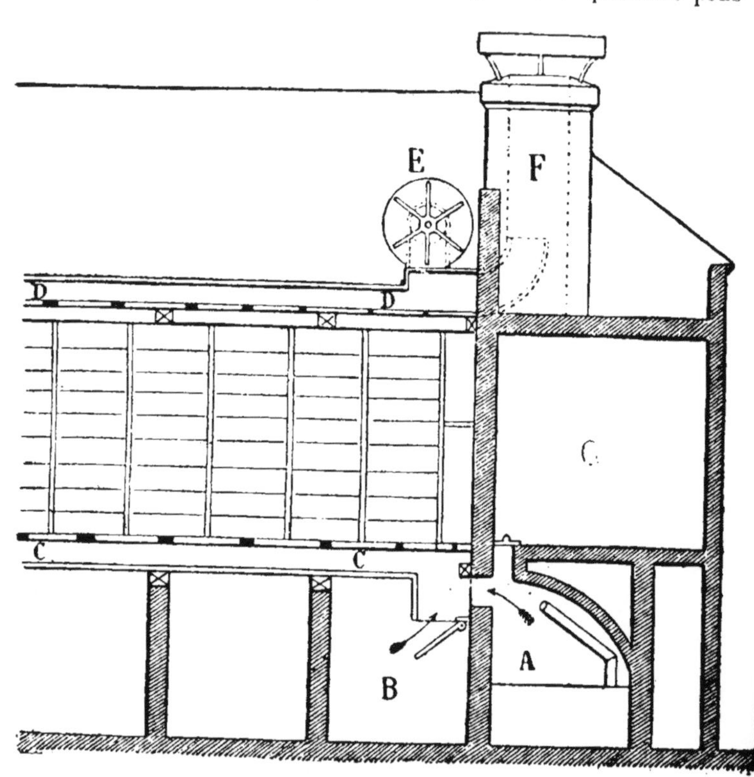

Fig. 28. — Magnanerie Darcet. — A, calorifère; B, entrée de l'air frais; CD, gaines pour l'entrée et la sortie de l'air; E, Tarare; F, cheminée; G, salle d'incubation.

ou moins grande d'air extérieur. Les gaines du plafond viennent aboutir à une puissante cheminée d'appel, qui sert de tirage au foyer du calorifère. Un tarare puise l'air des gaines et l'expulse dans la cheminée si le tirage naturel est insuffisant.

Magnanerie Robinet. — Robinet a modifié avantageusement le système Darcet en plaçant le tarare dans la chambre à air. Il agit alors par propulsion, et l'air pénètre forcément dans la magnanerie. Les gaines supérieures et la cheminée d'appel sont supprimées ; il suffit que le plafond soit percé de quelques ouvertures convenablement disposées.

Magnanerie Aribert. — Enfin Aribert a imaginé, en 1852, de faire arriver l'air par en haut et de le faire sortir par le plancher.

Toutes ces magnaneries ont l'inconvénient d'être d'une construction coûteuse. Pour que le fonctionnenent se fasse bien, il faut que toutes les parties en soient bien établies, que l'ouverture des gaines ait des dimensions exactement calculées, et que les autres ouvertures de la magnanerie, portes et fenêtres, ferment hermétiquement pour ne pas entraver la circulation de l'air du système.

Magnanerie des Cévennes. — Le type de magnanerie établi généralement dans les Cévennes est beaucoup plus simple (fig. 29). La salle est sur rez-de-chaussée très frais et communique avec lui au moyen de trappes pratiquées dans le plancher. Aux quatre angles de la salle sont établis autant de fourneaux rustiques qui assurent le chauffage. La construction est élevée et étroite, la toiture simplement formée de tuiles dont les interstices permettent la circulation de l'air. L'air chaud, montant à la partie supérieure, l'ouverture des trappes provoque l'ascension d'une colonne d'air frais promptement renouvelé, si la toiture est échauffée par le soleil.

Dispositions requises pour un local affecté temporairement a la magnanerie. — Dans l'état actuel de la sériciculture, on ne saurait se lancer dans des installations coûteuses. Les grandes chambrées se font du reste de plus en plus rares en France pour faire place aux petites éducations qui peuvent encore se multiplier et seules donner quelque profit. Pasteur préconisait déjà les petites chambrées, et Maillot insiste à son tour sur ce point.

Pour élever 1 ou 2 onces de vers à soie ou toute autre

Fig. 29. — Magnanerie des Cévennes.

quantité minime, il n'est point nécessaire d'avoir un local consacré uniquement à cet usage. Une salle de la ferme, de l'habitation ordinairement spacieuse au village ou à la campagne, pourra être parfaitement aménagée en petite magnanerie.

Rappelons les conditions essentielles que ce local devra réunir.

Comme dimensions, pour 1 once de graines de 25 grammes, la salle doit avoir une capacité de 90 à 100 mètres cubes, soit, par exemple : 6 mètres de longueur, 5 de largeur et $3^{m},30$ de hauteur.

On calculera d'après ces données les dimensions nécessaires en proportionnant toutes choses à la quantité de vers élevés.

Tout local devra être pourvu d'une cheminée tirant bien, d'une porte et d'un nombre de fenêtres permettant une bonne aération.

Tant que les vers sont jeunes, ils occupent un espace restreint; il est facile de leur assurer une aération convenable. Lorsque, pendant les premiers âges, le chauffage par les cheminées est insuffisant ou trop onéreux, on peut recourir à un poêle en ayant soin d'aérer davantage. Dès que les vers ont franchi la troisième mue, ils occupent plus d'espace. Pour activer l'aération, le poêle sera supprimé, et on usera de la cheminée comme moyen de chauffage, si la température l'exige, ou uniquement pour y faire de fréquentes flambées. La porte et une fenêtre seront constamment ouvertes et munies de toiles canevas formant rideau ou simplement d'une claie en roseaux pour tamiser l'air et empêcher l'entrée dans la magnanerie de rats ou oiseaux qui mangeraient les vers. Il faut éviter que les rayons du soleil frappent directement sur les claies.

Matériel.

Lorsqu'on dispose du local, il y a lieu de se procurer le matériel qui doit supporter les vers, pour qu'ils aient assez d'espace pour manger, se mouvoir et accomplir leur croissance. On emploie généralement à cet effet des claies (*canis* ou *canisses*) formées de roseaux refendus et assemblés. Des poteaux fixés au plafond et au plancher, reliés à intervalles égaux par des traverses, supportent ces claies disposées en étagères. La distance à observer entre elles dans le sens vertical doit être de 50 à 60 centimètres. Comme largeur, si elles sont placées contre le mur, elles ne doivent pas avoir plus de 0m,70 à 0m,80, de façon à ce que la main de l'éducateur puisse en atteindre facilement toutes les parties.

Dans notre salle de 6 mètres de longueur sur 5 de large et 3m,30 de hauteur, on peut disposer trois séries d'échaffaudage dans le sens de la longueur. Contre le mur de gauche, cinq rangs de canisses larges de 0m,75 : le rang le plus bas à 0m,70 du sol, de façon à pouvoir manœuvrer sans trop se baisser, le plus haut à 0m,60 du plafond. Nous laissons un passage de 1 mètre de largeur, et nous disposons au milieu de la pièce un échaffaudage de 4 mètres de longeur et de 1m,50 de largeur, comprenant cinq rangs de canisses doubles. Nous laissons encore un intervalle de 1 mètre et, contre le mur de droite, est établi un échaffaudage semblable à celui de gauche. Cet agencement facilite le passage des ouvrières autour des claies et laisse aux vers le plus de surface possible, tout en leur assurant de bonnes conditions hygiéniques.

En supposant que l'emplacement de la cheminée, de la porte et des fenêtres absorbe 4 mètres de façade, la surface des claies se décomposera comme suit :

Pour l'échaffaudage du milieu, cinq fois 4 mètres de longueur sur 1m,50 de largeur = 30 mètres carrés.

Pour les échaffaudages contre les murs, cinq fois 8 mètres de longueur sur 0m,75 de largeur = 30 mètres carrés.

Soit ensemble 60 mètres carrés, surface permettant d'élever 1 once de 25 grammes. Le sol reste libre, et, au moment de la montée, il pourra être utilisé en y plaçant des claies qui recevront les vers retardataires.

Sur toutes les claies, on étend, avant d'y porter les vers,

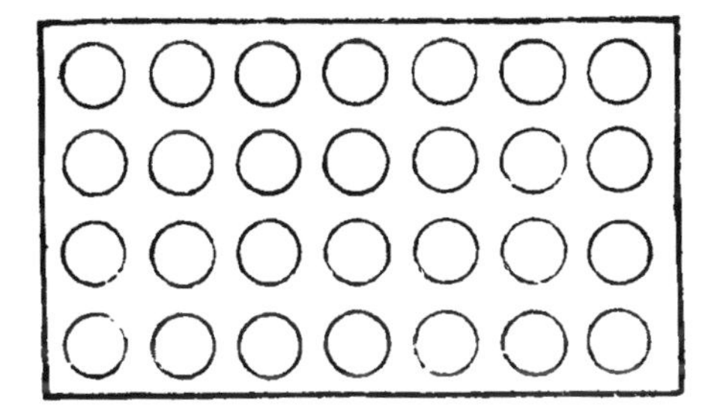

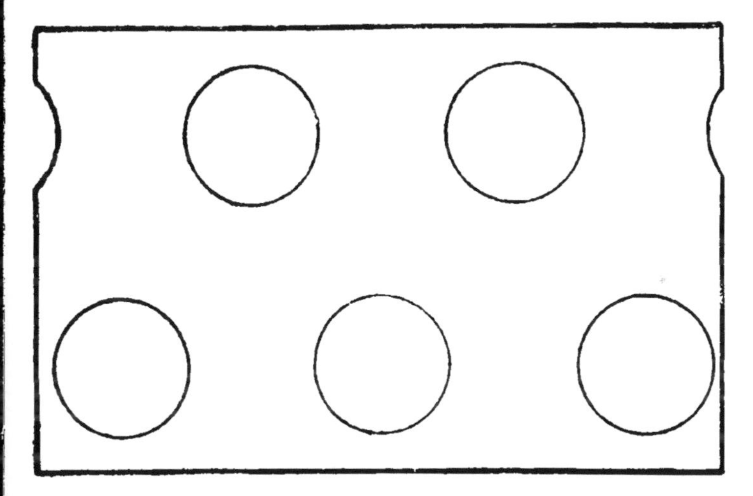

Fig. 30. — Papier à déliter vraie grandeur pour le premier et le dernier âge.

des feuilles de papier propre, qui seront renouvelées à chaque délitage.

Pour déliter et espacer les vers, il est commode de faire usage de filets ou de papiers spéciaux percés régulièrement de trous ronds, dont le diamètre varie avec la taille des vers (fig. 30).

Enfin on a à préparer, pour qu'il soit sec au moment de la montée, le bois nécessaire à la construction des cabanes (bruyère, genêts, menues branches quelconques).

Autres dispositions. — L'élevage sur claies est généralement adopté en France ; mais d'autres dispositions permettent aussi d'élever les vers dans un espace restreint.

En Syrie, les claies sont remplacées par des plateaux d'argile, ordinairement ronds, disposés en colonnes. A partir du troisième âge, on apporte les rameaux de mûriers garnis de leurs feuilles sur ces plateaux. Dès que la feuille est consommée, on apporte de nouveaux rameaux, et, lorsque le ver est arrivé à maturité, cet amas de branchages secs lui offre un lieu propice à la confection du cocon. Il y a dans ce système une économie de main-d'œuvre pour la cueillette de la feuille, les délitages et l'encabanage. Mais la perte des vers est considérable ; pendant toute la durée de l'éducation, beaucoup ne montent pas sur les rameaux supérieurs. Ce procédé permet également d'élever un très grand nombre de vers dans un espace restreint ; mais l'aération est insuffisante.

Tous ces défauts expliquent les faibles rendements obtenus dans ces régions.

En Perse, des hangars sommaires appelés *tilimbar* sont construits au milieu des champs de mûriers. La toiture est en feuilles sèches, ou en paille, et le plancher est formé par un treillage grossier de branchages sur lequel on porte des rameaux de mûriers garnis de vers après la deuxième mue. Au-dessus de ce treillage, des traverses assez solides pour supporter le poids d'un homme permettent de circuler et distribuer aux vers des rameaux fraîchement cueillis. Les vers font leurs cocons dans cet amas de branchages et dans la toiture. Les inconvénients sont comme dans le cas précédent : perte de vers et manque d'aération.

Système Cavallo. — Le système Cavallo (fig. 31) a pour but d'obvier aux inconvénients précédents. Il est formé, par des montants disposés verticalement de façon à limiter un espace rectangulaire. Ces montants portent, de 12 en 12 centimètres, des clous plantés obliquement. Des cannes ou des lattes de bois sont appuyées sur ces clous d'un poteau à l'autre, parallèlement au sol, et forment ainsi un support horizontal destiné à recevoir les rameaux garnis de vers. Ces supports doivent être

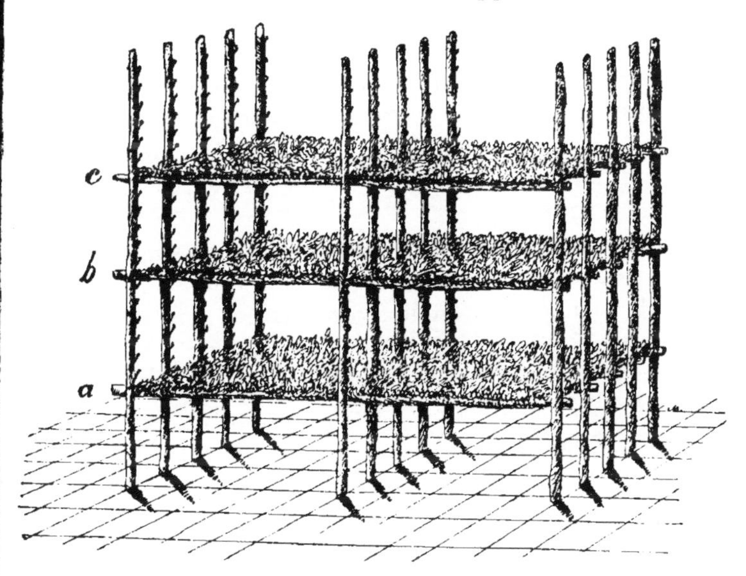

Fig. 31. — Système Cavallo (Verson et Quajat).

distants de 48 centimètres au moins, ce qui laisse entre chacun trois clous inoccupés. On continue de distribuer des rameaux frais jusqu'à ce que l'amas de ces branches atteigne l'épaisseur de 12 centimètres, c'est-à-dire soit arrivé au niveau des clous immédiatement au-dessus. Sur ceux-ci on pose des lattes qui forment un nouveau support. Des rameaux fraîchement cueillis y sont déposés; les vers, attirés par la nouvelle feuille, abandonnent l'étage inférieur, que l'on peut démontrer afin d'enlever les branchages. On répète cette manœuvre toutes les fois qu'elle devient nécessaire et jusqu'à la fin de l'éducation.

Autres systèmes. — Plusieurs autres systèmes permettent d'élever les vers aux rameaux, tels celui de Pasqualis, dit à *chevalets* à cause de sa forme, celui de Bonoris et d'autres. Tous ont l'inconvénient d'exiger la taille annuelle des mûriers, qui affaiblit l'arbre et abrège la durée de sa vie. De plus, dans nos régions, cette feuille n'est pas saine pour les vers. Pasteur dit, en effet : « La « feuille de mûrier taillé peut faire périr les vers au pied « de la bruyère. » Les rameaux sont encombrants pour le transport. La feuille s'y flétrit plus vite que détachée ; on ne peut en faire de provision et, en cas de pluie, se trouver à court.

Une disposition spéciale employée, paraît-il, dans les Pyrénées, consiste à se servir de claies dont le fond est en toile métallique à mailles assez larges pour permettre le passage des vers. Quand la litière devient abondante, on place au-dessus de la claie occupée par les vers une nouvelle claie semblable, garnie de feuilles fraîches sur lesquelles montent les vers en passant par les mailles de la toile métallique. On enlève alors la claie inférieure, qui ne contient plus que les litières et quelques vers faibles.

Cette manière d'opérer est en quelque sorte l'imitation du système Cavalo avec l'élevage sur claies et feuilles détachées. Il supprime les manipulations du délitage.

Éclairage de la magnanerie. — La lumière paraît être indifférente aux vers. Il est bon de les abriter contre les rayons directs du soleil. Des expériences récentes ont été tentées pour augmenter la sécrétion des glandes soyeuses en plaçant les vers sous des verres de couleurs différentes; mais, à notre connaissance, rien n'a été sérieusement établi.

A plus forte raison, nous devons reléguer dans le domaine de la fantaisie les conclusions de certains auteurs qui prétendent que les couleurs de la lumière ont des influences diverses sur la détermination des sexes.

Désinfection des locaux et du matériel.

Nous avons vu qu'il était impossible de guérir les maladies des vers à soie; il faut donc les prévenir en empêchant les germes qui les produisent d'atteindre les vers. Il n'est pas rare, même dans une éducation très bien réussie, que quelques sujets aient péri de pébrine, de flacherie ou de muscardine. Ils sont restés inaperçus, vu leur nombre restreint, mais contenaient des corpuscules, des ferments, des vibrions ou des spores de botrytis, qui, mélangés aux poussières, recouvrent les murs, le sol, les claies, les montants, etc.

L'année suivante, le même matériel étant employé, ces germes, sauf peut-être les corpuscules, vont contaminer les jeunes vers. Il faut donc, avant de commencer l'éducation, détruire ces germes, c'est-à-dire désinfecter la magnanerie et le matériel.

Pour cela, il faut laver soigneusement le plafond, les murs, le sol et les moindres recoins de la magnanerie avec une solution de sulfate de cuivre, ou de chlore ou de toute autre substance désinfectante. Le sublimé corrosif, à la dose de 1 p. 100, a une action très efficace; mais cette matière est assez dangereuse; il n'est pas facile de s'en procurer à la campagne. Il est bon aussi de blanchir au lait de chaux additionné de sulfate de cuivre le plafond et les murs.

En même temps tout le matériel, claies, montants, traverses, etc., est placé pendant vingt-quatre heures dans un bain de sulfate de cuivre. Si on ne dispose pas d'un réservoir assez grand pour cela, il suffit de tout sulfater fortement à l'aide d'un pinceau ou d'un pulvérisateur employé pour les vignes.

Les ferments et vibrions de la flacherie sont ainsi détruits, mais les spores du botrytis peuvent avoir résisté. Pour les détruire, on aura recours aux vapeurs d'acide sulfureux.

Tout le matériel étant introduit et installé dans la magnanerie, les fenêtres hermétiquement fermées, avec des bandes de papier collées sur tous les joints, la cheminée soigneusement bouchée, on place dans un récipient quelconque autant de fois 30 grammes de soufre que le local contient de mètres cubes.

Après avoir allumé le soufre, il faut sortir rapidement pour ne pas être incommodé par les vapeurs d'acide sulfureux et refermer la porte en employant la même précaution que pour les fenêtres, si elle ne ferme pas hermétiquement.

Vingt-quatre heures, ou mieux quarante-huit heures après, la porte et les fenêtres seront ouvertes, la cheminée débouchée, et il conviendra de faire une flambée et d'aérer pour faire disparaître les vapeurs sulfureuses.

Si toutes ces opérations très simples ont été faites avec soin, la contagion ne sera plus à redouter; du moins elle ne proviendra pas du local, ni du matériel.

Ces précautions, pourtant si faciles à prendre, ne sont pas toujours observées par les magnaniers, qui voient leurs éducations décimées par des cas de flacherie ou de muscardine provenant des germes de l'année précédente.

Comme exemple, nous pouvons citer le cas, rencontré cette année même, d'une éducation de 45 grammes faite dans le Gard et qui paraissait superbement réussie. Les vers, tous vigoureux et réguliers, étaient sur la bruyère. Cependant, sur six claies, les vers furent subitement atteints de la muscardine, et le reste de l'éducation donna des cocons muscardinés dans la proportion de 20 p. 100. L'éducateur avait bien désinfecté son local et son matériel, mais avait emprunté au dernier moment, chez un voisin, six claies non désinfectées. Voilà donc, au moment de la récolte, après beaucoup de travail et toutes les dépenses faites, une perte de plus de 100 francs, pour avoir négligé une opération qui n'aurait pas coûté plus de 2 francs, main-d'œuvre comprise!

III. — LA GRAINE.

Achat de la graine. — La graine est le point de départ de l'éducation. Avec une mauvaise graine, tous les soins sont inutiles. Impossible d'arriver à un bon résultat.

Nous exposerons, dans la cinquième partie de cet ouvrage, les méthodes à suivre pour obtenir une bonne graine. Nous verrons que, dans la généralité des cas, l'éducateur n'a pas intérêt à produire sa semence; il ne peut faire les choix, sélections et croisements que fait le graineur qui a à sa disposition un grand nombre d'éducations suivies attentivement et plusieurs races dont il connaît les qualités et les défauts. Le magnanier doit donc se procurer la graine qui lui est nécessaire et s'adresser pour cela à un graineur sérieux et consciencieux. Aucun commerce ne donne lieu à la fraude et aux tromperies comme celui des graines de vers à soie. Il n'est pas rare de voir des individus peu scrupuleux, s'affublant du titre de graineur, acheter des cocons quelconques, même de rebut, et en fabriquer des graines. Le moment venu, ils mettent ces graines dans de belles boîtes bien étiquetées et les vendent à bas prix aux éducateurs assez sots pour les leur acheter. Le plus souvent, il y a échec, et l'exploiteur ira l'année suivante faire son trafic dans une autre région.

Chose vraiment étonnante, alors que l'agriculteur est aujourd'hui à l'abri des fraudes sur les engrais et sur les semences, grâce aux dispositions prises par le législateur, le sériciculteur n'a aucun moyen de recourir contre le négociant peu scrupuleux qui lui a livré de mauvaises graines. M. Moziconnacci, le distingué professeur d'Alais, a souvent appelé l'attention des pouvoirs publics sur cet état de choses. La société des agriculteurs de France, de nombreuses sociétés d'agriculture et plusieurs syndicats agricoles ont souvent émis des veux en faveur du contrôle des graines de vers à soie. Rien jusqu'ici n'a été fait.

Nous reconnaissons que ce contrôle est difficile. Des œufs parfaitement sains au point de vue de la pébrine peuvent ne pas donner de bons résultats, tandis que d'autres œufs corpusculeux à 1 et même 2 p. 100 fourniront une éducation très satisfaisante et de bons cocons pour la filature (1). Sans entrer dans la voie, un peu excessive, préconisée il y a quelques années par M. Moziconnacci et qui tendrait à laisser le monopole de la production des graines de vers à soie à l'État, nous estimons que tous les graineurs consciencieux se soumettraient sans hésiter au contrôle sérieux d'une station séricicole organisée à cet effet (2). Le seul fait d'accepter le contrôle donnerait à ces industriels un prestige que n'auraient pas ceux qui refuseraient de s'y soumettre.

Quoi qu'il en soit, et en attendant qu'un moyen efficace de réprimer la fraude soit établi, les éducateurs devront s'adresser à des maisons de grainage dont les

(1) La station séricicole de Montpellier annexée à l'*Ecole nationale d'agriculture* se charge de contrôler les graines au point de vue de la pébrine ; mais, comme nous le disons, une graine non corpusculeuse peut donner de mauvais résultats, et aucun indice ne permet de le prévoir. Ce n'est que par l'élevage d'un échantillon qu'on pourrait apprécier la bonté réelle de la graine. Si un tel contrôle devenait possible, les magnaniers auraient moins à redouter la fraude.

(2) Une station d'essai des graines de vers à soie pourrait être établie et fonctionner comme la station d'essai de semences organisée à Paris à l'*Institut national agronomique*, sous la direction de M. Schribaux. Les maisons importantes de graines pour semences se sont soumises à ce contrôle, qui donne toutes garanties aux agriculteurs.

produits auront été reconnus bons par eux-mêmes ou par leurs voisins. Ils ne devront pas se laisser attirer seulement par des affiches à grande réclame, le luxe des boîtes, ni considérer le prix réduit comme une économie.

Le prix des bonnes graines en France est actuellement de 8 à 10 francs l'once de 30 et même 33 grammes. Si on obtient avec des graines de ce prix 60 à 70 kilogrammes de cocons, tandis qu'avec la même quantité payée 4 ou 5 francs on ne récolte que 20 à 30 kilogrammes, et même rien du tout, toutes autres dépenses restant d'ailleurs les mêmes, une économie de 5 francs aura été cause d'une perte de 100 à 200 francs.

Pour des raisons analogues, l'éducateur ne doit pas conserver aveuglément des cocons de sa propre éducation et les faire grainer dans le seul but d'économiser l'achat de la graine l'année suivante.

Époque a laquelle il convient de se procurer la graine. — Toutes les fois que les circonstances le permettront, et c'est le cas pour toutes les régions séricicoles de la France, les éducateurs feront bien de se procurer la graine quelques jours seulement avant l'époque de la mise en incubation. Ils auront pris par avance, bien entendu, la précaution de s'adresser à un graineur ou à son représentant pour retenir la quantité qu'ils désirent. La graine, pendant la période hivernale, a des exigences au point de vue de l'aération et de la température, auxquelles ne pourrait se conformer le petit magnanier.

Au moment de la réception, il faut tenir compte que la graine sort d'une température de 6 à 8° C., où le graineur l'avait maintenue après l'hivernation. La graine a été logée pour le transport dans des petites boîtes en carton; l'éducateur doit immédiatement la sortir et l'étendre en couches de faible épaisseur dans des boîtes plus grandes, la transporter dans un local suffisamment aéré, exposé au nord de préférence, afin que la température y soit constante et de 10 à 12° environ. La graine sera maintenue dans ces conditions jusqu'à la mise en incubation.

IV. — INCUBATION ET ÉCLOSION.

Incubation.

Mettre la graine en incubation, c'est la placer dans des conditions favorables au développement de l'embryon. Nous avons vu qu'il fallait aux graines, pour obtenir une éclosion rapide et régulière, de l'air, de la chaleur et un degré d'humidité convenable.

La date de la mise en incubation ne peut être fixée d'une façon précise. C'est l'état de végétation des mûriers qui doit servir de guide, comme le dit un vieux dicton provençal :

> Metès pas ta grano à l'éspèlido
> Que noun la ramo siègue espandido (1).

C'est en effet lorsque la température s'est suffisamment relevée pour que les gelées ne soient plus à redouter que l'on doit songer à préparer l'éclosion. Cette circonstance a lieu en France des premiers jours d'avril aux premiers jours de mai, suivant les régions. Dans la même localité, il peut y avoir des différences de plusieurs jours d'une année à l'autre.

Méthodes d'incubation.

Selon Procope, on faisait éclore autrefois les graines de vers à soie à la chaleur du fumier.

Olivier de Serres et l'abbé de Sauvages rapportent que, de leur temps, l'usage était de placer les graines

(1) Ne mettez pas la graine à éclore avant l'épanouissement des bourgeons.

dans un petit sachet que les femmes portaient sur le sein sous leurs vêtements et la nuit dans le lit. Cette pratique, si elle est un peu plus propre, n'est guère plus saine que la précédente. Et cependant de nos jours encore ce procédé est employé. Il est bien évident que les graines n'ont pas de cette façon l'air nécessaire à leur respiration ; la moiteur du corps leur est défavorable; enfin la température de 36 à 37° C. est beaucoup trop élevée. Les éducateurs qui procèdent ainsi s'exposent à un insuccès; les graines peuvent être brûlées, la température s'élevant parfois à l'intérieur du petit sac à plus de 50° C. par suite de la fermentation qui s'y produit.

Un procédé un peu moins défectueux est de porter les graines chez le boulanger et les suspendre près de la porte du four, où la température est élevée.

Mais toutes ces méthodes doivent être abandonnées. Il faut que les graines soient étendues en une très faible épaisseur, de façon à ce que toutes puissent respirer également. La température doit être amenée *progressivement* à 23 ou 24° C., et il est indispensable de se rendre compte du degré auquel se trouvent les graines et se servir pour cela du thermomètre. L'abbé de Sauvages a été le premier à conseiller l'emploi de cet instrument de mesure, et il imagina une étuve pour l'éclosion des graines.

Chambre d'éclosion. — Lorsque la quantité de graines à faire éclore est importante, on consacre à cet effet une pièce spéciale chauffée par un poêle ou un calorifère. Elle doit avoir un nombre d'ouvertures suffisant pour assurer l'aération et le réglage de la température. C'est ce que l'on appelle la chambre d'éclosion. On dispose dans cette chambre des tables ou des étagères destinées à recevoir les graines. Si les dimensions de la salle sont suffisantes, on peut y établir un système de claies superposées dont les unes supporteront les graines et les autres les vers éclos pendant les premiers jours de leur vie.

Les graines se trouvent en général, par suite de l'élévation de la température à l'extérieur, à 14 ou 15° C. dans le local où elles avaient été placées à la réception. En les apportant dans la chambre d'éclosion, on devra

Fig. 32. — Couveuse Orlandi (Verson et Quajat).

maintenir la température d'abord à 17 ou 18° C., puis la porter à 20° C. et progressivement à 22 et enfin 24 ou 25° C. Ces périodes seront prolongées ou raccourcies suivant que l'on voudra précipiter ou retarder l'éclosion ; mais il faudra éviter de porter brusquement la température de 15° C., par exemple, à 24 ou 25° C., et surtout ne jamais l'abaisser brusquement, par exemple de 22 à 15° C., dans le but de retarder l'éclosion. Il est bon de remuer les graines de temps en temps afin que toutes respirent également.

Couveuse Orlandi (fig. 32). — Orlandi a construit pour des quantités de graines considérables (100 à 1 000 onces) un modèle de couveuse spéciale. Une caisse rectangulaire portée sur quatre pieds a deux de ses côtés vitrés pouvant s'ouvrir et se fermer.

En dessous et au centre des quatre pieds est placée une lampe à alcool, dont la flamme peut être réglée à volonté. Le sommet de la flamme vient lécher un prisme d'argile destiné à retenir les gaz de la combustion. Une plaque de zinc forme comme un double fond à la caisse. L'air réchauffé dans cet espace s'élève dans quatre tubes, qui traversent verticalement la caisse aux quatre angles et vont déboucher à l'extérieur. Ils sont reliés par des tubes horizontaux qui supportent en même temps les étagères destinées à recevoir les graines. Un thermomètre placé à l'intérieur, derrière la porte vitrée, permet de lire la température et de régler la flamme en conséquence.

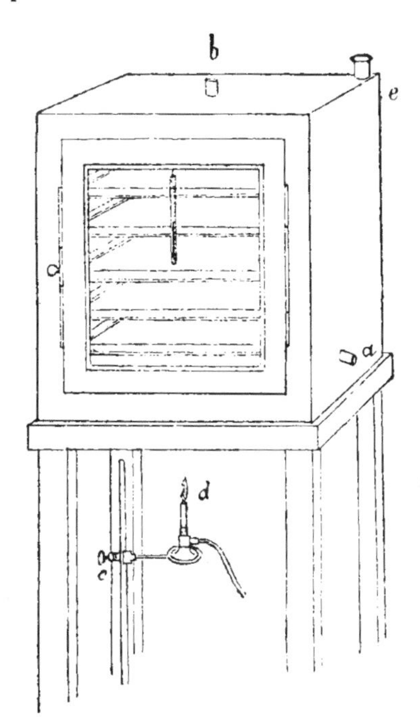

Fig. 33. — Couveuse à eau chaude (Verson et Quajat).

Couveuse a eau chaude (fig. 33). — Pour les quantités de

10 onces et moins, on peut se servir avantageusement d'une couveuse plus simple formée d'une caisse cubique en zinc à deux parois. L'une des faces est munie d'une porte vitrée permettant de voir ce qui se passe à l'intérieur et de lire la température indiquée par le thermomètre. L'espace compris entre les deux parois est rempli d'eau, que l'on introduit par la tubulure *e*. Des cadres superposés et dont le fond est en canevas fin pour permettre la circulation de l'air sont placés à l'intérieur et reçoivent les graines. L'air froid pénètre par la tubulure *a*, s'échauffe en traversant l'intérieur de la caisse et ressort par une autre tubulure *b* qui passe dans la double paroi supérieure.

Le castellet. — Ce petit appareil, employé dans les Cévennes, est une couveuse à eau chaude construite d'après les mêmes principes. Seulement deux des faces sont percées de nombreuses ouvertures carrées, qui donnent à cette boîte l'aspect d'un château, d'où son nom de *castellet*.

Quatre tiroirs, à fond en canevas, garnissent l'intérieur. Une des faces est munie d'une porte.

Le chauffage est produit par une veilleuse à huile placée sur un pied à coulisse, ce qui permet de régler la température en approchant ou éloignant la flamme du fond du castellet. L'eau est introduite par une tubulure supérieure, fermée par un simple bouchon de liège que traverse la tige du thermomètre. On peut ainsi lire de l'extérieur la température de l'eau. Celle-ci est toujours un peu plus élevée que celle de l'intérieur, où sont placées les graines.

Les castellets ordinaires sont établis pour faire éclore 8 à 10 onces.

A cause de la faible importance des chambrées d'aujourd'hui, les petits magnaniers se décident difficilement à faire l'acquisition d'une couveuse. Ils peuvent placer les graines avec un thermomètre près du tuyau de la cheminée en entretenant un feu doux et continu, ou bien maintenir sous les graines une bouillotte d'eau chaude renouvelée deux fois par jour. Ils feraient encore mieux de s'entendre entre voisins et d'acheter en commun une couveuse ou un castellet. Chaque année l'un d'entre eux se chargerait de faire éclore les graines pour tout le groupe.

Éclosion.

L'approche de l'éclosion est annoncée par le changement de coloration des graines. De gris foncé qu'elles étaient, elles deviennent de plus en plus pâles et presque blanches lorsque le jeune ver s'est complètement isolé et se dispose à sortir en dévorant la coque au micropyle. On doit à ce moment placer sur les graines un morceau de tulle assez fin pour permettre le passage des vers éclos et non des coques vides, ni des graines auxquelles ils sont attachés par le fil soyeux qu'ils ont émis en naissant.

L'éclosion a lieu généralement le matin de six heures à dix heures. Dès que l'on aperçoit quelques vers, de petites feuilles tendres de mûrier sont posées sur le filet de tulle. Les vers viennent s'y réunir; ils sont peu nombreux le premier jour. Dans la partie la plus chaude de la magnanerie, quatre petites claies superposées et recouvertes de papier bien propre ont été préalablement installées.

Vers dix heures, l'éclosion est terminée; on enlève délicatement avec les doigts, ou avec de petites pinces, les feuilles de mûrier recouvertes de vers, et elles sont étalées sur la plus basse claie en les espaçant bien.

Les deuxième et troisième jours, l'éclosion sera beaucoup plus abondante. On opérera de même en plaçant les vers sur la deuxième et la troisième claie.

Si l'incubation a été bien conduite, l'éclosion sera

beaucoup plus faible le quatrième jour et insignifiante le cinquième jour et les suivants. Les vers du quatrième jour sont placés sur la quatrième claie, et ceux des jours suivants, s'il y en a, doivent être abandonnés.

Cette disposition des claies permet de régulariser les vers ; ceux qui sont nés les derniers se trouvent à la partie la plus chaude, et, en leur donnant un ou deux repas supplémentaires, ils ne tarderont pas à rattraper les précédents.

Les coques vides qui restent dans la boîte d'éclosion sont blanches ou jaune-paille clair ; celles qui ont une autre couleur sont des graines non écloses par suite d'une mauvaise incubation ou de leur mauvaise qualité.

25 grammes de graines pesées immédiatement avant la mise en incubation se décomposent comme suit après l'éclosion :

Poids des jeunes vers	17	grammes.
— des coques vides	5	—
— de l'eau évaporée	3	—

Le poids des coques vides permet d'évaluer approximativement le poids de la graine mise en incubation et le nombre des vers éclos en comptant 30 000 vers à l'once pour les grosses races et 36 000 pour les races moyennes.

V. — ÉDUCATION.

Principes généraux. — Les vers ont besoin d'une nourriture saine, abondante et régulièrement distribuée, d'une grande quantité d'air, d'une température suffisamment élevée ; enfin il leur faut assez d'espace pour se mouvoir, et ils doivent être tenus dans un état de très grande propreté.

Égalité. — La vie de la larve comprend cinq périodes

ou âges séparés par les mues. La mue, que l'on appelle vulgairement *sommeil*, est une crise que traverse l'animal et pendant laquelle il ne doit pas être troublé. Il importe donc que tous les vers d'une même claie entrent en mue en même temps; si les uns dorment pendant que les autres mangent encore, que d'autres sont déjà éveillés, on est obligé de distribuer de la feuille, et par conséquent perdre des vers dans la litière et déranger ceux qui muent. C'est pour cette raison que nous avons recommandé de séparer les différentes levées à l'éclosion.

Pour maintenir l'égalité, la feuille sera donnée aussi également que possible à tous les vers de la même levée; les repas seront suspendus sitôt que les vers seront endormis. Quand la moitié est réveillée, on la transporte sur une autre claie, où la nourriture est de nouveau distribuée. Si on attendait que tous soient réveillés, les premiers sortis de la mue jeuneraient trop longtemps.

Ce principe de l'égalité a une très grande importance. Il permet de reconnaître à première vue si le magnanier est soigneux. Lorsque, sur une même claie, il y a des vers de toutes les grosseurs, les uns prêts à s'endormir, les autres ayant pris plusieurs repas après leur réveil, le rendement ne sera pas élevé, une grande quantité de vers s'étant perdus pendant les premiers âges.

L'égalité des vers d'une même claie est indispensable.

Il est avantageux d'avoir, au moment de la montée, tous les vers de la chambrée aussi égaux que possible. En les plaçant lors de l'éclosion comme nous l'avons indiqué et en donnant des repas un peu plus fréquents aux moins âgés, on arrive à régulariser la chambrée. On ne doit jamais chercher à obtenir la régularité en faisant jeuner les vers les plus avancés.

Espacement. — Pour que les vers puissent se mouvoir, manger, respirer et surtout exhaler par la surface de la peau une grande quantité de vapeur d'eau, il faut qu'ils soient suffisamment espacés et non pas entassés les uns sur les autres.

Maillot, en attribuant à chaque ver une surface triple de celle qu'il occupe sur un plan horizontal, donne pour une éducation de 1 once de 25 grammes les surfaces suivantes :

De l'éclosion à la 1re mue........	1	mètre carré.
De la 1re mue à la 2e mue........	3	mètres carrés.
De la 2e à la 3e mue.............	9	— —
De la 3e à la 4e mue.....	22	— —
De la 4e à la montée............	60	— —

Mais, comme il le fait lui-même remarquer, ces chiffres sont tout à fait insuffisants pour les premiers âges.

On doit faire occuper aux vers :

De l'éclosion à la 1re mue...	1	mètre carré.
De la 1re à la 2e mue..	10	mètres carrés.
De la 2e à la 3e mue.... ...	20	— —
De la 3e à la 4e mue....... .	40	— —
De la 4e à la montée........	60 à 70	— —

Au moment de la mue, les vers ont besoin d'être bien espacés. Avant d'entrer en mue, ils cherchent à s'isoler de façon à ne pas être troublés par leurs voisins. Du reste, il faut bien se convaincre que, plus les vers seront espacés, plus ils accompliront facilement leurs fonctions et arriveront plus sûrement à faire de bons cocons. Si, au contraire, ils sont entassés, ils vivront avec peine; beaucoup se perdront; les cocons seront faibles, et il en faudra peut-être 5 à 600 au kilogramme au lieu de 400.

Délitage. — Au moment des mues, la litière doit être très peu abondante; il faut donc déliter quand on prévoit que ce moment approche. Chez les magnoiniers soigneux, les vers accomplissent leurs mues sur le papier parfaitement propre qui recouvre les claies.

Les vers devant être tenus constamment dans un état de propreté très grande, ce n'est pas seulement avant les mues qu'il faut déliter.

Les litières sont constituées par les parties de feuilles non consommées et par les déjections. Ces matières, en s'accumulant, fermentent rapidement, ce qui peut engendrer des maladies, notamment la flacherie ; elles entretiennent un état d'humidité qui gêne l'exhalation de la vapeur d'eau. Les vers, à leur jeune âge, peuvent rester emprisonnés dans ces litières entassées et y périr.

Le *délitage* consiste à enlever les vers de dessus la litière et les transporter sur une claie propre. Cette opération se fait en prenant délicatement, pendant le repas, les feuilles garnies de vers, ou même les vers eux-mêmes, lorsqu'ils sont suffisamment gros. Les filets ou papiers percés décrits précédemment (fig. 30) sont employés avec avantage et permettent d'opérer plus rapidement. Avant le repas, on les place délicatement sur les claies, et on y répand de la feuille. Les vers ne tardent pas à passer par les trous pour prendre leur nourriture ; sitôt que leur quantité est jugée suffisante, on transporte le tout sur une autre claie, et ainsi de suite jusqu'à ce qu'il ne reste plus que la litière. S'il reste quelques rares vers, on les enlève à la main ; ce sont des vers retardataires ou peu vigoureux ; ils sont placés sur une claie spéciale et constituent *les fonds*.

Les litières forment comme un feutrage qu'il est facile de rouler et de transporter au dehors. Il faut éviter de les jeter au milieu de la magnanerie et de salir le sol ou les claies inférieures. Le mieux est de les placer tout de suite dans des paniers et de les transporter au loin pour les enfouir ; elles constituent un engrais très riche.

Après ce délitage, le papier doit être nettoyé et même changé, si besoin est, afin que la claie soit de nouveau prête à recevoir des vers.

Soins de propreté. — La magnanerie ne doit jamais être balayée de façon à soulever les poussières. Il faut simplement passer sur le sol un linge légèrement humide et ramasser à la main les feuilles, vers et brindilles, qui tombent.

Un préjugé assez répandu est de croire que la visite de la magnanerie par des personnes étrangères compromettra le succès de l'éducation. Cette superstition a cependant son explication, parce que, si ces personnes viennent d'une autre magnanerie, elles peuvent apporter sur leurs vêtements des poussières chargées de germes de maladie ou même des vers atteints.

Soins particuliers au premier âge.
De l'éclosion à la première mue.

Nous avons placé, à l'éclosion, les feuilles garnies de vers sur les claies ou cléons, et nous avons eu soin d'espacer convenablement ces feuilles. Dès que cette opération, que l'on appellé la levée, est terminée, il faut donner à manger à ces jeunes vers. Nous choisissons pour cela les feuilles les plus tendres que nous puissions trouver, et nous en garnissons les intervalles; les jeunes vers, guidés par leur odorat, se dirigent rapidement vers la nourriture fraîche et s'espacent ainsi d'eux-mêmes.

On distribuera dans cette première journée quatre repas aux vers, en ayant soin de placer délicatement les feuilles une à une, afin que les vers ne se perdent pas sous les feuilles accumulées. Si, dans quelques parties, les vers sont trop serrés, on placera en cet endroit quelques feuilles que l'on retirera délicatement avec de petites pinces, dès qu'elles seront suffisamment garnies de vers, pour les placer en bordure.

Le lendemain et jours suivants, il sera procédé de même pour les autres vers qui viennent d'éclore.

Pendant tout le premier âge, le nombre des repas doit être d'au moins quatre par jour :

Le premier de cinq à six heures; le deuxième de neuf à dix heures du matin; le troisième de trois à quatre heures et le quatrième de huit à neuf heures du soir, ce dernier devant être un peu plus copieux que les précédents.

Il faut bien avoir soin cependant de distribuer la feuille très régulièrement, et non pas la jeter par poignées; car on risquerait ainsi d'ensevelir sous la feuille bon nombre de vers.

A chaque repas, on place en bordure des feuilles autour de l'espace occupé par les vers; de cette façon, les vers s'espacent peu à peu d'eux-mêmes en cherchant leur nourriture.

Après la distribution de chaque repas, en examinant attentivement les claies, on peut voir certains points où la nourriture a été insuffisante. On ajoutera, dans ce cas, quelques feuilles fraîches et tendres en ces endroits.

Si, au contraire, les vers sont trop nombreux et trop serrés en certaines places, on procédera comme nous l'avons indiqué précédemment.

En vue de régulariser les vers, on donnera cinq repas aux vers éclos le troisième jour et six repas à ceux éclos le quatrième, en plaçant ces derniers dans la partie la plus chaude de la magnanerie (canisses supérieures).

Le troisième jour, les vers commencent à changer d'aspect; leur couleur est moins foncée, la surface de leur peau moins hérissée de poils. Leur appétit augmente; il faut donc augmenter l'espace qu'ils occupent et, pour satisfaire leur voracité, leur donner les repas en plus grand nombre. Toutefois il ne faut jamais donner une trop forte quantité de feuilles à la fois. Lorsque la nourriture distribuée est consommée, on en donne à nouveau, et on arrive ainsi à faire prendre sept à huit repas par jour aux vers.

Cette façon de procéder est fort simple, car, à cet âge des vers, la distribution de la feuille est vite faite. Beaucoup de sériciculteurs cependant ne procèdent pas ainsi. Voyant l'appétit de leurs insectes augmenter, ils distribuent à chaque repas une quantité considérable de feuilles et sont tout surpris, lorsque les vers sont devenus gros, de n'avoir pas le nombre correspondant à la quantité de graines qu'ils ont mise à l'incubation. C'est tout simplement parce qu'une grande quantité de jeunes vers ont péri, ensevelis sous les feuilles.

Le quatrième jour, les vers se sont considérablement développés ; à peine pourrait-on, à l'œil nu, apercevoir quelques poils sur la surface de leur corps. La tête a blanchi ; elle est argentée et légèrement transparente. La couleur générale de la peau se rapproche de la nuance noisette. Il faut toujours avoir soin de tenir les vers très espacés, à mesure qu'ils croissent, et éviter qu'ils s'accumulent en certains points.

Le cinquième jour, on verra plusieurs vers qui commencent à secouer la tête, celle-ci étant légèrement gonflée et plus luisante. Leur appétit va diminuer. Ces divers symptômes indiquent que les vers se disposent à entrer en mue pour la première fois. Il est bon alors de les déliter en employant les feuilles de papier percé que nous avons décrites. On transporte ainsi les vers sur une partie de la claie bien propre en les espaçant considérablement, de façon à faire occuper à ceux provenant de 1 once de graines une surface de 5 mètres carrés.

On répandra ce jour-là la feuille très légèrement, et on n'en distribuera à nouveau qu'aux endroits où elle aura été consommée.

Le sixième jour, les vers émettent des fils de soie qu'ils fixent aux objets voisins. Ils deviennent bientôt immobiles, la tête dressée, blanche, comme gonflée et transparente, le museau rentré dans l'épaisseur des plis qui se sont formés. Ils vont accomplir leur première mue.

L'entrée en mue est très rapide. Cinq ou six heures après les signes précurseurs, la moitié des vers peuvent être endormis et complètement immobiles. Il n'y a donc pas de temps à perdre pour les déliter et espacer, si on ne l'a déjà fait.

Lorsque les vers s'endorment, on cesse de leur distribuer la nourriture, et on ne doit les toucher sous aucun prétexte. Il faut de même éviter que les claies sur lesquelles ils reposent reçoivent des chocs violents et s'abstenir d'aérer trop vivement la chambrée. Ces circonstances pourraient faire rompre les fils de soie par lesquels les vers se sont fixés aux objets voisins, ce qui entraverait leur sortie de mue et entraînerait par suite la mort de bon nombre de sujets.

Pendant tout ce premier âge, l'air ne doit être renouvelé que par la porte. La température sera maintenue constamment entre 24 et 25° C. par le chauffage au poêle ou au feu de bois dans la cheminée. Cette température de 24 à 25° C. n'est pas indispensable à la réussite de l'éducation ; nous avons vu que les vers à soie pouvaient supporter, sans danger, des températures plus basses et plus élevées. Plus basses, l'évolution sera plus lente, l'appétit moindre, et le premier âge durera neuf, dix ou douze jours, suivant la température. Il est bien évident que l'éducateur n'a pas intérêt à prolonger la vie de la larve et être obligé ainsi de donner ses soins pendant un temps beaucoup plus long à ses intéressants insectes. A une température supérieure à 24 ou 25° C., la durée de la vie des vers à soie serait raccourcie, mais la feuille serait desséchée avec une grande rapidité, ce qui obligerait le magnanier à en distribuer constamment de la fraîche.

La température de 24 à 25° C. a été reconnue comme la plus convenable à tous égards, et c'est celle que l'éducateur devra maintenir constamment dans sa magnanerie ou s'en rapprocher le plus possible.

Dans tous les cas, il faut se rappeler que, si les vers à soie supportent assez bien des températures plus ou moins élevées, ils sont très sensibles aux brusques variations, et on devra éviter soigneusement de leur faire subir de tels accidents, soit en élevant brusquement la température qui serait devenue trop basse, soit en la laissant abaisser brusquement, circonstance qui se produira si l'éducateur laisse le feu s'éteindre pendant la nuit.

Voici d'ailleurs ce que disait, il y a plus d'un siècle, sur ce sujet, l'abbé Rozier (1) :

« On ne peut pas dire que le ver à soie craigne tel ou tel degré de chaleur dans nos climats, quelque considérable qu'il soit. Originaire de l'Asie, il supporte dans son pays natal une chaleur certainement plus forte qu'il ne peut l'éprouver en Europe ; mais il craint le passage subit d'un faible degré de chaleur à un plus fort. On peut dire, en général, que le changement trop rapide du froid au chaud, et du chaud au froid, lui est très nuisible. Dans son pays, il n'est pas exposé à ces sortes de vicissitudes ; voilà pourquoi il y réussit très bien, et sans exiger tous les soins que nous sommes obligés de lui donner. Dans nos climats, au contraire, la température de l'atmosphère est très inconstante, et, sans le secours de l'art, nous ne pourrions pas la fixer dans les ateliers où nous faisons l'éducation des vers à soie.

« Une longue suite d'expériences a prouvé qu'en France, le 16° de chaleur indiqué par le thermomètre de Réaumur était le plus convenable aux vers à soie. Il y a des éducateurs qui l'ont poussé jusqu'à 18 et même jusqu'à 20, et les vers ont également bien réussi. Il ne faut pas perdre de vue ce principe que le ver à soie ne craint pas la chaleur, mais un changement trop prompt d'un état à l'autre.

« Ainsi, en le faisant passer, dans le même jour, du 16e au 20e, je suis persuadé qu'il en éprouverait un malaise fort nuisible à sa santé. S'il arrive qu'on soit obligé de pousser les vers à cause de la feuille, dont il

(1) L'abbé Rozier, *Cours d'agriculture*, édition de Paris, 1801.

n'est pas possible de retarder les progrès, on doit le faire graduellement, de sorte qu'ils s'aperçoivent à peine du changement. Le ver à soie souffre autant par les variations de la chaleur que par la difficulté de respirer, s'il est dans un mauvais air.

« M. Boissier de Sauvages va nous apprendre, d'après les expériences qu'il a faites, jusqu'à quel degré on peut pousser la chaleur, dans l'éducation des vers à soie, sans craindre de leur nuire :

« Une année que j'étais pressé par la pousse des feuilles, déjà bien écloses dès les derniers jours d'avril, je donnai à mes vers environ 30° de chaleur aux deux premiers jours depuis la naissance et environ 28° pendant le reste du premier âge et du second âge. Ils ne mirent que neuf jours depuis la naissance jusqu'à la seconde mue inclusivement. Les personnes du métier qui venaient me voir n'imaginaient pas que mes vers à soie pussent résister à une chaleur qui, en quelques minutes, les faisait suer elles-mêmes à grosses gouttes. Les murs et les bords des claies étaient si chauds qu'on n'y pouvait endurer la main. Tout devait périr, disait-on, et être brûlé; cependant tout alla au mieux, et, à leur grand étonnement, j'eus une récolte abondante.

« Je donnai dans la suite 27 à 28° de chaleur au premier âge, 25 ou 26° au second, et, ce qu'il y a de singulier, la durée des premiers âges de ces éducations-ci fut à peu près égale à celle de la précédente, dont les vers avaient eu plus de chaleur, parce qu'il y a peut-être un terme au delà duquel on n'abrège plus la vie des insectes, quelque chaleur qu'ils éprouvent. Il est vrai que mes vers avaient dans cette éducation, et dans l'éducation ordinaire, un pareil nombre de repas; mais, ce qu'il y a de plus singulier encore, c'est que les vers, ainsi hâtés dans les deux premiers âges, n'employaient que cinq jours d'une mue à l'autre dans les deux âges suivants, quoiqu'ils ne fussent qu'à une chaleur de 32°, tandis que les vers qui, dès le commencement, n'ont point été poussés de même, mettent, à une chaleur toute pareille, sept à huit jours à chacun de ces mêmes âges, c'est-à-dire au troisième et au quatrième. Il semble qu'il suffit d'avoir mis ces petits animaux en train d'aller pour qu'ils suivent d'eux-mêmes la première impulsion ou le premier pli qu'on leur a fait prendre.

« Celui dont nous venons de parler, qui opère une croissance rapide, donne en même temps à mes insectes une vigueur et une activité qu'ils portent dans les âges suivants, ce qui est un avantage dans l'éducation hâtée, c'est-à-dire poussée par la chaleur, et qui, outre cela, prévient beaucoup de maladies. Cette éducation hâtée abrège la peine et le travail et délivre plus tôt l'éducateur des inquiétudes qui, pour peu qu'il ait de sentiment, ne le quittent guère jusqu'à ce qu'il ait déramé. Pour suivre cette méthode, il convient de faire beaucoup d'attention à la saison plus ou moins avancée, à la poussée plus ou moins rapide de la feuille, et si elle n'est pas ensuite arrêtée par les froids... D'un autre côté, si la poussée de la feuille est tardive, et qu'elle soit suivie de chaleur qui dure longtemps, comme on doit ordinairement s'y attendre, et que cependant on ne fasse que peu de feu aux vers à soie, ils n'avancent guère, et on prolonge leur jeunesse. Cependant la feuille croît et durcit; elle a pour eux trop de consistance; c'est le cas de les hâter par une éducation prompte et chaude, afin que leurs progrès suivent ceux de la feuille, ce qui est un point essentiel.

« Si les éducateurs se décident de bonne heure pour cette méthode, ils mettront couver, s'ils sont sages, au moins huit jours plus tard que leurs voisins qui suivent la méthode ordinaire, et ils calculeront la durée des âges, ou bien ils s'arrangeront de façon que la fin de l'éducation tombe au temps où la feuille a pris toute sa croissance. »

Deuxième âge.
De la première à la deuxième mue.

Après vingt-quatre heures environ d'immobilité, on voit les vers agiter vivement leur tête à droite et à gauche ; la peau se fend sur le crâne et la tête surgit sous la dépouille de l'ancienne, qui se détache comme un masque ; les pattes sortent à leur tour, et le ver s'en sert pour s'accrocher. Se ramassant sur lui-même, il fait des efforts pour sortir de sa vieille peau, qui reste attachée par les fils de soie émis avant la mue. Lorsque l'opération est terminée, le ver s'étend comme pour se reposer et donner à sa nouvelle enveloppe le temps de sécher. Mais bientôt on le voit marcher en quête de nourriture. Le ver a alors le museau plus allongé, la tête noire ; le corps, de couleur cendre foncée, est recouvert d'un duvet court. On voit les anneaux qui composent le corps s'éloigner et se rapprocher plus librement qu'ils n'avaient fait jusqu'alors. A ce moment, les vers pèsent environ quatorze fois plus qu'au moment de leur naissance, soit six jours avant ; leur longueur est quatre fois plus grande.

Lorsque la moitié au moins des vers a franchi la mue, on distribue de la feuille tendre, de sauvageons de préférence, sur une feuille de papier percé que l'on place au-dessus des vers. Quelques instants après, tous les vers bien éveillés seront montés sur les feuilles, et on les transportera sur une autre claie, où une feuille de papier propre aura été disposée. Les feuilles de mûrier recouvertes de vers seront espacées convenablement. Au lieu de mettre les feuilles distantes l'une de l'autre, comme pour les vers qui viennent d'éclore, on peut former des bandes dans le milieu des claies, de manière qu'il n'y ait qu'à élargir ces bandes de chaque côté pour arriver, à la fin du deuxième âge, à faire occuper aux vers l'espace nécessaire.

Quelques heures après, l'autre partie des vers sera, à son tour, bien éveillée, et, en procédant de la même façon, on les transportera sur une claie supérieure.

Après deux opérations de ce genre, il ne doit rester sur la claie que les litières. S'il restait encore quelques vers n'ayant pu monter sur les feuilles, on les jetterait ou on les placerait sur une autre claie spéciale destinée aux retardataires.

Les litières doivent être examinées avec soin. Si on y remarquait des vers morts, ou d'autres n'ayant pu franchir la mue, ce serait l'indice de quelque maladie grave, provenant de la mauvaise qualité ou de la mauvaise conservation de la graine, ou bien encore de ce que les vers ont été troublés pendant leur mue.

La claie que l'on vient de débarrasser est nettoyée soigneusement avec un petit balai en bruyère et pourra de nouveau recevoir des vers.

La feuille avec laquelle on a transporté les vers est suffisante pour le premier repas, qui doit être léger, après la crise que les vers viennent de traverser. Mais, une heure et demie ou deux heures après, on leur distribuera un repas plus copieux en plaçant les feuilles de mûrier de façon à élargir les bandes formées précédemment. On distribuera de même, dans cette journée qui suit la mue, deux autres repas.

Le lendemain, on donnera au moins quatre repas en élargissant notablement l'espace à faire occuper par les vers. Ceux-ci ont déjà grossi; leur couleur est plus claire; leur tête a blanchi et augmenté de volume.

Le troisième jour, les vers ont besoin de quatre repas plus copieux, car leur appétit est ce jour-là le plus fort de la période. Quelquefois il commence à diminuer dans la soirée même de ce jour.

Le quatrième jour, l'appétit diminue sensiblement; les signes précurseurs de la deuxième mue se manifestent chez quelques sujets dès le matin. On délitera soigneusement, en faisant occuper aux vers de 1 once de graines l'espace de 10 mètres carrés. Les repas seront légers et, probablement vers le soir, tous les vers seront entrés en mue. Le deuxième âge est en effet plus court que le premier. La température sera maintenue, pendant ce deuxième âge, à 24 ou 25° C. Les vers étant plus gros, la respiration et la transpiration seront plus actives. Si l'aération est insuffisante par l'ouverture de la porte, on ouvrira de temps en temps les fenêtres, à condition que le vent ne souffle pas et que la température extérieure ne soit pas trop fraîche.

Troisième âge. De la deuxième à la troisième mue.

Au réveil de la deuxième mue, on opère comme précédemment. Les vers ont alors l'aspect et la couleur qu'ils conserveront jusqu'à la fin de leur vie de larve, blancs, avec ou sans lunules, moricauds, blancs zébrés ou moricauds zébrés, suivant la variété à laquelle ils appartiennent. La peau est presque glabre, sauf en quelques points (voir : Aspect extérieur, IIe partie, ch. II). Le museau a perdu sa couleur noire luisante et conservera une teinte approchant du roux foncé; il s'est allongé. Les pattes membraneuses, les postérieures notamment, ont acquis beaucoup de force et peuvent se fixer vigoureusement aux objets sur lesquels les vers reposent. Le poids des vers a quadruplé depuis la fin de la première mue.

Pendant ce troisième âge, la température sera établie à 22 ou 23° C.; l'aération devra être de plus en plus active. Par des journées pluvieuses ou à vent violent, circonstances qui empêchent d'ouvrir les fenêtres, on fera des flambées de bois sec dans la cheminée.

Les repas, pendant le troisième âge, doivent être au nombre de quatre et de plus en plus copieux; les déjections deviennent plus abondantes et plus volumineuses. Elles n'étaient, jusqu'ici, que comme des petits grains de poussière noire ressemblant à la poudre de chasse et plus ou moins fine suivant l'âge des vers. Maintenant, elles sont comme de petits cylindres noirs, couverts d'aspérités, et grossissent en proportion de l'augmentation de taille du ver. L'abondance des déchets de feuilles non consommées et les déjections des vers nécessitent au moins deux délitages : un le troisième jour et l'autre, avant la mue, le cinquième jour ou le matin du sixième jour. Par ce dernier délitage, on fera occuper aux vers de 1 once de graines une surface de 20 mètres carrés.

Le sixième jour, les repas devront être plus légers, et le soir même ou, au plus tard, le matin du septième jour, tous les vers seront endormis.

On distingue parfaitement à cette troisième mue le réseau de fils par lesquels les vers fixent leur dépouille et qui fait paraître la claie comme recouverte d'une mince toile d'araignée.

Quatrième âge.
De la troisième à la quatrième mue.

Au troisième réveil, on procède comme après les précédents en espaçant considérablement les vers. Ceux-ci ont plus que quadruplé en poids et doublé en dimensions depuis la mue précédente ; à leur réveil, la peau est blanc sale et plissée ; mais, dès qu'ils ont pris un ou deux repas, ils blanchissent, commencent à bien se mouvoir, à montrer de la vigueur et à aller rapidement vers la feuille fraîche.

La feuille peut maintenant être distribuée telle qu'on la cueille, à condition de déliter plus souvent ; trois fois au moins pendant les six jours que dure le quatrième âge. Par ces délitages successifs, on amènera les vers à occuper un espace de 40 mètres carrés.

C'est au milieu de cet âge qu'a lieu *la petite frèze* ; la

nourriture sera distribuée en abondance et régulièrement. Quelques instants après la distribution, on regardera attentivement si en quelques points des claies la nourriture n'a pas été insuffisante, auquel cas on en donnerait à nouveau. Si sur quelques points les vers sont rapprochés les uns des autres, on placera des rameaux de mûrier, et, dès qu'ils seront garnis de vers, on les transportera sur une partie propre de la claie.

Les vers grossissent rapidement ; on veillera à ce qu'ils le fassent également, et l'on maintiendra sur les claies une parfaite régularité.

Pendant cet âge, une température de 22° C. environ sera suffisante ; mais il faudra maintenir une puissante aération et un renouvellement constant de l'air dans la magnanerie. Pour cela, si la température du dehors n'est pas froide, ce qui est le cas général, on maintiendra les portes et les fenêtres ouvertes. On allumera quatre ou cinq fois par jour, au moment des repas particulièrement, des copeaux, du menu bois ou de la paille dans les cheminées, de façon à assurer un puissant renouvellement de l'air. Il faut que les personnes qui entrent dans la magnanerie ou y séjournent pour les soins à donner aux vers y respirent avec la même facilité que si elles étaient au grand air ; elles n'y doivent trouver d'autre différence que celle qu'il y a entre la température extérieure et intérieure, et n'y percevoir aucune odeur autre que celle de la feuille fraîche.

Les symptômes de maladies, principalement ceux de la pébrine, si la graine était malsaine, pourront apparaître pendant ce quatrième âge.

Le sixième jour l'appétit des vers commence à diminuer et, le septième jour, l'entrée en mue aura lieu. On procédera au délitage et à l'espacement des vers comme dans les mues précédentes.

Cinquième âge.
De la quatrième mue à la montée.

Au sortir de la quatrième et dernière mue, on opérera comme pour les précédentes. Les vers ont considérablement grandi : ils pèsent plus de quatre fois plus qu'au sortir de la troisième mue. Ils sont d'abord d'une couleur gris roussâtre ; mais, après quelques repas, ils reprennent leur couleur définitive, et leur voracité augmente considérablement. Ils ont besoin d'une nourriture saine et abondante. Il n'y a plus à limiter le nombre des distributions, mais il faut au contraire leur donner la feuille à discrétion. De ce fait la litière abonde, et de fréquents délitages sont nécessaires.

La température extérieure est devenue assez élevée pour permettre de supprimer le chauffage. Par des flambées répétées, on active le renouvellement de l'air ; les portes et les fenêtres seront tenues ouvertes.

Il est extrêmement important de maintenir un renouvellement constant de l'air pendant ce dernier âge, et il faut que cet air soit aussi sec que possible. Dandolo est le premier qui ait particulièrement attiré l'attention des magnaniers sur ce point important, et voici comment s'exprime cet auteur :

« Le cinquième âge des vers à soie est le plus long et le plus décisif ; il exige autant les lumières de l'homme instruit que les soins du magnanier exercé, parce que l'art d'élever ces insectes ne peut, comme beaucoup d'autres, se perfectionner sans l'application des sciences physiques.

« Je n'entends pas cependant faire ici de la science ; je désire seulement rendre populaires quelques vérités dont l'éducateur qui a du jugement peut facilement faire lui-même l'application, pour se garantir, dans tous les cas, des pertes que l'homme le plus exercé dans cet art ne peut être sûr d'éviter, s'il ne les connaît pas.

« En conséquence, avant de reprendre et de continuer la description des soins journaliers des vers à soie, je ferai les observations suivantes :

« Si les vers meurent dans le premier âge, la perte est petite, parce que la dépense cesse bientôt et qu'on peut vendre la feuille qu'on avait gardée ; si, au contraire, ils périssent dans le cinquième âge, la perte est considérable, parce qu'il y a déjà beaucoup de feuille consommée, qu'on a payé des journées d'ouvriers et qu'on a fait d'autres dépenses : d'ailleurs on voit s'évanouir l'espoir d'un gain sur lequel on avait plus ou moins besoin de compter.

« Il s'agit donc de bien connaître quelle est la condition des vers dans le cinquième âge, pour savoir comment on doit se conduire pour les conserver sains et vigoureux, malgré toutes les contrariétés soit de l'atmosphère, soit produites par d'autres causes.

A mesure que, dans le cinquième âge, les vers grossissent, il se déclare contre eux trois ennemis, qui, selon qu'ils sont plus ou moins forts et réunis dans l'atelier, peuvent les affaiblir de manière à les faire périr promptement.

« Ces ennemis sont :

« 1° La presque incroyable quantité de vapeur aqueuse qui se dégage chaque jour de ces insectes par la transpiration et l'évaporation de la feuille qu'on leur distribue ;

« 2° Les émanations méphitiques et mortelles qui se dégagent chaque jour de ces vers, de leurs excréments, de la feuille et de ses restes (1) ;

(1) « On sera surpris d'apprendre combien est grande la quantité d'air méphitique non propre à la respiration et, par conséquent, mortel, qui se dégage des vers à soie, particulièrement au cinquième âge, dans un atelier de 5 onces d'œufs.

« Qu'on mette 1 once de fumier prise de dessus les claies dans une bouteille qui puisse contenir 1 livre et demie d'eau,

« 3° La qualité humide et chaude de l'air atmosphérique, ainsi que la chaleur étouffée de l'atelier pendant le cinquième âge.

« Ces trois ennemis nuisent aux vers à soie de trois manières :

« 1° Si les vapeurs aqueuses produites par la feuille et par la transpiration de l'insecte sont accumulées dans l'atelier, elles tendent sans cesse à relâcher la peau du ver ; cet organe perdant alors une partie de son élasticité, l'insecte se trouve dans un état de torpeur ; son appétit diminue ; le mouvement de ses organes sécréteurs se ralentit, et des maladies de divers genres, et même la mort, en sont la conséquence.

« 2° Les émanations méphitiques qui se dégagent du corps de l'insecte et de la feuille, rendant la respiration difficile, produisent les mêmes effets.

« 3° L'humidité et la stagnation naturelle de l'air

qu'on bouche hermétiquement cette bouteille ; six ou huit heures après selon le degré de température, l'air respirable que la bouteille contenait s'est vicié et se trouve converti en un air mortel.

« Pour s'en assurer, il suffit d'ouvrir la bouteille et d'y placer aussitôt un petit oiseau ; il tombera à l'instant en asphyxie et mourra, si on l'y laisse quelques moments. Si, au lieu d'un petit oiseau, on y introduit une petite bougie allumée, elle s'éteint. Ces phénomènes n'auraient pas eu lieu si on avait fait ces expériences avec une bouteille dans laquelle il n'y aurait eu que de l'air atmosphérique.

« D'après cela, il est clair que, lorsque dans le cinquième âge l'atelier dont j'ai parlé plus haut contient 1 200 livres et plus de fumier, cette quantité peut vicier, chaque huit heures à peu près, un volume d'air égal à celui que peuvent contenir 16 800 pintes de Paris, c'est-à-dire des bouteilles de 2 livres, et, dans un jour, cette quantité de fumier en vicierait un volume de 50 400 pintes.

« Cette observation suffira sans doute pour faire sentir combien il est nécessaire de se délivrer du mauvais air à mesure qu'il se dégage, en le renouvelant continuellement et doucement. » (*Note de Dandolo.*)

atmosphérique augmentées par l'humidité de l'atelier provoquent une grande fermentation dans le fumier et, conséquemment, un dégagement de chaleur, qui, faisant perdre à l'air l'élasticité, le rend meurtrier au point de détruire entièrement les vers en peu d'heures.

« A ces causes de maladies promptes souvent il s'en joint une autre qui provient de ce qu'on tient les vers trop serrés sur les claies, particulièrement dans le dernier âge. Cet insecte, ainsi que je l'ai déjà dit, ne respire pas par la bouche comme nous, mais bien par les petits trous qui sont tout près de ses pattes, et qu'on nomme stigmates. Ces vaisseaux respiratoires sont presque tout à fait couverts ou bouchés lorsque les vers sont l'un sur l'autre, ce qui rend leur respiration très difficile et ralentit la transpiration.

« Si on ne reconnaît et ne combat pas de suite les causes de maladie, l'entière récolte se détruit au moment où on avait les meilleures espérances : nous en avons malheureusement trop de preuves tous les ans et dans tous les pays.

« J'oserais promettre qu'on ne verra jamais paraître aucune de ces causes, si on suit exactement tout ce que je vais prescrire pour le cinquième âge.

« Dans ce chapitre, je parlerai : de l'hygromètre, instrument avec lequel on mesure les degrés d'humidité de l'air dans l'atelier.....

« Si on ne veut pas faire la dépense des hygromètres (1)

(1) « Je ne saurais assez recommander à ceux qui s'occupent de l'art d'élever les vers à soie de se servir de ce précieux instrument, qui indique avec beaucoup de facilité l'existence d'un des plus puissants ennemis des vers dans l'atelier.

« On pensera peut-être que je propose trop d'ustensiles ou d'instruments. Je crois n'avoir choisi que ceux qui sont de pure nécessité pour assurer la réussite des vers à soie.

« Sans ces instruments, on ne pourrait, par exemple, distinguer dans un atelier :

« 1° Que la température est non seulement plus basse près

et qu'on se contente de moins d'exactitude pour un objet qui est cependant bien important, on peut employer le sel de cuisine grossièrement pilé et mis sur un plat.

« Lorsque l'hygromètre indique un état très humide de l'air, ou lorsque le sel paraît humide, on doit faire brûler des copeaux ou de la paille dans les cheminées afin d'absorber tout l'air humide, et de le faire remplacer par l'air extérieur, qui se sèche aussi par cette même flamme. Je dis flamme, et non feu de gros bois, pour deux motifs : le premier est qu'en brûlant, par exemple, 2 livres de copeaux ou de paille sèche et éparpillée, on attire promptement, de tous les points de la chambre vers les cheminées, une grande quantité d'air qui sort par le tuyau de ces cheminées. En même temps, cet air est remplacé par une autre grande quantité d'air extérieur qui se répand sur toutes les claies et restaure les vers exténués.

des ouvertures, et plus haute près des poêles et cheminées, mais qu'elle est aussi plus basse autour des claies qui sont près du pavé qu'autour des autres ;

« 2° Que la température dans l'atelier varie moins aux parties supérieures qu'aux inférieures, ce qui fait que généralement les vers réussissent mieux sur les tables hautes que sur les basses ;

« 3° Que l'humidité prédomine presque toujours plus dans le bas que dans le haut ;

« 4° Que l'air se renouvelle plus difficilement dans les angles de l'atelier que dans aucune autre partie ;

« 5° Que les vers à soie et les cocons réussissent constamment mieux dans les parties de l'atelier où le mouvement de l'air est continuel, bien réglé et lent ;

« 6° Finalement, que, sans les instruments ci-dessus indiqués, il dépendrait des ouvriers qui servent dans l'atelier, ainsi que je l'ai déjà dit à la deuxième note, de cacher au maître le degré de chaleur trop grand ou trop petit auquel ils auraient par négligence exposé l'atelier.

« Toutes ces connaissances me paraissent bien précieuses et donnent un caractère de précision et d'exactitude à l'art d'élever les vers à soie qu'on n'avait jamais vu. »

(*Note de Dandolo.*)

Ce renouvellement d'air a lieu sans que le degré de chaleur de l'atelier varie beaucoup. Si, au contraire, on employait du gros bois, il faudrait plus de temps pour mouvoir l'air intérieur; on consommerait dix fois plus de bois, et on échaufferait trop la chambre. Le mouvement de l'air dans l'atelier est, à circonstances égales, d'autant plus grand qu'est grande la flamme des corps qu'on fait brûler promptement.

« Ceux qui n'ont ni copeaux ni paille sèche peuvent employer d'autre petit bois sec et léger.

« Aussitôt que la flamme s'élève, l'hygromètre annonce que l'air s'est un peu séché, et on en distingue même les degrés.

« Le second motif qui doit faire préférer le menu bois est la grande quantité de lumière que produit sa combustion. On ne peut s'imaginer combien elle influe sur la santé et l'accroissement des vers à soie. Nous-mêmes quelquefois, étant saisis par le froid, ou fatigués et suants, nous nous sentons restaurés par la grande lumière que le feu réfléchit et qui nous pénètre. La chaleur du feu sans flamme ne produit jamais cet effet.

« Concluons donc que le feu de gros bois ou de poêle est toujours utile lorsqu'il est question de maintenir stable la température dans un atelier, et que l'air n'y est pas trop humide ; mais qu'il faut se servir de la flamme si on veut chasser l'air chargé de trop d'humidité et le remplacer promptement par l'air extérieur. Quand je parlerai en particulier de l'atelier je m'expliquerai davantage sur ce sujet.

« Jusqu'à présent, j'ai parlé de l'humidité qui se dégage dans l'atelier, et dont nous ferons ailleurs un calcul approximatif, et je n'ai encore rien dit de celle dont l'atmosphère est souvent chargée.

« Un hygromètre placé dans une chambre contiguë ou au dehors indiquera l'état de l'atmosphère. S'il est humide, il augmentera l'humidité de l'atelier; alors il faudra faire plus fréquemment de la flamme pour y maintenir un air plus sec que celui du dehors. Dans le cas d'humidité de l'air extérieur, il faut faire souvent de petits feux, afin de ne pas communiquer un grand mouvement à l'air extérieur et de conserver seulement une agitation douce et graduée à l'air intérieur, ce qui est très avantageux aux vers. En conservant toujours un peu de mouvement à l'air intérieur, on obtient le même effet que s'il était plus sec. Lorsqu'il peut librement circuler et sortir et qu'il est à une douce température, il ne se charge pas si facilement d'humidité.

« Le thermomètre ensuite indiquera si la température de l'atelier n'exige pas que l'on fasse du feu avec du gros bois, pour conserver le degré de chaleur fixé pour cet âge, qui est le plus important.

« Dans notre climat, le besoin de l'air humide dans l'atelier ne se présente jamais; il doit y être toujours sec.

« S'il souffle des vents du Nord, particulièrement au cinquième âge, il est rare qu'ils ne réussissent pas, même entre les mains des gens de la campagne les plus ignorants, parce que l'air sec absorbe la grande humidité qui sort de ces insectes et de la feuille et l'entraîne au dehors. Cet air pénètre partout; il entre même dans les chambres fermées et enlève l'humidité de tous les corps, parce qu'il a une grande attraction pour l'eau, ainsi que nous pouvons nous en apercevoir continuellement dans nos habitations. J'ai toujours observé que les grandes pertes qui arrivent aux magnaniers ignorants ont lieu dans le cinquième âge, à raison de l'air rendu humide par quelque vent du midi, qui est mortel pour les vers. Ces petits insectes se trouvent alors dans un bain de vapeur chaude qui les affaiblit, les empêche de transpirer et les fait périr, quoique une heure avant ils parussent être de la meilleure santé et qu'ils fussent près de monter.

« Dans les pays élevés, où l'air est toujours plus sec et

plus agité, on est moins sujet à éprouver les pertes sus-indiquées (1). »

On voit, par cette longue citation, l'importance que Dandolo attachait au renouvellement de l'air dans les magnaneries et à ce que cet air soit aussi sec que possible. Il revient constamment sur ce sujet. En parlant du délitage, par exemple, qu'il appelle *nettoiement* :

« Pendant cette opération, en doit faire entrer l'air extérieur de tous côtés, et même l'attirer en faisant un feu léger alternativement dans toutes les cheminées.

« On doit aussi laisser tous les soupiraux ouverts, ainsi que les portes et les fenêtres, s'il ne fait pas de vent, et, si l'air extérieur n'est guère au-dessous de 16° et demi de chaleur (2) que doit avoir l'intérieur de l'atelier (3). »

Et plus loin il fait les mêmes recommandations pour le moment où les vers sont prêts à monter, et il explique que, les papiers qui recouvrent les claies étant humides par suite des nombreuses déjections que les vers expulsent à ce moment, il faut plus que jamais aérer fortement pour combattre l'humidité. Il y revient encore pour le moment où les vers commencent à filer leur cocon, et il ajoute :

« Lorsque le cocon a acquis une certaine consistance, on peut laisser tout ouvert, parce qu'on n'a plus à craindre les variations de l'air. Le cocon est d'un tissu si serré que l'agitation de l'air; loin de faire du mal aux vers, leur est agréable, quand bien même sa température serait plus froide que celle de l'atelier (4). »

Dandolo attribuait même au défaut d'aération et à la présence de l'air humide et *méphitique* dans les magnaneries la cause de tous les échecs, ce qui n'est pas tout à

(1) DANDOLO, p. 140 et suiv.

(2) Il s'agit ici des degrés au thermomètre Réaumur. Il en est de même pour toutes les citations du même auteur.

(3) DANDOLO, p. 193.

(4) DANDOLO, p. 202.

fait exact. Nous avons vu cependant combien l'humidité et la fermentation des litières favorisent le développement des maladies (flacherie, grasserie, etc.), et il ne faut pas oublier qu'à l'époque où parlait l'auteur ces maladies n'étaient pas définies et que leurs véritables causes étaient inconnues. On peut cependant dire qu'il avait constaté l'existence du mal, car il disait :

« Un air trop humide empêchant les vers de contracter leur peau pour évacuer leurs derniers excréments et pour exprimer la soie par les filières les fait souffrir, les affaiblit, ralentit leur travail et leur occasionne *divers genres de maux* qu'on ne peut aisément définir.

« Un air vicié par la fermentation des ordures sur les claies ou par le séjour tardif des vers sur la litière, ainsi que le défaut de circulation de l'air intérieur qui rend la respiration de ces insectes difficile et qui relâche tous les organes, sont des causes qui produisent aussi *des maladies*. Dans de pareils cas, bon nombre de vers tombent ; d'autres forment de mauvais cocons, meurent dedans dès qu'ils l'ont fini et s'y corrompent. »

Et plus loin, en décrivant toutes les maladies qui déciment les vers à soie, il en ramène toutes les causes aux conditions défectueuses dans lesquelles ils respirent et transpirent, et il conclut :

« On ne verra jamais paraître ce grand nombre de maladies :

« 1° Lorsque les vers seront tenus clairsemés sur les claies, de manière à ce qu'ils puissent tous bien respirer et transpirer ;

« 2° Si l'air intérieur de l'atelier est toujours au degré de chaleur que j'ai déterminé ;

« 3° Lorsqu'on ne laisse jamais l'air stagnant dans l'atelier et qu'au contraire on l'y maintient continuellement dans une douce et lente agitation ;

« 4° Si on a soin de faire de la flamme à propos, quand

l'air extérieur est humide et stagnant et l'évaporation de l'intérieur abondante ;

« 5° Lorsqu'on a soin de tenir l'atelier toujours bien éclairé, la lumière étant le plus précieux excitant de la nature vivante ;

« 6° Si on ne laisse jamais les litières sur les claies plus longtemps que je ne l'ai prescrit pour éviter la fermentation ;

« 7° Si on a soin de ne distribuer jamais que de la feuille bien séchée (1). »

Il est bien évident que l'auteur se trompe sur les véritables causes des maladies.

Ces causes restèrent d'ailleurs encore longtemps inconnues, puisque ce sont les travaux de notre immortel Pasteur qui les déterminèrent véritablement d'une façon précise.

Dandolo prenait pour causes déterminantes celles qui ne sont en réalité qu'adjuvantes. Il n'en reste pas moins vrai que tous les conseils qu'il donne sont toujours précieux et doivent être suivis par les éducateurs désireux d'obtenir un bon résultat.

C'est en effet pendant ce dernier âge que les maladies se manifestent surtout. Si, malgré tous les soins donnés jusque-là à l'éducation, on découvre quelques vers, malades, il faut les enlever sans tarder, les enfouir dans le sol loin de la magnanerie et espacer les autres le plus possible en vue d'éviter toute contagion.

En cas de muscardine, entretenir l'atmosphère aussi sèche que possible, déliter souvent et faire quelques fumigations au soufre.

Ces moyens atténueront les effets du mal et éviteront une perte totale.

Le magnanier est maintenant au bout de ses peines et a fait toutes ses dépenses; il est évident qu'il ne peut se

(1) Dandolo, p. 284.

résigner à abandonner son éducation. Par contre, si des symptômes graves se manifestent au début, c'est-à-dire pendant les premiers âges, il ne doit pas chercher à enrayer le mal, et mieux vaut jeter tous les vers et recommencer avec d'autres graines.

Il ne faut pas considérer comme malades certains vers qui ont une couleur un peu brune et un aspect languissant. En les regardant attentivement, on reconnaîtra qu'ils n'ont pu se débarrasser complètement de leur vieille enveloppe, qui emprisonne la partie postérieure du corps ou simplement un anneau. La partie resserrée ne peut croître, et le ver périra si on ne parvient pas à détacher délicatement ce fourreau.

Cet accident est un indice que les vers ont été dérangés de leur place pendant la mue, ce qui a rompu les fils de soie qui fixaient la vieille dépouille. Le cas est facile à reconnaître après la quatrième mue, tandis qu'aux mues précédentes les vers sont trop petits, et ceux qui sont dans cet état meurent inaperçus.

Heureusemement tous ces cas de maladies et accidents ne sont que des exceptions, et, quand tout a marché à souhait, c'est vers le troisième jour du cinquième âge que commence la *grande frèze*.

C'est le moment où les vers mangent avec une voracité extraordinaire et où il faut constamment distribuer de la feuille. Cet appétit dure jusqu'au sixième jour, et les soins de quelques claies suffisent à occuper une personne.

Pendant tout le cinquième âge, la température devra être maintenue aux environs de 22° C. et l'aération devra être parfaite et constante.

Soit pendant cette période, soit pendant les âges précédents, si les vers paraissent manquer de vigueur et ne mangent pas avidement, soit au moment de la maturité, si les vers sont un peu lents à monter, beaucoup de magnaniers croient leur procurer une sensation agréable et les émoustiller en brûlant dans la magnanerie et en dehors des foyers quelques plantes aromatiques. Cette pratique non seulement ne produit aucun bon résultat, mais elle est plutôt nuisible, et ici encore nous devons reproduire l'opinion et les conseils de Dandolo, qui, bien que anciens, ont toujours une grande valeur.

« De quelque manière qu'on brûle un végétal, non dans la cheminée, mais dans une chambre fermée, et quelle que soit la bonne odeur qu'il répande en brûlant, il consume une partie de l'air respirable ou vital contenu dans la chambre, ce qui doit nécessairement le rendre plus malsain.

« Ce végétal non seulement consume de l'air, mais il produit en échange un air méphitique funeste à la respiration, et qui peut faire périr dans peu les vers qui le respirent...

« La fumée des cheminées, qui se répand souvent dans les ateliers et qui y reste stagnante, nuit aussi aux vers; cet inconvénient dépend ou de la mauvaise construction des cheminées, ou d'un manque de soins dans l'atelier. Il peut se faire que la fumée soit causée par quelque courant d'air. Dans ce cas, elle est bien moins mauvaise, parce qu'alors l'air est agité; cependant, si elle se répand fréquemment dans la chambre, elle peut être très nuisible (1). »

Nous répéterons ici ce que nous avons déjà dit plusieurs fois, que la fumée du tabac est nuisible aux vers et qu'il faut s'abstenir de fumer dans les magnaneries.

Le troisième ou le quatrième jour de la grand frèze, les vers ont atteint leur maximum de taille et de poids : leurs dimensions sont quarante fois plus fortes qu'au moment de l'éclosion, et ils pèsent près de dix mille fois plus.

A ce moment, le magnanier qui est presque au bout de ses peines doit redoubler de soins et d'attention pour éviter toute cause d'échec.

(1) Dandolo, p. 154 et 155.

Si le temps est sec et vif, les vers accompliront sans encombre la fin de ce cinquième âge. Si, par contre, il est chargé d'humidité ou orageux, il faudra combattre cette mauvaise influence par l'application des conseils donnés plus haut, c'est-à-dire par l'aération, les flambées, etc.

Fin du cinquième âge et montée des vers à la bruyère.

Après la grande frèze, l'appétit des vers diminue, et ils mûrissent bientôt. On doit alors se préoccuper de leur préparer une place convenable pour la confection de leurs cocons. Des rameaux d'arbustes ont été préparés d'avance. Les branches de bruyère, genêt, ciste, romarin, chêne vert, chêne kermès, etc., et toutes broussailles peuvent convenir. Les bruyères sont le plus souvent employées, d'où est venue l'expression : *mettre la bruyère.* Mais, avant de dire comment on dispose les bois et de décrire les divers modes d'encabanage usités, rappelons en quelques mots les soins que l'on doit donner aux vers pendant les derniers jours de leur vie.

On réservera pour ces derniers jours de l'éducation la feuille la plus saine, la meilleure et la moins aqueuse. Elle devra provenir d'arbres âgés, vigoureux et non taillés depuis plusieurs années.

L'approche de la maturité est marquée par une diminution de volume du corps : les vers commencent à évacuer une grande quantité de déjections. Aussi les délitages doivent être fréquents. S'il s'agit de races à cocons jaunes, l'extrémité caudale prend une couleur jaune, teinte qui s'étend peu à peu d'anneau en anneau. S'il s'agit de races à cocons blancs, c'est une nuance blanc d'albâtre qui se manifeste.

La taille des vers diminue peu à peu ; le dos devient luisant, le museau d'un brun plus clair ; la teinte jaune ou blanchâtre se répand sur tout le corps ; ils refusent toute nourriture et cherchent à s'isoler pour se vider complètement ; ils ne vont pas tarder à grimper sur la bruyère pour y construire leurs cocons et se transformer en chrysalides.

L'éducateur doit, pendant ces derniers jours, suivre avec une attention soutenue toute sa chambrée et ne pas interrompre ses soins d'un instant : il faut constamment distribuer un peu de feuille aux vers qui veulent encore manger et tenir toutes les claies dans un parfait état de propreté. Pour déliter, on n'emploiera plus les feuilles de papier perçé, mais on enlèvera délicatement les vers à la main, sans les blesser, pour les mettre sur les parties propres de la claie, et la litière sera placée dans une corbeille et transportée au dehors. Souvent des vers viennent au bord des claies pour s'isoler ; il faut les replacer soit au milieu des claies, soit au milieu de la bruyère, sans quoi ils pourraient tomber sur le sol et se crèveraient.

Enfin on doit maintenir constamment dans la magnanerie une chaleur douce de 22° C. et une bonne circulation d'air sec. Si tous les vers de la chambrée sont réguliers et vigoureux, la montée sera très rapide, et ces soins assidus et captivants seront de courte durée.

Si le temps est orageux, il faut remédier le mieux possible, par des flambées répétées, à cet état de l'atmosphère qui n'est pas favorable aux vers.

Il ne faut pas croire cependant que, si un orage éclate vers la fin de l'éducation, il puisse compromettre la réussite. Une opinion trop répandue est que les bruits du tonnerre ou même celui de coups de fusil sont nuisibles aux vers ; c'est un préjugé, et voici ce qu'en disait l'abbé Rozier en 1801 (1) :

(1) Il faut tenir compte, en lisant cette citation, que l'abbé Rozier n'avait, au sujet de l'électricité, que les connaissances de son époque et que ses explications sur ce sujet manquent d'exactitude.

« Mais, si l'on consulte l'expérience, l'on se convaincra que ni le bruit du tonnerre, ni celui d'une forte mousqueterie, ne font point tomber les vers et qu'ils continuent à travailler comme s'ils étaient dans l'endroit le plus solitaire. Voici un fait qui confirme ce que j'avance : il y a environ trente-cinq ou quarante ans que chez M. Thomé, grand éducateur de vers, un des premiers qui aient écrit sur la culture des mûriers et l'éducation des vers à soie, nous tirâmes, en présence de plusieurs témoins dignes de foi, plusieurs coups de pistolet dans l'atelier même, lorsque les vers étaient au plus fort de la montée. Un seul tomba, et il fut reconnu par tout le monde qu'il était malade et qu'il n'aurait pas coconné. Personne ne révoquera en doute le témoignage de M. Sauvages, qui répéta chez lui la même expérience, sans qu'il en résultât aucun effet. L'opinion générale est donc démentie par l'expérience, enfin par des faits absolument contraires à ce qu'elle veut propager.

« La secousse occasionnée dans l'air par le bruit du tonnerre ne nuit donc en aucune manière aux vers qui filent leur cocon ; mais la fulguration, les éclairs, le bruit annoncent un amas d'électricité dans l'atmosphère, qui se décharge, ou d'un nuage qui en a surabondance, sur un autre nuage qui en a moins ou pas du tout, ou enfin entre des nuages et la terre, jusqu'à ce que l'électricité soit en équilibre dans la masse totale. Cet équilibre ne peut point s'établir sans que des êtres faibles en soient affectés. Ne voit-on pas des personnes dont les nerfs sont délicats ou trop électriques par eux-mêmes avoir des convulsions et même la fièvre dans de pareilles circonstances? Est-il donc étonnant que des vers remplis de soie, qui, comme on le sait, devient électrique par le frottement, mais sans transmettre son électricité aux corps qui l'environnent, soient cruellement tourmentés et fatigués par leur électricité propre et par la surcharge qu'ils reçoivent de celle de l'atmosphère? Si, à cette première cause, une seconde vient se joindre, on reconnaîtra évidemment ce qui occasionne la chute des vers, et on ne l'attribuera plus aux secousses produites dans l'air par le bruit du tonnerre. Avant que l'orage se décide, le temps est bas, lourd et pesant, la chaleur si suffocante qu'on peut à peine respirer; l'air semble accabler la nature; on ne ressent pas le vent le plus léger; on ne voit pas une seule feuille agitée; les substances animales se putréfient promptement; enfin *la touffe* se manifeste plus ou moins en raison de l'air atmosphérique et surtout de celui de l'atelier. Les vers peuvent donc éprouver une asphyxie dans ces moments critiques. Le tonnerre et les éclairs indiquent le mal, mais ne sont pas le mal (1). »

Les bois une fois secs sont secoués pour faire tomber le feuillage et coupés en brins d'égale longueur un peu supérieure à l'intervalle des claies. Le pied de chaque branche reposera sur la claie inférieure et le sommet viendra se recourber sous la claie supérieure (fig. 34, A); les premières seront placées au fond et aux extrémités des claies. Les vers les plus avancés peuvent ainsi se loger.

De distance en distance (50 à 60 centimètres), de petites haies formées de la même façon sont placées au travers des claies. Cette disposition figure une série de petites cabanes, d'où le terme d'*encabanage*. Les branches ne doivent pas être trop touffues afin de permettre à l'air de circuler librement et offrir aux vers des interstices nombreux où ils logeront aisément les cocons; si ces interstices étaient trop rares, on s'exposerait à avoir beaucoup de *doubles*.

La distribution de la feuille est continuée dans l'intervalle des cabanes jusqu'à ce qu'il ne reste plus sur la claie qu'un nombre insignifiant de vers non montés; ces derniers sont réunis sur une claie séparée avec les

(1) L'abbé Rozier, *Cours d'agriculture*, Paris, 1801.

quelques retardataires enlevés en cours d'éducation. Le

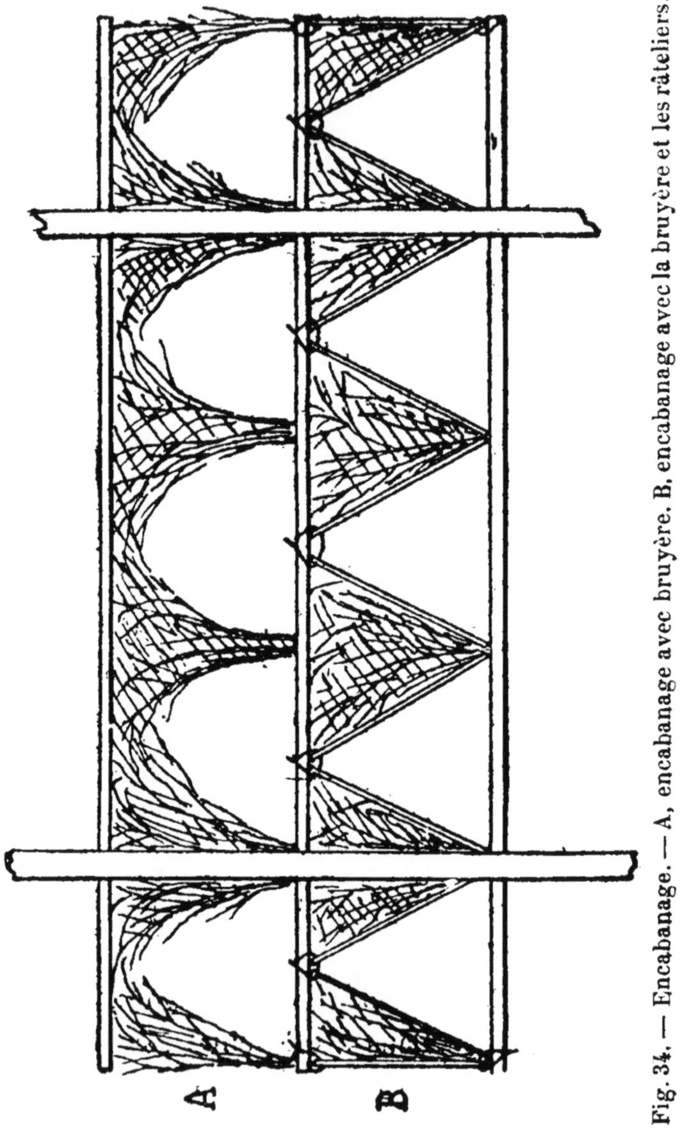

Fig. 34. — Encabanage. — A, encabanage avec bruyère. B, encabanage avec la bruyère et les râteliers.

tout constitue ce qu'on appelle les *démamures* ou *déma-*

madures. Les claies doivent rester nettes, sans litière, ni souillures. Beaucoup de magnaniers ont la mauvaise habitude de ne faire ce nettoyage que plusieurs jours après. Les litières entrent alors en fermentation et entretiennent un état d'humidité très préjudiciable. L'aération doit être maintenue au moins aussi active que pendant l'éducation, l'accès de l'air étant atténué par les branchages. Trop souvent des éducateurs, après avoir maintenu jusque-là une aération convenable, ferment portes et fenêtres lorsque la montée est terminée. Faute d'air, quelques vers périssent sans achever leurs cocons ; d'autres meurent à l'intérieur à l'état de chrysalides, d'où une perte notable, surtout si l'éducation était destinée au grainage. C'est pour la même raison qu'il faut s'abstenir de recouvrir les cabanes de papier ou de toile, comme on le voit faire quelquefois.

Pour faciliter la mise de la bruyère, la charpente des cabanes peut être préparée avec des liteaux de bois formant comme de petits rateliers disposés à des distances régulières (fig. 34, B). Il ne reste qu'à garnir l'intervalle avec des broussailles.

Un autre procédé consiste à recueillir un à un les vers qui sont mûrs et à les transporter dans une pièce où le bois a été disposé. Ce système dispense de faire l'encabanage sur les claies, et les vers font leurs cocons loin des litières; mais il exige un local spécial et une main-d'œuvre supplémentaire. Malgré toute l'attention du magnanier, il s'expose à transporter des vers qui ne sont pas tout à fait mûrs et à en laisser d'autres qui commencent à filer leurs cocons.

Pour obvier à cet inconvénient et pourtant transporter les vers dans un autre local, Ostinelli a imaginé un appareil spécial. C'est une sorte de treillage formé avec des roseaux fendus. Étalé (fig. 35), il mesure 90 centimètres sur 58 de large. En le repliant comme l'indique la figure 36, les accouplant deux à deux et garnissant l'intérieur de branchages, on obtient comme une cabane

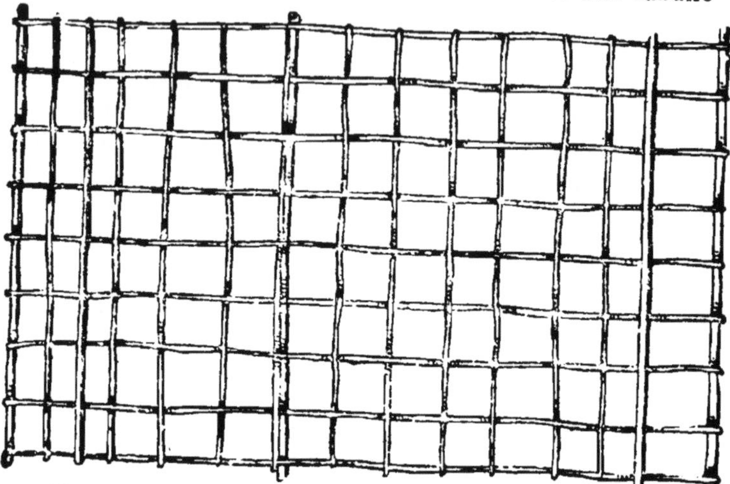

Fig. 35. — Appareil Ostinelli déployé (Verson et Quajat).

mobile qui est transportée dès qu'elle est garnie de vers.

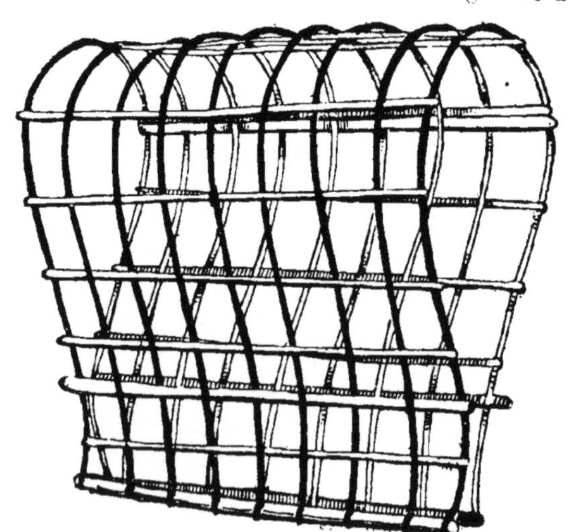

Fig. 36. — Appareil Ostinelli replié (Verson et Quajat).

Au XVIe siècle, un système spécial avait été imaginé,

et il a été préconisé en 1857 par Delprino et plus récemment par Sartori. Il s'agit simplement de porter chaque ver dans une loge de casiers en bois ou en carton aménagés à cet effet. La main-d'œuvre est onéreuse, et l'établissement des casiers est coûteux. Les vers, du reste, n'y construisent pas volontiers leurs cocons.

En résumé, avec l'élevage sur claies, le système le plus pratique est celui de l'encabanage ; en ne négligeant pas l'enlèvement des litières et la bonne aération. Rien n'est d'ailleurs plus agréable à l'œil comme des claies bien propres surmontées de cabanes bien disposées, garnies de beaux et nombreux cocons.

Avec l'élevage aux rameaux, il suffit d'ajouter aux bois dégarnis de feuilles de la paille ou de petits fagots de broussailles pour que les vers y construisent leurs cocons.

Décoconage.

Lorsque les cocons sont destinés à la filature, on peut décoconner huit jours après la montée des derniers vers si la température a été d'au moins 20°. Pour les cocons destinés au grainage, il est bon d'attendre trois ou quatre jours de plus, de façon à ce que la chrysalide soit bien formée et supporte plus facilement le transport.

Lorsque le succès est venu couronner les travaux du magnanier, le décoconage est pour celui-ci une véritable fête. Il y convie ses parents et amis, qui viennent gracieusement prêter leur concours. Les hommes démontent les cabanes et font passer les brins de bruyères garnis de cocons aux femmes et aux jeunes filles qui les enlèvent et les placent dans des paniers ou sur des claies avec beaucoup de précaution.

Les cocons sont encore enveloppés de la bourre, bave ou blaze, réseau que le ver avait jeté avant de former son cocon. Ce réseau est enlevé au moins grossièrement par les ouvrières, qui saisissent d'une main le cocon et de l'autre la bave, qu'elles enroulent autour des doigts. En même temps elles font le triage. Les cocons bien conformés sont réunis; les doubles, qui se reconnaissent à leur aspect grossier, leur coque résistante, leur dimension, sont mis à part et seront vendus pour être cardés. Le commerce tolère cependant une proposition de 3 à 4 p. 100 de doubles. Les fondus, faibles et autres défectueux feront une deuxième catégorie de rebuts. Les satinés, s'ils sont en trop grand nombre, déprécient l'ensemble.

M. Laurent de l'Arbousset a trouvé sur plusieurs lots de cocons de races indigènes les proportions suivantes, qui ne doivent pas être dépassées dans toute éducation bien réussie :

Cocons doubles, 6 p. 100;

Autres cocons défectueux, morts, faibles, etc., 3 p. 100;

Bons cocons, 91 p. 100.

Après le triage, pour débaver plus complètement les bons cocons, si on le désire ou si l'acheteur l'exige, on reprend chaque cocon entre les doigts.

Une petite machine d'invention récente, appelée *débaveuse*, fait plus rapidement cette opération. Elle comprend simplement un plan incliné sur lequel glissent peu à peu les cocons; de distance en distance, ils rencontrent des tringles de fer transversales qui tournent rapidement. Ce mouvement leur est communiqué au moyen d'une manivelle et d'engrenages actionnant une chaîne de Vaucanson. Au passage, la bave est enroulée sur les tringles, tout comme sur les doigts de l'ouvrière.

Les cocons entassés s'échauffant promptement, on doit les étendre sur des claies ou sur des toiles en attendant de les vendre. La vente ne doit pas être différée, parce que la perte de poids journalière est élevée, ainsi que nous l'avons vu plus haut (Voir chap. III, IIe partie, Perte de poids de la chrysalide).

TRANSPORT. — Si les cocons sont destinés au grainage, de grandes précautions doivent être apportées à l'emballage et au transport. Ils seront placés dans des paniers de faible volume, de façon à éviter l'échauffement de la masse et permettre l'aération. Les chocs violents peuvent blesser ou meurtrir les chrysalides. Le transport sera effectué de préférence le matin de bonne heure, ou dans la soirée, afin de ne pas les exposer en route à la forte chaleur du milieu du jour.

Dans le cas où les cocons sont destinés à la filature, le volume des récipients peut être plus grand et les soins moins minutieux; la marchandise doit pourtant arriver en bon état à destination.

Étouffage.

L'étouffage a pour but de tuer la chrysalide afin de conserver le cocon intact et de pouvoir le filer plus tard. Les cocons percés par la sortie du papillon ne peuvent être filés. Il est vrai que le fil de soie n'est pas coupé ; les brins en sont simplement écartés; mais, pour le dévidage, les cocons sont placés dans une bassine d'eau chaude et doivent surnager. S'ils sont percés, l'eau pénètre à l'intérieur, et ils sont submergés.

De plus le liquide alcalin, émis par le papillon pour sortir, et les déjections dont il salit les cocons attaquent la soie au bout de peu de temps.

Plusieurs procédés peuvent être employés pour tuer la chrysalide à l'intérieur du cocon :

1° Par la chaleur sèche ;

2° Par la chaleur humide ;

3° Par les deux combinées ;

4° Par actions chimiques.

1° *Par chaleur sèche.* — Le système le plus rudimentaire consiste à placer les cocons dans des paniers peu profonds et de les introduire dans le four du boulanger. La température n'étant pas réglée, on s'expose à détériorer la soie par un excès de chaleur.

Les étouffoirs industriels à air chaud se composent d'une grande étuve munie de tiroirs dans lesquels on place les cocons. Un thermomètre à l'intérieur derrière une vitre indique la température, qui doit être maintenue à 75° environ. Après un séjour de quinze minutes, les chrysalides sont mortes, les cocons sont sortis du tiroir et étendus sur des claies. Chacun des tiroirs porte un numéro d'ordre, ce qui permet de les vider et remplir successivement sans crainte d'erreur.

L'opérateur doit être très expérimenté afin de maintenir une chaleur constante au degré voulu et de ne pas y laisser les cocons plus que le temps nécessaire. Un coup de feu suffit pour rendre tous les cocons inutilisables, la soie étant brûlée. Par contre, une température trop peu élevée permet à quelques chrysalides d'échapper à la mort ; les papillons qui sortent constituent un déchet et salissent tous les cocons voisins par leurs déjections.

2° *Par chaleur humide.* — Au lieu de chauffer l'étuve directement par un foyer, on fait pénétrer dans l'intérieur de l'appareil un jet de vapeur d'eau.

L'avantage de cet étouffoir est que la température est constante et que la chaleur humide détériore moins la soie que la chaleur sèche. Mais les cocons sortent de l'étuve humides et ramollis ; on ne peut les toucher sans les abîmer. Il faut les laisser se raffermir à l'air avant de les transporter sur les claies de séchage.

3° *Procédé mixte.* — Ce procédé consiste à étouffer les cocons au moyen de la vapeur d'eau et les sécher ensuite par un courant d'air chaud. Le seul inconvénient de ce double système est d'exiger une installation coûteuse.

4° *Actions chimiques.* — On a tenté d'asphyxier les chrysalides par les émanations d'acide sulfureux, d'acide sulfhydrique, de sulfure de carbone, de gaz ammoniac, etc. Tous ces procédés ont l'inconvénient d'abîmer la soie. M. Francezon a montré qu'en faisant séjourner les cocons dix heures et plus dans l'oxyde de carbone l'acide carbonique, l'hydrogène, le protoxyde d'azote, gaz qui eux n'attaquent pas la soie, les chrysalides n'étaient pas toutes tuées.

La quantité de cocons récoltés par un seul éducateur est trop peu considérable pour qu'il ait intérêt à posséder un étouffoir. Plusieurs auraient souvent avantage à installer un étouffoir commun pour conserver leur récolte et la vendre plus tard à des cours rémunérateurs. Un tel étouffoir serait surtout utile dans les pays privés de moyens de communication et où la rareté des acheteurs oblige à vendre à vil prix.

Le graineur traitant une quantité tant soit peu importante de cocons aura également grand intérêt à posséder un étouffoir. Nous pouvons même dire qu'il lui est indispensable. Les lots sont souvent reconnus impropres à la reproduction au moment même de la sortie des papillons, d'où difficulté d'expédition et de vente. Les éducations industrielles sont rares dans les régions de grainage et, par suite, absence de marché et même d'acheteurs de cocons pour filatures. Les lots éliminés du grainage sont cependant excellents comme rendement à la bassine.

Conservation et séchage des cocons.

En sortant de l'étouffoir, la chrysalide est morte, mais non encore desséchée. Si on ouvre un cocon et que l'on presse la chrysalide sous les doigts, elle se réduit en bouillie. Dans cet état, les cocons ne sauraient se conserver. Pour les sécher, on les étend sur de grandes claies par couches de 10 à 12 centimètres d'épaisseur seulement. Ces claies sont disposées en plusieurs étages dans une vaste salle bien aérée et à l'abri des rayons du soleil.

Les cocons seront remués d'abord tous les jours, puis tous les deux jours, et ensuite deux fois par semaine. Au bout de trois à quatre mois, la chrysalide se réduit en poussière sous la pression des doigts ; les cocons sont secs.

En cours de séchage, les cocons sont de nouveau triés minutieusement en vue de les classer et d'éliminer les écarts qui ont pu passer inaperçus au moment de la récolte.

L'étouffage fait ressortir le liquide des cocons fondus, dont l'aspect extérieur était normal. Ces cocons doivent être enlevés et dévidés le plus tôt possible ; frais, ils peuvent encore être filés ; mais peu à peu le liquide dont ils sont imprégnés attaque le fil de soie, et ils deviennent indévidables.

Le triage élimine ensuite les doubles, les satinés, les percés, etc., et classe les bons en plusieurs catégories : fins, premier choix et deuxième choix.

Les cocons secs sont retirés des claies, où ils ne pourraient que perdre de leur qualité sous l'action prolongée de la lumière et regagner de l'humidité pendant la saison pluvieuse. L'emballage se fait dans des toiles grossières (sacs ou balles).

A ce moment, les cocons secs peuvent être vendus. Ils sont réduits au tiers de leur poids primitif : 100 kilogrammes de cocons frais donnent 32 ou 33 kilogrammes de secs.

Les cocons secs trouvent acheteur toute l'année sur les marchés d'Alais, d'Avignon, Cavaillon pour les petites quantités, et à Marseille pour les fortes parties. Cette place est le centre le plus important de la France et de l'étranger pour ces transactions.

La vente a lieu au rendement. Le nombre de kilogrammes nécessaire pour obtenir 1 kilogramme de soie grège établit le rendement. On compte qu'il faut en moyenne 4 kilogrammes de cocons secs pour 1 kilogramme de soie grège. Les prix varient suivant les cours de la soie.

Les cocons secs peuvent être conservés plusieurs années. Pratiquement il ne convient pas cependant de les garder au delà de deux ans ; à mesure qu'ils vieillissent, le dévidage devient plus difficile, les déchets augmentent et le rendement diminue.

VI. — RACES DIVERSES DE VERS A SOIE ET PARTICULARITÉS.

Nous venons de dire comment les choses se passent le plus généralement.

Pour la durée des mues et la température à observer, il y a de légères différences suivant les races ou variétés indigènes que l'on élève. Les différences sont encore plus grandes pour certaines races étrangères, chinoises et japonaises par exemple.

Nous allons énumérer et décrire rapidement les particularités que présentent les variétés les plus communément élevées en France. Il est impossible de parler de toutes, car leur nombre varie à l'infini, et le caractère de plusieurs est même mal défini et mal fixé. On a multiplié les variétés par de nombreux croisements, et les sériciculteurs-graineurs sont portés à exagérer les qualités de produits obtenus par eux et qu'ils présentent chacun comme races nouvelles de mérite exceptionnel.

Ajoutons que les caractères de chaque race peuvent varier suivant le climat, l'altitude, la qualité de la feuille et les soins, au point de vue surtout de la forme, de la finesse et de la nuance des cocons. En conséquence, ce que nous allons dire pour chacune n'a rien d'absolu.

Cévennes. — Vers généralement blancs, zébrés et moricauds en faible proportion, assez gros, durée des évolutions moyenne ; très beaux cocons d'un jaune uniforme, d'un tissu serré, à peine cerclés; diamètres : 36 à 38 millimètres dans la longueur, 17 à 18 millimètres dans la largeur; 430 à 450 cocons au kilogramme; soie de très belle qualité, tout à fait supérieure. Rentrée moyenne : 11 (1).

VAR. — Vers blancs en grande majorité, avec quelques moricauds et quelques zébrés; les vers de cette race très répandue sont un peu lents au dernier âge et assez sensibles à la flacherie dans les climats chauds et humides; gros cocons allongés, assez fins, couleur jaune rosée, très légèrement cerclés; diamètres : 38 en longueur et 16 en largeur; 410 à 420 cocons au kilogramme; soie de bonne qualité. Rentrée moyenne : 10. On remarque que cette race élevée dans les Alpes donne des cocons à tissu plus grossier que dans son pays d'origine.

Variété jaune Défends. — Obtenue par M. Georges Coutagne par des sélections successives des sujets les plus riches en soie. La rentrée moyenne de cette variété était de 8 à 9, richesse en soie exceptionnelle. Malheureusement cette variété a des vers d'une extrême lenteur au dernier âge et à la montée.

Variété à papillons noirs. — Obtenue par M. Laurent de l'Arbousset, en sélectionnant les papillons les plus noirs dans les descendances de deux femelles blanches qui furent accouplées en 1889 avec des papillons mâles noirs apparus spontanément.

Dans cette variété, les vers sont en grande majorité zébrés ou moricauds zébrés. Leur évolution est plus rapide que dans la race-mère Var. Les cocons sont gros : 400 au kilogramme; les papillons mâles sont très noirs et les femelles gris foncé.

PYRÉNÉES. — Vers blancs, plus petits que les précédents; marche de l'éducation assez rapide, cocons assez petits, très durs, à tissu très serré, fortement cerclés, couleur jaune rosé; diamètres : 32 à 34 millimètres dans la lon-

(1) Comme nous l'avons vu, on appelle *rentrée* le nombre de kilogrammes de cocons frais nécessaires pour obtenir 1 kilogramme de soie grége.

gueur et 12 à 13 dans la largeur ; 550 au kilogramme. Rentrée moyenne : 9 1/2.

RACE JAUNE ROLLAND (1). — Vers blancs et blancs zébrés, assez gros ; marche de l'éducation assez rapide ; vers résistants à la grasserie et à la flacherie. Beaux cocons jaunes se rapprochant de la forme sphérique, non cerclés et ayant 34 millimètres de longueur et 22 de diamètre. Nombre de cocons au kilogramme, 450. Rentrée moyenne, 10,5.

RACE BRIANZE. — Vers tous blancs, de forte taille, un peu lents au dernier âge, sensibles à la grasserie dans les climats chauds ; cocons jaunes, d'un tissu serré, et assez cerclés. Diamètres : 35 à 38 dans la longueur et 15 à 16 millimètres dans la largeur. Nombre de cocons au kilogramme, 480 à 500. Rentrée moyenne : 10.

RACE DES ABRUZZES. — Vers blancs, dont quelques-uns prennent après la quatrième mue une teinte légèrement verdâtre. La marche de l'éducation est assez rapide. Le cocon est gros, bien cerclé, d'une couleur jaune rosée présentant sur le cercle des reflets dorés ; diamètres du cocon : 37 à 38 millimètres en longueur et 19 à 20 millimètres en largeur. 430 à 450 cocons au kilogramme, riches en soie. Rentrée : 9.

RACE DE GUBBIO. — Gros vers moricauds, employés spécialement à la fabrication des fils de pêche. Très gros cocons jaune clair, grossiers, presque sphériques ; diamètres : 43 à 45 millimètres sur 30 ; 400 à 420 cocons au kilogramme.

ASCOLI. — Vers blancs, peut-être les plus petits de tous les indigènes, mais très vigoureux. Ils mettent de la naissance à la montée deux jours de moins que la plus rapide des races indigènes. Le cocon est moyen, d'une belle couleur uniforme, jaune rosé, et légèrement étranglé au milieu. Dimensions : 34 × 16 à 18 millimètres.

(1) Race obtenue par M. ROLLAND, sériciculteur à Laragne (Hautes-Alpes).

Il faut 450 à 500 cocons au kilogramme. Rentrée moyenne : 11.

Cocons jaunes a vers zébrés. — Comme nous l'avons vu, dans presque toutes les races, il y a des sujets à vers zébrés, caractère que les sériciculteurs se sont efforcés de fixer (1). Cependant la variété suivante, dénommée race à cocons jaunes à vers zébrés, paraît avoir des caractères distincts par ses cocons. Ils sont de couleur jaune clair, légèrement rosés, très beaux, allongés comme ceux du Var, mais encore moins cerclés, très réguliers en forme et en couleur. Dimensions : 36 $\times$ 16 millimètres. Nombre au kilogramme : 470 à 480. Rentrée : 9 1/2 à 10. Cette race est recherchée dans certaines régions, où ils sont considérés comme prompts à la montée.

Blancs indigènes. — Vers blancs avec des lunules généralement très marquées, cocons moyens, blancs uniformes, à tissu serré; diamètres : 34 à 35 millimètres

(1) Ces caractères de couleur des vers et des papillons sont assez faciles à fixer. Comme l'a démontré M. Georges Coutagne, il suffit de choisir comme reproducteurs des sujets présentant les caractères désirés et d'éliminer dans la descendance tous ceux qui ne sont pas conformes. Au bout de quelques générations, les caractères désirés sont parfaitement fixés. C'est de cette façon que M. Georges Coutagne était arrivé à former, à la station séricicole de Rousset, les douze combinaisons suivantes :

Vers		Cocons		Papillons	
Vers	blancs.	Cocons	blancs.	Papillons	blancs.
—	moricauds.	—	blancs.	—	blancs.
—	zébrés.	—	blancs.	—	blancs.
—	blancs.	—	blancs.	—	noirs.
—	moricauds.	—	blancs.	—	noirs.
—	zébrés.	—	blancs.	—	noirs.
—	blancs.	—	jaunes.	—	blancs.
—	moricauds.	—	jaunes.	—	blancs.
—	zébrés.	—	jaunes.	—	blancs.
—	blancs.	—	jaunes.	—	noirs.
—	moricauds.	—	jaunes.	—	noirs.
—	zébrés.	—	jaunes.	—	noirs.

sur 18 millimètres; nombre de cocons au kilogramme, 450. Rentrée faible : 12.

Blancs Andrinople. — Vers blancs, gros cocons légèrement cerclés, blancs et quelques-uns avec teinte légèrement verdâtre, 400 à 410 au kilogramme. Rentrée : 10 à 12.

Blancs Bagdad. — Les vers sont généralement blancs, quelques-uns moricauds. En sélectionnant ce dernier caractère, M. Georges Coutagne a obtenu une variété à vers tous moricauds. L'évolution de ces vers est extrêmement lente, surtout dans le dernier âge, ce qui les rend sensibles à la grasserie et à la flacherie dans les climats chauds et humides. Les cocons sont blancs, très gros, de forme assez irrégulière; plusieurs ont un bout pointu. Les diamètres sont 42 millimètres sur 20 à 21. Nombre de cocons au kilogramme, 370 à 380. La soie contient peu de grès; les cocons sont assez riches en soie. Rentrée : 10 à 11.

Une particularité de cette race est, comme nous avons eu occasion de le dire, d'avoir les œufs non adhérents; ces œufs sont très petits et, par conséquent, leur nombre au gramme fort élevé, soit 1 400 à 1 500, ce qui fait que, lorsque la réussite est bonne, le rendement au gramme est important et dépasse souvent 3 kilogrammes.

Races chinoises et japonaises. — Le nombre de ces races est considérable. Nous n'indiquerons que les types qui sont le plus communément élevés en France, où du reste on les élève en vue du grainage pour opérer des croisements avec les races indigènes. La vie de ces larves est beaucoup plus brève que celle des indigènes, et elles exigent une température plus élevée pour se développer normalement.

Chinois dorés. — Vers blancs de petite taille, à évolution rapide; ont besoin d'un degré de chaleur plus élevé que les indigènes. Cocons d'une belle couleur jaune d'or et uniforme, de forme presque sphérique; diamètres :

28 × 20 millimètres. Nombre de cocons au kilogramme : 620 à 650; d'un dévidage très facile. Rentrée : 10. Ces cocons ne doivent pas être laissés sur la bruyère aussi longtemps que les indigènes, car les papillons sortent douze à quinze jours après la montée.

Chinois blancs. — Petits vers blancs à évolution très rapide, vingt-quatre à vingt-cinq jours de la naissance à la montée, mais délicats, ont besoin d'une température élevée constante. Petits cocons blanc-argent, fins, presque sphériques : 25×20 millimètres. Nombre de cocons au kilogramme : 8 à 900. Rentrée : 9,5. Se dévident avec une facilité extrême, si bien qu'on peut les dévider à la main après les avoir humectés légèrement. Il faut les décoconner peu de jours après la montée, les papillons sortant vers le dixième jour.

Japonais blancs; race akazik. — Vers blancs à évolution rapide très robustes. Cocons blancs, assez semblables aux cocons indigènes, bien qu'un peu plus petits, tissu serré, légèrement cerclés. Diamètre : 34 × 18 millimètres; nombre de cocons au kilogramme : 5 à 600. Rentrée : 12 à 13. A décoconner un peu plus tôt que les indigènes.

Bivoltins blancs. — Petits vers blancs, très agiles, construisant leurs cocons vingt-deux ou vingt-trois jours après leur naissance. Les cocons sont petits, allongés, blancs ou blanc verdâtre, assez étranglés dans le milieu ; il faut 1000 à 1 200 cocons au kilogramme. Il est à remarquer que les cocons de la première récolte sont plus petits que ceux de la seconde. Ceux de la première ont 28 ×10 à 11 millimètres et ceux de la seconde 30×11 à 12 millimètres. Rentrée : 9.

Japonais verts. — Vers blancs plus gros que les précédents. Les cocons sont d'un vert vif; d'assez forte dimension, cerclés, à coque assez résistante; dimensions : 30 à 32×16 à 18 millimètres. 600 à 650 cocons au kilogramme. Rentrée : 12.

Japonais jaunes. — Petits vers blancs, très vigoureux,

très robustes; vingt-quatre ou vingt-six jours après leur naissance, ils montent sur la bruyère et construisent leurs cocons avec une rapidité remarquable. Les cocons sont petits, de couleur jaune irrégulière; la coque est peu résistante, la forme assez variable. Dimensions : 24 à 28 × 14 à 16 millimètres. Ils sont peu riches en soie : rentrée, 14; mais leur vigueur remarquable les rend précieux pour les croisements. Par des sélections successives, on arriverait à corriger les défauts de forme, couleur et faible richesse en soie, tout en maintenant leur robusticité.

Vers a trois mues. — Quelques sujets, sans accomplir la quatrième mue, grossissent considérablement et manifestent les symptômes de la maturité bien avant les autres. Ce sont des vers dits à *à trois mues*. Ce caractère parfois accidentel est le propre de races spéciales aujourd'hui abandonnées.

Il y a une race de vers à trois mues à cocons jaunes et une race à cocons blancs. Ces vers ont l'avantage d'arriver plus rapidement que les autres à faire leurs cocons et de consommer une quantité de feuille moins considérable; mais les cocons sont plus légers, peu riches en soie et souvent défectueux. Dandolo pensait cependant le contraire, puisqu'il disait : « Les cocons de cette variété semblent même mieux construits, et c'est à cette bonne construction qu'est due la quantité de soie qu'à égal poids on retire de plus que des cocons communs. » Il fait ensuite remarquer que l'éducation de ces vers dure quatre jours de moins que la variété ordinaire. Il avoue cependant qu'il faut 800 de ces cocons pour faire 1 kilogramme, tandis qu'il n'en faut que 450 de la variété ordinaire à quatre mues pour faire le même poids; ce qui ne l'empêche pas de conclure : « Si je m'adonnais à faire filer la soie, je n'élèverai que des vers de trois mues et de ceux à cocons blancs. » Peut-être que l'état d'abandon dans lequel on a laissé ces races a été cause de leur dégénérescence.

V

LE GRAINAGE

I. — GÉNÉRALITÉS.

Objet du grainage. — Le grainage est la préparation industrielle des œufs ou graines de vers à soie en vue des éducations de l'année suivante.

La bonne confection de la graine a une très grande importance ; c'est de sa qualité que dépend le succès des chambrées futures. Non seulement les maladies graves (pébrine, flacherie) sont éminemment héréditaires, comme l'a démontré Pasteur, mais tous les caractères d'une race ou d'un individu, vigueur, richesse en soie, couleur, forme et structure du cocon, etc., sont transmis d'une génération à l'autre. Nous ne pouvons étudier ici en détail ces lois de l'hérédité. Elles sont exposées d'une façon très intéressante et très détaillée dans l'ouvrage récent de Georges Coutagne (1).

Le graineur doit, par des sélections successives et continues, s'efforcer d'obtenir des graines produisant des vers sains et robustes qui donneront un rendement élevé en cocons, ces cocons devant avoir eux-mêmes une richesse élevée et une soie de bonne qualité.

Il en est des vers à soie comme de tous les êtres animés ; telle variété donnera pleine satisfaction dans une région et des résultats médiocres ou déplorables dans une autre. Ce serait une utopie de s'attacher à améliorer et multiplier une race unique pour en faire une

(1) G. Coutagne, *Recherches expérimentales sur l'hérédité chez les vers à soie.*

sorte de panacée universelle. Dans telle région, les cocons blancs sont préférés ; dans d'autres, les jaunes ; ailleurs les croisements chinois ou japonais réussissent seuls. Sur tel marché, les gros cocons ont plus de valeur que les petits ou inversement. Le graineur doit donc étudier les races ou variétés qui conviennent le mieux à chacune des régions qu'il dessert et s'appliquer à les améliorer.

La France envoie des graines dans presque tout le monde séricicole ; les graineurs doivent s'efforcer de maintenir et développer ces débouchés par la supériorité de leurs produits. Ils sont d'ailleurs favorisés par une situation unique : climat, qualité de la feuille, isolement et subdivision des éducations.

L'industrie du grainage a deux buts :

1° Produire la graine destinée à la vente et dont les cocons iront à la filature. Elle est dénommée *graine industrielle* ;

2° Sélectionner les reproducteurs destinés à perpétuer l'espèce et dont la graine est dite de *reproduction*.

Régions de grainage. — Sont propres au grainage toutes les régions où les conditions climatériques, la qualité de la feuille, le bon soin des éleveurs sont une garantie de succès. En l'état, l'industrie du grainage est localisée dans diverses parties des départements du Var, Hautes et Basses-Alpes, Pyrénées-Orientales, Gard, Bouches-du-Rhône et Vaucluse, où les chambrées sont isolées et de peu d'importance.

La graine doit provenir d'individus sains (exempts de pébrine). Ils le seront certainement s'ils proviennent eux-mêmes d'une graine exempte de corpuscules et s'ils n'ont été contaminés pendant leur vie par aucun germe de maladie. Le seul moyen de s'assurer de cet état sain des reproducteurs est leur mise en cellules et l'examen microscopique.

Les prix de vente relativement peu élevés ne permettent pas de faire toute la graine cellulairement. Pour fabriquer la graine industrielle plus économiquement qu'en cellules, les graineurs ont dû chercher les régions où les vers avaient le moins de chance d'être contaminés et ont choisi les parties des départements citées plus haut, qui sont des régions montagneuses, de petite culture et où les magnaneries sont situées dans des fermes très distantes les unes des autres. Ces petites éducations sont toutes réservées au grainage, faites avec des graines de reproduction, par conséquent sûrement indemnes.

D'autres régions, les Cévennes notamment, fournissent des cocons de très bonne qualité ; bon nombre de magnaniers pourraient élever de petites quantités avec tous les soins requis; mais les éducations y sont nombreuses et très voisines, de sorte que la chambrée de grainage risquera fort d'être contaminée par les poussières des éducations industrielles qui l'entourent. L'infection de ces dernières n'excède souvent pas le 2 ou 3 p. 100, ce qui ne compromet pas la réussite, mais suffit à propager le mal.

Éducations en vue du grainage. — Le séricicilteur-graineur ne peut élever lui-même tous les vers nécessaires à la production des cocons dont il a besoin, surtout si l'écoulement de ses graines est de quelque importance. Il a recours aux petits magnaniers et place ses graines dans des régions différentes par le climat, de façon à ce que les cocons n'arrivent pas tous à la fois. La sortie des papillons se trouve ainsi échelonnée. Les éducateurs reçoivent gratuitement la graine, s'engagent à l'élever à l'exclusion de toute autre et avec tous les soins voulus. Le graineur a seul le droit de visiter l'éducation ; ses instructions doivent être scrupuleusement suivies. Le contrat stipule que les cocons seront tous livrés au graineur moyennant un prix convenu d'avance ou une prime sur les cours de la filature.

Les soins à donner sont ceux indiqués plus haut pour

les éducations en général (Voir IVe partie), en observant très rigoureusement l'espacement ainsi que l'aération, particulièrement après la montée.

Le graineur ne saurait apporter trop d'attention pendant les visites fréquentes qu'il doit faire à ses éducations. Il doit noter exactement les dates de l'éclosion de chaque mue, de la montée et toutes les particularités remarquées. L'examen comparatif de ces différentes notes lui permettra de se rendre compte de la valeur de chacune des variétés qu'il fait élever et aussi de classer les éducations par ordre de mérite.

II. — OPÉRATIONS PRÉLIMINAIRES.

Choix des lots. — Dès la montée, on doit éliminer les éducations ayant présenté quelque défaut grave ou des symptômes de maladie.

La pébrine ne peut être reconnue par le simple examen des vers; quelques sujets peuvent être atteints sans présenter les taches révélatrices, si surtout la contagion a été tardive. Quelques sujets tachés peuvent échapper à la vue s'ils sont rares dans une chambrée de quelque importance.

« Mais, pour être fixé d'une façon précise et certaine sur le nombre des sujets corpusculeux du lot de cocons, il faut étudier tout entier un échantillon de ce lot, choisi de la manière suivante : trois ou quatre jours avant qu'on dérame les cocons, on prélève çà et là, tant parmi les premiers montés que parmi les derniers, quelques centaines de cocons, par exemple 500 pour un lot de 40 kilogrammes; cet échantillon est porté dans une étuve ou une chambre chaude, où l'on maintient jour et nuit une température de 30 à 35° C. et une assez forte humidité ; on accélère ainsi la formation des papillons. Pendant ce temps, les cocons du lot ne sont qu'à 20 ou 25° C., et souvent même, pendant la nuit, à des tempépatures moindres; on aura donc tout le temps de les étouffer, si le lot est rebuté, ou de les mettre en filane dans le cas contraire.

« De deux jours en deux jours, on prend une dizaine de chrysalides de l'échantillon, et on y recherche les corpuscules à l'aide du microscope. Si l'on en aperçoit dans les huit ou vingt premiers jours, ne fût-ce qu'en nombre très faible, on peut être sûr que la proportion des papillons corpusculeux sera considérable. Quand les chrysalides sont mûres, ce qu'on reconnaît aisément à ce que les yeux deviennent noirs et les œufs plus durs à écraser sous le pilon, et aussi à ce que quelques-unes sortent à l'état de papillon, on procède à l'examen définitif. On écrase un à un les papillons sortis et les chrysalides qui restent, et on y recherche les corpuscules; le tant pour 100 qu'on trouve ainsi ne diffère pas de celui qui existera dans le lot tout entier (1). »

Si donc cet examen n'a révélé aucun sujet corpusculeux, le lot n'en contiendra pas, ou du moins en proportion tout à fait négligeable. S'il a révélé plus de 1 à 2 p. 100 de sujets corpusculeux, le lot ne devra être admis que pour le faire grainer en cellules.

Réception des cocons. — Les cocons destinés au grainage sont déramés seulement douze jours après la montée des derniers vers, de façon à ce que les chrysalides soient toutes bien formées. L'éducateur subit de ce fait une perte de poids largement compensée par le prix plus élevé qu'il retire de ses cocons. Les cocons doubles, les faibles et ceux des vers derniers montés sont mis à part par l'éducateur. Le transport s'effectue, comme nous l'avons dit, dans des corbeilles fournies le plus souvent par le graineur.

Les cocons sont pesés dès l'arrivée ; leur poids, comparé à celui des graines distribuées, établit le rendement qui

(1) E. Maillot, *Leçons sur le ver à soie du mûrier*, p. 250.

est noté et contribue au classement du lot. La proportion des doubles, faibles, fondus, difformes, etc., est également notée.

On étend immédiatement les cocons sur de grandes claies aménagées dans une salle, de façon que tous soient bien aérés et à l'abri des rayons du soleil. Ceux des vers derniers montés sont placés sur une claie spéciale, ou encore mieux portés à l'étouffoir avec les faibles et fondus.

Les doubles peuvent être utilisés pour le grainage, cette particularité n'étant pas héréditaire ; mais il faut les mettre à part, car leur coque étant très résistante, les papillons sortent souvent abîmés et défectueux. Il est intéressant de constater que les deux vers enfermés ensemble dans le même cocon sont presque toujours l'un mâle et l'autre femelle.

Il est bien évident que l'on ne doit pas conserver pour les élevages de reproduction la graine pondue par des papillons sortis de cocons doubles, la valeur individuelle des sujets ne pouvant être constatée. Il en est de même pour les derniers montés, si leur bonne apparence les a fait conserver, car il est à craindre que leur manque de vigueur soit transmise héréditairement.

Examen des cocons et chrysalides. — Les cocons peuvent séjourner quelques jours sur les claies, puisque, à la température ordinaire, il faut vingt et un jours à la chrysalide pour se transformer en papillon. En attendant le résultat de l'examen microscopique de l'échantillon qui est en chambre chaude, le lot est examiné attentivement, et toutes les observations relatives à la forme des cocons, à leur régularité, à leurs dimensions, à leur couleur, à la finesse de leur grain, etc., sont notées soigneusement.

On prend ensuite 100 ou 200 cocons, suivant l'importance du lot, pour en extraire les chrysalides et se rendre compte s'il n'y a pas de fondus. L'extraction de la chrysalide s'opère en fendant délicatement le cocon dans sa longueur au moyen d'un canif ou en enlevant le sommet avec des ciseaux. Le nombre des fondus, des chrysalides mortes ou défectueuses, comparé au chiffre des cocons ouverts, fournit un pourcentage qui est presque exactement le même que celui du lot, si les cocons ont été pris au hasard.

Il est bon de noter également le nombre de cocons au kilogramme.

Détermination de la richesse en soie. — En somme, c'est pour en retirer la soie que l'on récolte des cocons. Il est utile, pour connaître approximativement la valeur commerciale du produit obtenu, de déterminer la richesse en soie. Nous transcrirons la définition de ce terme telle qu'elle est donnée par M. Georges Coutagne, inventeur de la méthode :

« J'appelle *richesse en soie* d'un individu le rapport r du poids p de la coque au poids P du cocon ; et richesse en soie moyenne d'un lot de plusieurs cocons, le rapport du poids total des coques au poids total des cocons. Ce rapport étant variable d'un jour à l'autre, par suite de la respiration et de la transpiration de la chrysalide, il va de soi que toute détermination de ce rapport n'aura de valeur que lorsque, en même temps, on connaîtra, avec une certaine exactitude, l'âge de la chrysalide, c'est-à-dire le nombre de jours écoulés depuis la montée, ou à écouler encore jusqu'à l'éclosion du papillon, afin que dans toute comparaison avec d'autres individus ou d'autres lots on puisse éliminer, par des corrections convenables, l'influence de ce facteur accessoire (1). »

Pour déterminer la richesse en soie moyenne d'un lot, on pèse très exactement 30, 50 ou 100 cocons, suivant l'importance du lot, ce qui donne le poids P. On ouvre tous ces cocons de façon à en extraire les chrysalides. La peau abandonnée par le ver au moment de sa méta-

(1) G. Coutagne, p. 28.

morphose est également retirée. On s'assure qu'aucune coque n'est salie à l'intérieur, auquel cas le cocon taché serait remplacé par un autre. Le poids des coques nettes donne p, d'où le rapport $r = \frac{P}{p}$, ou *richesse soyeuse*.

Le poids p (poids des coques) reste invariable ; mais le poids P (poids des cocons) varie avec l'âge de la chrysalide.

Les différents lots expérimentés ne sont pas forcément du même âge. Il faut dès lors calculer ce que seraient les poids P à une date où les lots soient exactement comparables. M. Coutagne a choisi le septième jour avant l'éclosion des papillons, et il admet que les chrysalides perdent chaque jour 0,75 p. 100 de leur poids. On note donc la date de l'expérience et la date de la sortie des papillons pour chaque lot.

Supposons, par exemple, que l'on veuille comparer la richesse soyeuse des deux lots A et B :

100 cocons du lot A pesés le 3 juillet donnent $P = 254$ grammes et $p = 40$ grammes, $r = \frac{40}{254} = 15,7$.

La sortie des papillons a eu lieu le 18 juillet. Le 11 juillet, sept jours avant l'éclosion, soit huit jours après la pesée, P se réduira à 239.

Et r corrigé $= \frac{40}{239} = 16,7$.

100 cocons du lot B pesés ce même 3 juillet donnent $P = 215$ et $p = 33$, $r = \frac{33}{215} = 15,4$.

Mais la sortie des papillons a eu lieu le 9 juillet. Il faut ramener P à ce qu'il aurait été le 2 juillet, soit 216 grammes et r corrigé $= \frac{33}{216} = 15,2$.

Les deux lots A et B, de richesse en soie presque égale le jour de la détermination 15,7 et 15,4, sont en réalité très différents : 16,7 et 15,2. Le jour de la détermination, ils n'étaient pas comparables.

Comme le fait d'ailleurs remarqué M. Coutagne, la richesse en soie ainsi déterminée ne donne pas la valeur absolue du rendement en soie grège qui seule intéresse le filateur. Ce rendement dépend aussi de la structure des cocons, qui donneront plus ou moins de frisons, suivant la finesse des fils de soie et la façon dont ils ont été répartis par le ver; il dépend également de la proportion plus ou moins grande de grès, de la façon dont ils seront filés (habileté de l'ouvrière, perfectionnement du matériel de filature, etc.). Mais toutes ces choses égales d'ailleurs, il est certain que les cocons donneront un rendement d'autant plus grand que le rapport r (richesse en soie) sera lui-même plus élevé. C'est pour cela que nous disons que l'on peut connaître approximativement la valeur commerciale du produit par la détermination de sa richesse en soie.

D'ailleurs les praticiens un peu expérimentés peuvent se rendre compte, par l'examen attentif des cocons, de leur aptitude à dévider et des déchets plus ou moins considérables qu'ils donneront.

Triage des cocons admis au grainage. — Lorsque les lots sont définitivement admis au grainage, un second triage est utile. Les cocons sont pour cela étendus sur des tables, et des ouvrières bien habituées à ce travail écartent les faibles, les fondus, les satinés, les safranés, les mal conformés, en un mot tous ceux qui s'éloignent notablement du type désiré et qui ont pu échapper au premier triage chez l'éducateur. La proportion de ces écarts donne une nouvelle indication sur la valeur du lot.

Destination des lots. — L'étude des diverses notes prises, soit en cours d'éducation, soit après la réception des cocons, permet de classer les lots par ordre de mérite. On donne à chacun un numéro ou une lettre pour les distinguer, et cette notation les suivra dans toutes les opérations. Les reproducteurs seront choisis uniquement parmi les lots irréprochables à tous les points de vue. Nous décrirons plus loin les opérations de reproduction, nous occupant tout d'abord du grainage industriel.

III. — GRAINAGE INDUSTRIEL.

Disposition des cocons. — Après le triage, les cocons doivent être placés de façon à ce que la sortie des papillons se fasse dans de bonnes conditions et que leur ramassage soit facile. Ils sont généralement disposés en *filanes.* Pour cela, l'ouvrière enfile les cocons en chapelet en les piquant au milieu de leur longueur et ayant soin de ne pas faire pénétrer l'aiguille profondément afin de ne pas blesser la chrysalide.

Les cocons sont accouplés deux à deux dans la même position parallèle. Pour avoir les filanes régulières, on a eu soin de couper les fils de même longueur. Lorsqu'il ne reste plus que 15 à 20 centimètres de fil, on cesse l'enfilage, et cette extrémité libre permet de lier deux filanes ensemble. Une bonne ouvrière enfile de 1 à 2 kilogrammes par heure, suivant que le nombre des cocons au kilogramme varie de 400 à 800. Toutes les filanes sont suspendues dans la salle de grainage. Un intervalle suffisant est laissé entre chaque lot pour éviter les mélanges (fig. 37). La salle de grainage doit être bien aérée et les cocons à l'abri du soleil.

Cette disposition est favorable à l'aération égale de tous les cocons et à la sortie facile des papillons, mais exige beaucoup de main-d'œuvre. Les cocons une fois enfilés ne peuvent plus être utilisés par la filature à cause du perçage de la coque par l'aiguille. Il ne faut enfiler un lot que si tous les examens sont terminés et ont permis définitivement de l'admettre au papillonnage. D'autre part, il est pratiquement difficile d'agir ainsi, parce que plusieurs lots examinés peuvent avoir la sortie des papillons simultanée, et il y aurait encombrement dans l'atelier.

Une autre disposition est celle des *lyres*. Ces appareils sont tout simplement des cadres de bois traversés dans un seul sens par des ficelles équidistantes et tendues d'un côté à l'autre. Les cocons sont introduits un

Fig. 37. — Cocons en filanes dans une salle de grainage, d'après photographie.

à un entre les deux ficelles dont la tension les maintient par le milieu. Il va de soi que les cocons doivent être réguliers dans la même ligne, sans quoi les gros seraient écrasés et les petits ne tiendraient pas.

Pour débarrasser une lyre, on détend tout le système des ficelles et les cocons tombent. Ils n'ont subi aucune avarie, et, s'ils sont rejetés du grainage, ils seront acceptés par la filature.

Ces lyres constituent un matériel assez couteux ; mais le ramassage des papillons y est commode et rapide, l'ouvrière ayant les deux mains libres, tandis qu'avec le système précédent elle est obligée de maintenir avec une main la filane sur laquelle elle ramasse les papillons.

Par économie et dans le cas où la main-d'œuvre est rare, on peut simplement étendre un rang de cocons sur des claies superposées. Ils sont recouverts d'un papier percé comme celui qui a servi pour les délitages après la quatrième mue ; les papillons, en sortant des cocons, passent par les trous et viennent s'accoupler sur le papier.

La sortie des papillons s'effectue moins bien que dans les systèmes précédents; de plus, il y a perte de graines, parce que quelques papillons pondent contre les cocons sous le papier, et il est difficile de recueillir cette graine.

Le même inconvénient se présentait dans un système primitivement employé, qui était de ramasser simplement les papillons sur les cocons étendus sur les claies.

Ramassage des papillons. — Les papillons sortent d'ordinaire le matin entre cinq et sept heures ; les mâles recherchent immédiatement les femelles et s'accouplent. A ce moment, les papillons doivent être examinés et l'aspect de l'ensemble dans chaque lot noté par le graineur. Vers huit heures, la sortie est terminée, les ouvrières commencent à ramasser les couples en saisissant à la fois le mâle et la femelle par les ailes pour éviter de les désaccoupler.

Les couples sont disposés en bon ordre sur des cartons (fig. 38) ou des cadres formés par un châssis en bois de 40 à 50 centimètres de côté et sur lesquels on a cloué une toile Cette disposition facilite l'axamen attentif des papillons et permet au graineur d'éliminer rapidement tous les sujets défectueux. S'il remarque des papillons charboneux, il doit sans retard les examiner au microscope.

Dans le cas où il trouverait des corpuscules, il ferait un nouvel examen du lot et le rejetterait ou mettrait tous les papillons en cellules si le pourcentage de corpusculeux est élevé.

Les sujets non accouplés qui restent sur les filanes

Fig. 38. — Ouvrières avec cartons garnis de couples de papillons, d'après photographie.

sont réunis sur des cadres et disposés comme les précédents à mesure que l'accouplement a lieu.

S'il y a excès de femelles, on fait resservir des mâles conservés de la veille. Il est prudent à cet effet de garder chaque soir quelques mâles en réserve. Pour les conserver, on les loge dans des boîtes spéciales et dans un lieu obscur et frais, afin qu'ils ne s'abîment pas trop en agitant les ailes.

S'il y a excès de mâles, on les garde pour le lendemain.

Il est à remarquer que, lorsque l'éclosion débute dans un lot, il y a excès de mâles et qu'à la fin il y a excès de femelles.

Quelquefois, et surtout par de chaudes journées, la sortie n'a pas lieu exclusivement le matin; quelques papillons sortent plus tard ; il est bon de faire chaque soir une revue pour les ramasser.

Après la vérification, les cadres de papillons accouplés sont placés lot par lot sur des étagères dans une partie sombre de la salle.

Désaccouplement et ponte. — Après quatre ou cinq heures, l'accouplement a suffisamment duré. Tous les cadres sont alors repris, et on sépare avec soin les mâles des femelles. Celles-ci sont posées sur des toiles suspendues verticalement ou un peu inclinées, et les mâles sont jetés. Les femelles pondent rapidement si la température est élevée ; dans le cas contraire, la ponte est lente et incomplète. Aussi, dans les régions où la température est susceptible de s'abaisser, il est bon de pouvoir chauffer les salles de ponte.

Dès que la ponte est terminée, les femelles peuvent être jetées. Quelques-unes de chaque lot prises au hasard sont conservées dans de petits sachets afin d'être examinées plus tard au microscope et fournir ainsi une nouvelle preuve de la pureté du lot.

Le corps du papillon mort, comme toutes les substances animales, constitue un excellent engrais.

Quelques sériciculteurs, pour économiser la main-d'œuvre, ne font pas le désaccouplement et placent directement les sujets accouplés sur les toiles. Dans ce cas, ils restent indéfiniment accouplés; bon nombre de femelles ne peuvent effectuer leur ponte complète ; quelques-unes même meurent avant de l'avoir commencée.

Même dans le grainage industriel, on est parfois dans l'obligation de faire pondre les femelles sur cellules. Quelques clients exigent la graine pondue isolément avec le papillon à l'appui, afin de contrôler eux-mêmes l'absence de corpuscules. Le graineur en ce cas opère en plaçant chaque femelle sur un petit morceau de toile dans l'angle duquel le papillon est replié après la ponte. Cent cellules bien garnies donnent 40 à 45 grammes de graines.

IV. — CROISEMENTS.

Définition. — On emploie en sériciculture le mot croisement pour désigner l'union sexuelle de deux individus de types différents, ou même simplement de provenances différentes, sans se préoccuper de savoir si les sujets accouplés sont ou ne sont pas de même espèce, de même race ou de même variété.

En accouplant, par exemple, une femelle de race chinoise à cocons blancs avec un mâle de race jaune Var, on fait un croisement. En accouplant un sujet de race jaune Var provenant d'une chambrée élevée dans les Alpes avec un autre sujet de même race provenant d'une chambrée élevée dans une autre région (Var ou Pyrénées, par exemple), on dit encore que l'on a fait un croisement. Dans ce dernier cas, on dit couramment que c'est un croisement de milieux.

Pour tout croisement il faut indiquer l'origine des sujets accouplés. Pour abréger les notations, au lieu d'écrire : croisement provenant de l'accouplement d'une femelle A avec un mâle B, on inscrit : A × B. Inversement B × A désignera le croisement d'une femelle B avec un mâle A.

But des croisements. — Le croisement a pour but d'obtenir un produit réunissant les qualités des deux sujets accouplés, à l'exclusion de leurs défauts.

Par exemple, dans la race chinoise à cocons jaune-or, les vers sont petits, résistant à la flacherie, à évolutions rapides (l'éducation est terminée en vingt-cinq ou vingt-huit jours) ; les cocons assez riches en soie sont d'un dévidage facile, donnant peu de déchets, mais sont très légers (6 à 800 au kilogramme), de sorte que le rendement pour l'éducateur est par trop réduit.

La race jaune Var, au contraire, est une race à gros vers, à évolutions plutôt lentes, par suite sensibles à la flacherie ; les cocons sont lourds, de dévidage peu facile et donnant des déchets.

Le croisement Chinois $\times$ Var ou Var $\times$ Chinois donne un produit à vers moyens, à évolution suffisamment rapide pour résister à la flacherie, même dans des régions chaudes et humides. La grosseur des cocons est intermédiaire. Leur dévidage ne laisse rien à désirer, et les déchets sont de peu d'importance.

Différents caractères que peuvent présenter les produits d'un croisement. — Les choses ne se passent pas toujours comme dans le cas que nous venons de signaler. Le sériciculteur qui veut tenter des croisements nouveaux doit se rendre compte des résultats produits avant de multiplier industriellement les graines de ces croisements.

Les très nombreux cas qui peuvent se présenter ont été énoncés avec exemples et développements à l'appui par Georges Coutagne (1).

Voici l'énoncé des propositions résultant des différents cas étudiés par lui et tout d'abord la définition des termes qu'il emploie :

« Soit un caractère a présentant deux modes distincts a_1 et a_2 ; a étant par exemple la couleur du cocon, a_1 sera le symbole représentatif des individus à *cocons jaunes* et

(1) G. Coutagne, *Recherches expérimentales sur l'hérédité chez les vers à soie*, chap. v : *Contributions à l'étude expérimentale des croisements.*

a_2 celui des individus à *cocons blancs.* Dans les produits du croisement d'un individu a_1 avec un individu a_2, la variabilité du caractère a, considérée chez les sujets d'une même génération, pourra présenter trois dispositions : *alliage homogène*, *mélange hétérogène* et *liquation*.

« Il y a *alliage homogène* des modes a_1 et a_2 lorsque tous les sujets sont d'un nouveau mode a_3 intermédiaire entre a_1 et a_2; nous dirons aussi que les deux caractères a_1 et a_2 sont *fondus*, qu'il y a *fusion* de ces deux caractères *chez tous les individus considérés.*

« Il y a *mélange hétérogène* des deux modes a_1 et a_2, ou encore *variation diffuse* (*variation désordonnée* de Naudin), lorsque les différents sujets sont, quelques-uns a_1, quelques-uns a_2, et tous les autres de différents modes intermédiaires entre a_1 et a_2. Dans ce cas, il n'y a fusion complète de deux caractères, sans prédominance de l'un ou de l'autre, que *chez un petit nombre des individus considérés.*

« Enfin, il y a *liquation* des deux caractères a_1 et a_2 lorsque ces deux caractères se répartissent ditaxiquement entre tous les sujets de la génération considérée : les uns sont a_1, les autres sont a_2, sans aucun intermédiaire entre ces modes; en d'autres termes, il n'y a fusion des deux caractères *chez aucun des individus considérés.*

« *A*. Le croisement d'un sujet a_1 avec un sujet a_2 donne parfois, à la première génération, un alliage homogène entre les deux caractères a_1 et a_2.

« *B*. Lorsque le croisement d'un sujet a_1 avec un sujet a_2 a donné, à la première génération, un alliage homogène des deux caractères a_1 et a_2, l'union de deux de ces sujets de première génération à caractères fondus donne parfois (peut-être faudrait-il dire : le plus souvent, ou même : toujours ?), dans les générations suivantes, un mélange hétérogène des deux caractères a_1 et a_2.

« *C*. Lorsque le croisement d'un sujet a_1 avec un sujet a_2 a donné à la première génération un alliage homogène des deux caractères a_1 et a_2, puis à la seconde génération un mélange hétérogène, est-il possible de former une race homogène à caractères a_1 et a_2 fondus, en sélectionnant à chaque génération les sujets présentant eux-mêmes les caractères a_1 et a_2 fondus? »

Monsieur Coutagne a donné la forme interrogative à cette proposition, parce que le nombre des faits certains ne lui paraissait pas suffisant pour répondre affirmativement à la question posée. Les races obtenues depuis lors par cette méthode, aussi bien en Italie qu'en France, sont si bien fixées qu'il est permis de dire qu'on peut, le plus souvent, former une race à caractères a_1 et a_2 fondus par des sélections successives.

« *D*. Le croisement d'un sujet a_1 avec un sujet a_2 donne parfois une liquation par parties égales des deux caractères a_1 et a_2.

« *E*. Le croisement d'un sujet a_1 avec un sujet a_2 donne parfois une génération de sujets tous a_1, sans que le caractère a_2 de l'un des parents semble avoir influé en rien sur la première génération.

« *F*. Lorsque le croisement d'un sujet a_1 avec un sujet a_2 a donné une première génération de sujets tous a_1, il arrive parfois que le caractère a_2 reparaît dans la génération suivante issue de deux sujets a_1 de la première génération.

« *G*. Lorsque le croisement d'un sujet a_1 avec un sujet a_2 a donné une liquation par parties égales des deux caractères a_1 et a_2, les générations suivantes présentent également de nouvelles liquations entre ces deux caractères, sans qu'il semble possible de réaliser leur fusion chez aucun individu. »

Pratiquement, le croisement, pour que ses produits soient utilisables, doit donner satisfaction au filateur et à l'éducateur; il faut donc que l'alliage soit homogène, vers d'évolutions égales, cocons de formes semblables et de couleur uniforme. (Proposition *A* ci-dessus.)

Lorsque les sujets accouplés proviennent de cocons de formes ou de couleurs différentes, le produit obtenu, quoique bien homogène, doit être livré à la filature, car sa descendance donnerait des cocons en mélange hétérogène. (Proposition *B* ci-dessus.)

Il ne faudrait pas croire que le croisement entre deux sujets de races différentes, mais présentant toutes deux un même caractère, donnerait fatalement un produit présentant uniformément ce même caractère.

Pour la couleur des cocons, par exemple, nous avons observé les faits suivants :

Le croisement entre sujets de deux races différentes, toutes deux à cocons jaunes, peut donner parfois naissance à des sujets, les uns à cocons jaunes, les autres à cocons blancs.

En accouplant des papillons de race indigène à cocons jaunes avec des papillons d'une autre race à cocons jaunes (cette race était la descendance fixée pendant plusieurs générations d'un croisement entre japonais blancs et jaunes indigènes), nous avons obtenu des vers donnant des cocons jaunes et des cocons blancs, ces derniers dans la proportion d'un quart environ. Il est à remarquer que la race descendant du croisement japonais blanc et indigène jaune, reproduite pure, ne donnait jamais de cocons blancs dans sa descendance. C'est le fait du croisement, qui a fait réapparaître le caractère à cocons blancs existant à l'état latent.

De même le croisement de deux races à cocons blancs peut donner dans sa génération immédiate une proportion de cocons jaunes.

En accouplant des papillons Bagdad à cocons blancs avec des papillons chinois à cocons blancs, nous avons obtenu des cocons les uns blancs, les autres jaunes, ces derniers dans la proportion d'un quart environ. Le même résultat a été donné par les croisements entre

Bagdad à cocons blancs et japonais à cocons blancs (1).

On pourrait peut-être déduire de ces faits que les races chinoises et japonaises à cocons blancs ont été obtenues par des sélections successives dans la descendance de cas d'albinisme apparus spontanément parmi les cocons jaunes de ces races. Le caractère *cocons jaunes* serait à l'état latent dans ces races où le caractère *cocons blancs* paraissait parfaitement fixé, et l'effet du croisement a fait réapparaître le caractère primitif *cocons jaunes*.

Quajat a constaté des cas analogues : « Le croisement entre deux races blanches, l'une étrangère, l'autre indigène, donne pour résultats des cocons jaunes pour la plupart (2). » La grande proportion de cocons jaunes constatée dans ces cas vient peut-être de ce que les deux races croisées étaient issues l'une et l'autre de races primitivement à cocons jaunes.

Il résulte de tout ce qui précède que le sériciculteur-graineur, avant de livrer à sa clientèle les produits de croisement qu'il a jugé opportun de faire, entre races différentes, doit s'assurer, par des essais préalables, du résultat donné. Il doit renouveler, chaque année, le croisement et ne jamais mettre au grainage le produit d'un croisement, fût-il bien homogène, à moins d'être assuré par ses expériences que la descendance donnera un produit homogène.

L'expérience a démontré que le croisement de deux races à vigueur égale a toujours pour effet d'augmenter la vigueur et la robusticité des produits.

Par exemple deux lots A et B de races différentes, à vigueur identique, ou de même race, mais élevés dans

(1) Dans les deux cas, le caractère, graines non adhérentes, propre aux Bagdad, se rencontrait aussi bien chez des papillons issus de cocons jaunes que chez d'autres issus de cocons blancs.

(2) Verson et Quajat, p. 366.

des milieux différents, peuvent donner lieu aux combinaisons suivantes :

A × B, B × A, A × A, B × B.

A condition que les deux éducations A et B soient également bien réussies, le produit des croisements A × B et B × A sera beaucoup plus vigoureux et plus robuste que le produit de A × A ou de B × B.

Aussi nous conseillons vivement cette pratique de croisement de A × B ou B × A entre mêmes races ou entre races très similaires, dans le seul but d'augmenter la vigueur. Il faudra pour cela placer des éducations dans des régions différentes et que les éclosions concordent (1).

Méthodes de croisements.

Pour croiser entre eux les sujets de deux lots A et B, il faut naturellement que la sortie des papillons ait lieu simultanément dans les deux lots et que les femelles n'aient subi l'approche d'aucun mâle de leur propre lot.

Lorsqu'il s'agit d'effectuer une grande quantité de croisements, que les cocons dont on dispose sont en abondance et que le personnel peut y suffire, le plus simple est de faire ramasser de très bonne heure les papillons au fur et à mesure de leur sortie. Les mâles sont mis d'une part sur des cadres, les femelles sur d'autres, cela distinctement pour chacun des lots de races indigènes que l'on va croiser. Les couples qui se seraient formés avant ou pendant le ramassage sont laissés sur les filanes et ramassés plus tard et donnent des graines de race pure.

Pour les races chinoises, japonaises et analogues, on ne peut opérer ainsi. Les papillons sortent de très bonne heure et souvent dans la nuit. Les sujets accouplés seraient

(1) Il est bien évident que dans ce cas on peut mettre au grainage le produit de tels croisements.

en trop grand nombre et leurs graines inutilisables faute de débouchés. Les cocons sont placés dans des casiers spéciaux, chaque cocon étant parfaitement isolé du voisin (fig. 39). Le matin on découvre les casiers ; les papillons éclos sont enlevés et placés, les mâles ensemble et les femelles réunies également d'un autre côté.

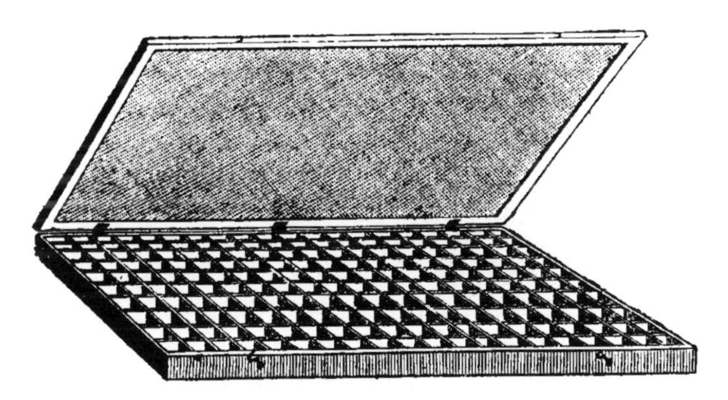

Fig. 39. — Casier pour croisements.

Lorsque le ramassage est terminé, on a donc les mâles et les femelles de chaque lot bien séparés.

S'il s'agit de croiser entre eux deux lots A et B, les quatre catégories sont : mâles A, mâles B, femelles A et femelles B.

Pour la combinaison A × B, on prend les femelles de A, et on les place 50 par 50 sur les cadres. Les mâles de B sont mis avec ces femelles en nombre égal. L'accouplement se fait immédiatement ; les couples sont disposés comme après le ramassage habituel, les sujets défectueux éliminés et les cadres portés dans la salle d'accouplement avec la notation A × B.

Pour le croisement inverse B × A, on prend de même les femelles de B et les mâles de A.

Le désaccouplement a lieu au bout de quatre ou cinq heures, tout comme pour le grainage industriel d'un lot ordinaire. Les femelles sont placées sur toile ou en cellules selon le désir de l'acheteur.

La première de ces méthodes laisse à désirer en ce sens que l'accouplement se produit trop fréquemment avant que les ouvrières aient pu ramasser les papillons isolément et que quelques femelles ont pu être fécondées par un mâle qui les a ensuite abandonnées. Pour opérer plus sûrement, il convient de séparer les sexes avant la sortie du papillon. L'aspect du cocon ne peut suffire à faire la distinction ; le poids seul peut donner une indication plus précise. Dans un lot donné, les cocons femelles sont plus lourds que les mâles, et la séparation s'effectue par le pesage individuel.

Le poids moyen des cocons est d'abord établi par le nombre au kilogramme. Supposons 500 cocons au kilogramme, le poids moyen est de 2 grammes ; tout cocon qui excédera ce poids donnera presque sûrement naissance à un papillon femelle ; ceux qui pèseront moins seront aussi sûrement sujets mâles. Le doute ne subsistera que pour ceux dont le poids sera exactement de 2 grammes. Ces derniers seront mis à part.

Plusieurs modèles de balance permettent d'effectuer rapidement cette séparation des cocons mâles et femelles. La plus simple est une petite balance à plateaux très sensible. Sur l'un des plateaux, on place des poids marqués correspondant au poids moyen des cocons à séparer. Sur l'autre plateau, les cocons sont mis un à un ; ceux qui font pencher le fléau de la balance sont femelles ; les plus légers sont des mâles et ceux qui laissent la balance en équilibre sont douteux.

Quelques sériciculteurs font usage d'une balance à cadran fort simple. Un fléau porte un petit panier en laiton dans lequel on place le cocon. Une aiguille se meut sur un cadran gradué et indique en centigrammes le poids du cocon. Le cadran est percé de trous destinés à recevoir de petites chevilles. L'ensemble est supporté par un socle. Lorsque la balance est au repos et le socle horizontal, l'aiguille doit marquer *o* sur le cadran ; des vis de réglage permettent de placer le socle horizontalement et d'amener l'aiguille à sa position de *o*. Pour séparer les cocons, dont le poids moyen est de 2 grammes par exemple, on introduit une cheville en face de la division 199 et une autre en face de la division 201. L'aiguille placée entre les deux chevilles oscillera entre elles. Le cocon posé sur le panier sera dans la catégorie des mâles si l'aiguille n'abandonne pas la cheville 199, douteux si l'aiguille oscille autour de la division 200 et femelle si elle atteint la cheville 201.

Une autre balance dite de Bergame a l'avantage d'opérer automatiquement. Le fléau maintenu horizontal à l'état de repos est muni d'un curseur à sa partie gauche ; à l'autre extrémité, un petit panier est destiné à recevoir le cocon. Un déclanchement à pédale rend sa liberté au fléau. On règle le curseur de façon à ce qu'il fasse équilibre au poids moyen des cocons à séparer. Un cocon étant placé sur le panier, si on agit sur le déclanchement, le fléau s'inclinera à droite ou à gauche suivant le poids du cocon. Les mâles tombent à gauche et les femelles à droite. La balance étant folle n'accuse pas les douteux.

V. — REPRODUCTION.

Choix des cocons de reproduction.

Le graineur doit apporter les plus grands soins à la préparation de sa graine de reproduction, puisqu'elle est destinée à perpétuer les meilleurs variétés et donner l'année suivante les cocons nécessaires à la production de la graine industrielle. Le choix des cocons reproducteurs doit se faire dans les meilleurs lots par un triage très sévère. Sont seuls à conserver les cocons parfaits en tous points : forme, couleur, finesse du grain, etc. C'est à ce moment qu'il y a lieu de faire également la sélection au point de vue de la richesse en soie par le procédé Coutagne. Ce procédé consiste à choisir parmi les sujets présentant par ailleurs les conditions requises ceux qui sont le plus riches en soie, c'est-à-dire dont le rapport $r = \frac{p}{P}$ est le plus élevé. La détermination de p et P ne peut se faire que par la pesée individuelle des cocons et des coques.

Balance a peser les cocons et les coques. — Georges Coutagne a fait construire une balance permettant de faire rapidement un grand nombre de pesées (1).

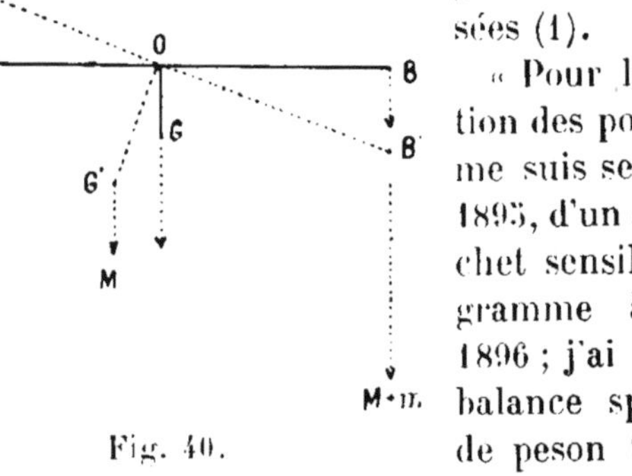

Fig. 40.

« Pour la détermination des poids P et p, je me suis servi, jusqu'en 1895, d'un simple trébuchet sensible au centigramme à partir de 1896 ; j'ai employé une balance spéciale, sorte de peson très sensible, qui permet d'affectuer les pesées au centigramme près avec une beaucoup plus grande rapidité. Le principe de cette balance est le suivant :

« Soient M et M + m (fig. 40), les deux poids appliqués aux extrémités A et B d'un fléau AB de poids μ, dont le centre de gravité G est situé au-dessous du centre O de suspension, *lui-même* placé exactement sur la ligne AB. Dans ce cas, l'angle α, dont le fléau aura tourné lorsqu'il se sera mis en équilibre, est défini par la relation :

$$\text{tang. } \alpha = m \frac{l}{d\mu},$$

(1) G. Coutagne, p. 8.

dans laquelle $l = OB = OA$ et $d = OG$. La tangente de l'angle α peut donc servir à mesurer le poids m.

« J'ai réalisé pratiquement ces conditions de la manière suivante. Un fléau AB, en acier, porte en B un petit panier en aluminium qui reçoit le cocon ou la coque qu'il sagit de peser (fig. 41). Une aiguille en aluminium OR, fixée normalement au fléau, se déplace devant un arc gradué UV. Pour la graduation de cet arc, une droite U'V', tangente au milieu W de l'arc UV, a été divisée en 100 parties égales, et chacun de ces points de division équidistants a été réuni au centre O de l'arc par des droites, qui ont recoupé l'arc UV en des points de plus en plus serrés, à mesure qu'on s'écarte de part et d'autre du milieu W de l'arc, et qui constituent dès lors précisément la graduation proportionnelle à tengente α qu'il fallait réaliser.

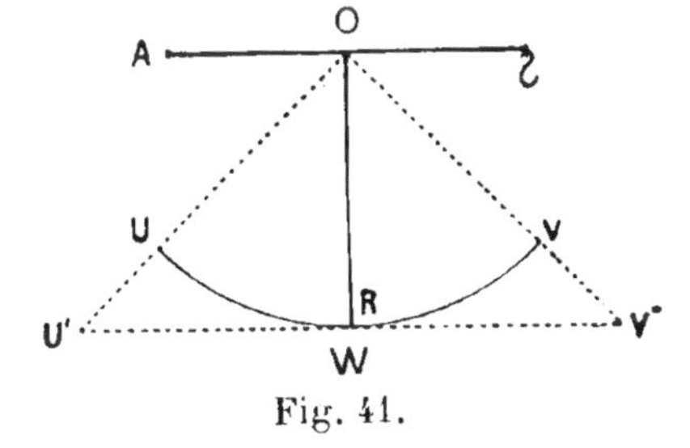

Fig. 41.

« L'arc UV ainsi divisé *ne porte aucun chiffre gravé*. En effet, pour que les pesées soient rapides et exactes, la sensibilité de la balance doit être telle qu'à *un centigramme* corresponde un déplacement de l'extrémité R de l'aiguille de 2 à 3 millimètres, lorsqu'on opère du moins dans le voisinage de la position verticale de l'aiguille. Il en résulte que la balance *une fois réglée*, par exemple, *pour peser comparativement les cocons mâles d'un lot déterminé*, doit être réglée à nouveau pour peser les cocons femelles de ce même lot, ou même pour peser les cocons mâles de tout autre lot dont le poids moyen P s'écarte notablement du poids moyen P du premier lot. En d'autres termes, à chaque réglage successif de la balance, il faut inscrire à l'encre, sur l'arc UV, les chiffres nécessaires.

« Quant au réglage, voici comment il s'effectue. On détermine au préalable, avec une balance ordinaire, le poids moyen des cocons (ou des coques) que l'on se propose de peser comparativement.

« Supposons que ce poids moyen soit 200 centigrammes. On inscrit à l'encre, sur l'arc UV, le nombre 200 au point W, puis ceux 210, 220, 230, 240 et 250 à gauche, et ceux 190, 180, 170, 160, 150 à droite. Ceci fait, il s'agit d'obliger la balance à se conformer, dans ses mouvements sous l'influence du poids des divers cocons, à cette graduation préalablement fixée. Deux opérations sont nécessaires à cet effet.

« 1° On place dans le panier en aluminium, *en poids marqués*, le poids moyen des cocons à peser, soit 200 centigrammes dans l'exemple choisi ci-dessus. Le fléau prend aussitôt une position inclinée quelconque, mais qu'on ramène peu à peu à l'horizontalité (c'est-à-dire à la verticalité de l'aiguille OR) en déplaçant, à la main, un petit écrou taraudé en cuivre sur l'extrémité A convenablement filetée du fléau. Dès lors la balance marquera bien 200 centigrammes lorqu'on lui donnera à peser un cocon de 200 centigrammes.

« 2° Si on ajoute alors, *en poids marqués*, 40 centigrammes, dans le panier, qui portera dès lors 240 centigrammes, l'aiguille OR s'arrêtera, à gauche de l'arc UV, en un point quelconque, par exemple à celui marqué 225.

« Mais on ramènera l'aiguille en face de la division 240, en déplaçant, à la main, un second petit écrou taraudé en cuivre, placé dans le prolongement de l'aiguille OR, au-dessus du fléau, ce qui a pour effet de déplacer le centre de gravité G du fléau (fig. 40). En effet la formule précédemment donnée pour $tg\alpha$ montre qu'en diminuant d, distance du centre de gravité G au centre de suspension O, on augmente α. Aussitôt que l'aiguille OR marque bien 240 lorsque le panier porte bien 240 centigrammes en poids marqués, la balance est réglée pour peser des cocons entre 150 et 250 centigrammes, au centigramme près.

« On opérerait absolument de même si on voulait peser des cocons allant de 160 à 260, ou de 170 à 270, et ainsi de suite. Pour les coques, la balance est réglée de la même façon ; mais il faut changer l'écrou mobile du bras A du fléau, et le remplacer par un autre bien plus léger. L'arc UV est alors gradué pour des poids variant de 0 à 50, ou de 10 à 60, ou de 20 à 70, et ainsi de suite.

« La balance que je viens de décrire a été établie, sur mes indications, en 1895, par feu Trenta, constructeur d'instruments de précision à Lyon. De nombreux tâtonnements ont été nécessaires avant d'avoir réalisé un outil simple, suffisamment sensible, *et suffisamment rapide*, c'est-à-dire à oscillations s'éteignant rapidement. Cette balance, dont on voit deux spécimens sur la table (1), est construite actuellement par M. L. Collot, à Paris. Elle permet d'effectuer, par heure, de 100 à 150 pesées de cocons, ou de coques, au centigramme près, et cela entre les mains des simples ouvrières microscopistes dans les ateliers de grainage, c'est-à-dire entre les mains de toute ouvrière déjà quelque peu familiarisée avec le maniement des outils délicats (2). »

Manière d'opérer. — Les balances étant convenablement graduées et les cocons mâles et femelles séparés, les cocons à peser sont placés l'un après l'autre dans le petit panier en aluminium ; l'aiguille indique le poids

(1) Voir G. Coutagne, pl. III.

(2) Brandi, professeur spécial d'agriculture à Manosque (Bouches-du-Rhône), a construit une balance basée sur le même principe que celle de Coutagne. L'arc a un nombre de graduations beaucoup plus considérable, ce qui dispense de changer les chiffres sur le cadran et le réglage de la balance pour des cocons de poids moyens différents. La sensibilité de cette balance est moindre que celle de Coutagne et la lecture des poids plus difficile.

que l'on inscrit sur un jeton ; ce jeton est placé à côte du cocon dans une case d'un casier spécial divisé en vingt compartiments.

Après cette pesée des cocons, une ouvrière extrait les chrysalides une à une en fendant le cocon et replace chaque chrysalide à côté de sa coque dans la case où est le jeton correspondant. Les coques sont reprises une à une et pesées à une balance convenablement graduée. Le poids est inscrit sur le jeton à la suite de celui du cocon. Sur chaque jeton se trouve donc inscrits les poids P et p, qui permettent de calculer le rapport r (richesse en soie). Il n'y a pas lieu de faire de correction, puisque le jour de la pesée les cocons d'un lot sont sensiblement du même âge, par suite comparables. Un barème établi à cet effet permet de trouver rapidement le rapport r pour les valeurs P et p.

Ce n'est qu'après un certain nombre d'opérations que l'on peut fixer la valeur de r au-dessus de laquelle les reproducteurs seront choisis ; il importe de ne pas fixer une valeur trop élevée pour ne pas garder uniquement des sujets exceptionnels. Le rapport r est toujours plus élevé pour les mâles que pour les femelles.

Les cocons choisis sont immédiatement mis en filanes ; l'ouvrière a soin de rejoindre avec l'aiguille les deux lèvres de la fente du cocon. En enfilant séparément les mâles et les femelles, il est commode d'opérer des croisements. Tout papillon défectueux doit être éliminé. On procède pour tout le reste comme d'habitude ; les pontes doivent être effectuées en cellules.

Nécessité de la sélection à la balance. — « La pesée individuelle des cocons et des coques donne en toute rigueur la richesse en soie de tous les sujets examinés, et c'est là le procédé que j'ai imaginé et employé pendant dix années consécutives pour obtenir des reproducteurs d'élite, de plus en plus améliorés d'une année à l'autre, comme nous le verrons tout à l'heure. Mais ce procédé est long et pénible ; ne pourrait-on pas choisir, dans un lot de cocons, plus rapidement que par les pesées individuelles de tous les cocons et de toutes les coques, un groupe de cocons, sinon les plus riches en soie en toute rigueur, du moins plus riches que la moyenne du lot, en sorte que ce petit groupe de cocons de choix étant seul conservé pour la reproduction, il s'ensuivrait une véritable sélection ?

« Il semble bien au premier abord qu'une telle sélection puisse être réalisée par le simple examen attentif des cocons, l'œil montrant d'une part la constitution du grain du cocon, et le doigt permettant, d'autre part, d'apprécier la dureté de la coque. C'est une idée assez répandue parmi les graineurs, qui s'imaginent de bonne foi pouvoir, de la sorte, distinguer, dans un lot de cocons, ceux qui sont les plus riches en soie. Je citerai seulement, comme preuve à l'appui, le témoignage de J. Raulin, qui, dans sa note de juillet 1893, exprimait l'opinion que, dès 1871, la sélection au point de vue de la richesse en soie fut pratiquée, soit dans ses propres grainages de Pont-Gisquet, de 1871 à 1876, parce qu'il sélectionnait « les cocons d'après leur forme, leur couleur, *la résistance de la coque*, soit dans les grainages des sériciculteurs qui suivirent les préceptes formulés par le congrès de Montpellier, 1874. Ce congrès avait recommandé de choisir les cocons destinés au grainage parmi ceux qui sont les mieux conformés et les plus riches en soie, *ces conditions étant des indices de vigueur* ; et Raulin ajoutait à ce propos : « Mais qu'importe la raison d'être de ce conseil ? Le but pratique de la sélection au point de vue de l'industrie était atteint, si toutefois l'hérédité joue un rôle dans la richesse en soie des cocons. »

« J'avoue que moi-même, au début de mes recherches, en 1888, 1889 et 1890, je partageais également ces illusions. Avant de chercher, avec la balance, les meilleurs sujets d'un lot, je commençais toujours par choisir, au doigt et à l'œil, les meilleurs cocons, croyant faire, par là même, une véritable sélection préliminaire, non seulement au point de vue des qualités du cocon et de la soie, mais aussi, et là était l'erreur, au point de vue de la quantité relative de soie, c'est-à-dire de la richesse soyeuse.

« Mais j'eus bientôt l'occasion de déterminer comparativement, pour un certain nombre de lots, d'une part la richesse en soie d'un échantillon moyen, trente ou cinquante cocons prélevés au hasard, sans choix, et d'autre part la richesse en soie du groupe de tous les cocons de choix, seuls jugés dignes, après un minutieux examen à la vue et au toucher, d'être pesés individuellement, pour la recherche des sujets exceptionnellement soyeux. Je donne ci-joint le tableau de toutes les déterminations de ce genre, que j'eus l'occasion de faire pendant les trois années consécutives 1890, 1891 et 1892. Lorsque les deux coefficients à comparer furent déterminés à plusieurs jours d'intervalle, ce nombre de jours est indiquée entre parenthèses dans la première colonne, et le chiffre de la troisième colonne a été corrigé, en comptant une perte de 0,75 p. 100 et par jour sur le poids moyen des cocons.

	Moyenne générale du lot.	Moyenne des cocons de choix.	Différences.
Lot A de 1890.....	15,3	15,7	+ 0,4
— D — (3)...	15,2	14,2	—1,0
— E —	15,9	14,6	—1,3
— F — (1)...	15,9	15,2	—0,7
— G —	15,3	14,6	—0,7
— H —	14,9	15,3	+ 0,4
— J —	14,0	13,7	—0,3
— L —	13,8	14,0	+ 0,2
— N —	13,9	13,9	0,0
— K de 1891 (5)...	16,3	15,0	—1,3
— L — (5)...	16,3	15,3	—1,0
— T —	15,6	14,3	—1,3
— FF — (5)...	15,8	15,2	—0,6

	Moyenne générale du lot.	Moyenne des cocons de choix.	Différences.
Lot GG — (7)...	15,3	14,8	— 0,5
— D de 1892(5)...	16,0	15,8	— 0,2
— G — (5)...	15,7	14,9	— 0,8
— I — (2)...	16,2	16,6	+ 0,4
J — (6)...	16,2	15,5	— 0,7
— K — (4)...	16,4	15,7	— 0,7
— L — (5)...	16,6	15,2	— 1,4

« On voit que dans quatre cas seulement, sur vingt, il est arrivé que la richesse en soie moyenne des cocons de choix a été supérieure à la richesse en soie moyenne du lot.

« Ce résultat, assez paradoxal au premier abord, est cependant facile à expliquer. Le toucher et la vue renseignent assez exactement sur la régularité et la dureté des coques, caractères dont dépend bien, il est vrai, *le rendement en grège*, mais nullement sur le poids relatif de ces coques, c'est-à-dire sur *la richesse en soie*, caractère qui est un facteur bien autrement important de ce même rendement en grège. Un cocon mâle dont la coque pèsera 26 centigrammes, par exemple, mais sera très serrée, *très carteuse*, suivant l'expression des filateurs, *semblera* plus riche en soie, à la vue et au toucher, qu'un autre cocon mâle, dont la coque, à tissus moins serrés, pèsera au contraire 35 centigrammes et aura par conséquent un tiers de soie de plus en valeur absolue. Deux cocons, à coque de texture et de poids identiques, pourront avoir des chrysalides de poids très différents, et, dans ce cas encore, la main étant inapte à apprécier des différences de poids de quelques centigrammes, on ne pourra choisir celui des deux cocons qui aura le plus de soie, en valeur relative.

« En 1888, mon lot A a été formé par 58 cocons, minutieusement choisis un à un sur 200 jolis cocons, qui eux-mêmes avaient été choisis avec grand soin sur plusieurs milliers, dans une chambrée de demi-once. Tous ces 58 cocons très durs, très fins, très réguliers, semblaient également bons, également riches en soie : mais la balance mit en évidence des différences considérables, qu'on n'eut jamais soupçonnées sans son aide; la richesse en soie variait de 13,9 à 18,4 p. 100 chez les mâles, et de 11,2 à 15,4 p. 100 pour les femelles. On voit donc, par cet autre exemple précis, que, s'il est possible de sélectionner, à la vue et au toucher, les cocons qui donneront de faibles déchets en filature, il est impossible de sélectionner, par le simple examen, ceux qui ont une richesse en soie plus forte, c'est-à-dire ceux qui ont été tissés par des vers ayant proportionnellement de plus grosses glandes soyeuses.

« Le conseil donné par le congrès de Montpellier, en 1874, de choisir les cocons destinés au grainage *parmi ceux qui sont le mieux conformés et les plus riches en soie*, avait surtout pour but, semble-t-il, de blâmer les auteurs qui, comme Boissier de Sauvages, le Dr Capra, et d'autres encore, recommandent de tirer la semence des cocons faibles dits *peaux*. A cet égard, le conseil était bon et pouvait être suivi. Mais, en ce qui concerne la sélection des plus riches en soie, il en est tout autrement, et le conseil formulé n'a pas été et ne pouvait pas être suivi, faute de l'indication d'un procédé permettant d'effectuer réellement cette sélection. Les membres du congrès de Montpellier ont certainement partagé l'erreur si répandue que je viens de signaler et ont cru qu'il était possible de choisir, au doigt et à l'œil, les cocons les plus riches en soie. En fait, personne, avant 1888, et avant moi, n'a pratiqué, à ma connaissance du moins, cette sélection ; et c'est là une remarque très importante. Si, en effet, cette sélection avait été déja pratiquée depuis de longues années, du fait incontestable que les cocons récoltés de nos jours ne donnent pas en filature des rendements en grège sensiblement différents de ceux qu'on obtenait il y a dix ou vingt ans, on pourrait très légitimement conclure que cette sélection est pratiquement inefficace. Mais, au contraire, cette sélection n'ayant jamais été pratiquée, on ne peut rien préjuger de défavorable à son égard, et on peut espérer que cette nouvelle méthode, qui a été si féconde en heureux résultats dans l'industrie de la betterave sucrière, pourra pareillement rendre les plus grands services en sériciculture (1). »

M. Coutagne a recherché l'augmentation progressive de la richesse en soie obtenue dans sa race jaune Défends, pendant dix années de sélections successives (2). Voici les chiffres des variations de la richesse en soie moyenne :

1888	15,2	1893	18,9
1889	16,7	1894	20,2
1890	17,6	1895	21,8
1891	17,3	1896	19,8
1892	18,5	1897	23,0

Comme on le voit, l'amélioration progressive a été considérable.

Il est à remarquer que les deux diminutions de richesse soyeuse en 1891 et en 1896 proviennent de ce que les années précédentes (1890 et 1895) M. Coutagne avait introduit par des croisements un sang nouveau de race non améliorée afin d'augmenter la vigueur de sa race jaune Défends. Mais, fait curieux, les années suivantes (1892 et 1897), la richesse en soie se relève brusquement pour atteindre le même chiffre qu'elle aurait eu si les sélections avaient été continuées sans faire de croisement avec une race non améliorée.

(1) G. Coutagne, p. 29.
(2) Voir G. Coutagne, planche V.

Longévité.

Quelques sériciculteurs ont songé à étudier la durée de la vie des papillons de façon à ne conserver comme reproducteurs que ceux qui sont vivants au bout d'un certain nombre de jours. Ils estiment que ceux qui meurent promptement sont atteints de quelque affection parasitaire ou manquent de vigueur.

Pour faire ces études, on place les papillons dans des petits sacs en tarlatane ou sur des cellules plates posées sur une planchette, mais recouvertes chacune d'un petit cône en zinc, de façon à ce que les papillons ne puissent ni se mélanger, ni s'en aller.

Les pontes de chaque jour sont isolées les unes des autres, et la date est soigneusement notée. Un certain nombre de jours après la ponte, on élimine les cellules dont les papillons sont morts.

Laurent de L'Arbousset conseille d'examiner les papillons dans des cellules douze jours après leur naissance, pour les races indigènes.

On ne saurait donner une règle générale, la durée de la vie des papillons variant considérablement suivant leur taille et la température. Un papillon de petite taille qui meurt le septième ou le huitième jour après sa naissance peut être un aussi bon reproducteur qu'un autre de grosse race qui meurt le douzième jour. Par une série de journées chaudes, les papillons meurent rapidement ; survienne une période de temps frais, les papillons vivront plus longtemps.

Il ne faut donc pas exagérer l'importance des études de longévité. Il est très difficile d'entourer ces observations de toutes les conditions désirables dans un grainage industriel.

Il est bien évident que l'on doit rejeter la ponte de papillons morts peu de jours après leur naissance et dans lesquels on reconnaît des symptômes de maladies. Mais, en admettant que la température soit assez constante pour que tous les sujets observés soient comparables, y aura-t-il une bien grande différence, au point de vue de la valeur, entre les pontes de sujets morts le neuvième jour et celles de ceux qui mourront le onzième, si la vérification a lieu le dixième jour? Les sujets morts le neuvième jour seront-ils de moins bons reproducteurs que les sujets qui mourront le quinzième et même le vingtième jour? Pour notre part, nous croyons exactement le contraire. Ces sujets vivant très longtemps sont des individus à évolutions lentes et gorgés de réserves.

A notre avis, il serait bon d'examiner au bout d'un certain nombre de jours l'état des papillons reproducteurs, qu'ils soient morts ou vivants. Au simple aspect, on reconnaît, avec un peu d'habitude, ceux qui sont atteints de flacherie ou de grasserie ; leur corps, généralement mou, entre rapidement en décomposition. Ceux dont l'abdomen est parfaitement vidé et le corps desséché étaient sûrement plus sains, et leur ponte sera conservée.

Dans ces études de longévité, il faut examiner les deux reproducteurs, la santé du mâle ayant également de l'influence sur la valeur des produits. On est obligé alors de subir les inconvénients de l'accouplement illimité, la séparation des deux sujets entraînant de trop grandes complications.

Examen des cellules.

Il est important de suivre avec attention les pontes des papillons reproducteurs. Les femelles qui n'effectuent pas leur ponte tout de suite, d'une façon complète et sans interruption, doivent être éliminées. Les œufs pondus en dernier lieu donnent naissance à des sujets moins vigoureux que les premiers pondus; il serait bon de pouvoir les séparer; mais à la pratique cela est bien difficile.

Quelques jours après la ponte, les cellules sont prises une à une afin d'examiner si les graines sont toutes fécondées. Il n'y a pas à hésiter pour rejeter les pontes présentant encore la couleur jaune; mais parfois certaines graines, bien qu'ayant pris une couleur brune, sont reconnues défectueuses en les examinant de très près; on remarque que la coque est vide, desséchée et recoquillée sur elle-même. De telles pontes proviennent de papillons malades. Les pontes peu abondantes seront également éliminées.

On a cherché à étudier les différences résultant de la disposition de la ponte et savoir, par exemple, si celles qui sont étalées en demi-cercle et bien uniformément donnaient des sujets plus vigoureux que les graines disséminées. Rien de précis n'a pu être établi. On conservera pour la reproduction toutes les pontes qui ne laissent rien à désirer, sans s'inquiéter de la disposition des graines.

Estivation.

Après ce triage, les graines n'ont plus à subir pour le moment de manipulation ; elles doivent être placées pour l'estivation.

Les cellules, dans chaque lot, sont comptées, réunies par paquets de vingt-cinq ou cinquante, sans les entasser les unes contre les autres, et suspendues dans une salle bien aérée. La période estivale doit durer vingt jours au moins (voir chapitre 1er, IIe partie). Les œufs respirent activement, surtout pendant les premiers jours de cette période ; il leur faut beaucoup d'air et une température de 25° C. environ. Il sera simplement nécessaire de visiter les cellules de temps en temps pour s'assurer que les anthrènes et dermestes (1) ne causent pas de ravages.

Examen microscopique.

Vers le milieu du mois de septembre, l'estivation a duré suffisamment. On peut dès lors commencer l'examen microscopique individuel des reproducteurs en vue d'éliminer tous les sujets corpusculeux. Les cellules sont reprises une à une ; le papillon est broyé dans un petit mortier avec quelques gouttes d'eau. La bouillie ainsi obtenue est examinée au microscope. Si la goutte placée sur la lamelle ne présente aucun corpuscule, la cellule correspondante pourra être conservée sans crainte. Lorsqu'un sujet est corpusculeux, le champ du microscope présente l'aspect de la figure 45 ; les corpuscules abondent ordinairement, à moins que la préparation soit trop diluée. Si on n'aperçoit qu'un très petit nombre de corpuscules, il y a lieu de procéder à un deuxième examen pour être assuré que ces quelques corpuscules proviennent bien du sujet examiné. Après l'examen d'un papillon corpusculeux, il faut laver parfaitement le mortier et le pilon qui ont servi à le broyer ; un lavage sommaire pourrait laisser subsister quelques corpuscules qui induiraient en erreur dans l'examen suivant.

Lorsque les papillons ne sont pas parfaitement desséchés, et surtout quand on examine les chrysalides, l'abondance des matières grasses peut empêcher de distinguer très nettement les corpuscules; on emploie dans ce cas quelques gouttes d'une solution de potasse au lieu d'eau pure pour préparer la bouillie.

Les cellules dont les papillons sont reconnus corpusculeux doivent être immédiatement brûlées afin d'éviter tout mélange.

(1) Voir G. Guénaux, *Entomologie et parasitologie agricoles*, p. 444-445 (*Encyclopédie agricole*).

Nous croyons utile de rappeler ici que l'examen microscopique de papillons *morts* ne saurait révéler une autre maladie que la *pébrine*. Les ferments, vibrions, kystes, etc., qui apparaissent dans les champs du microscope, proviennent uniquement de la décomposition du corps des papillons conservés dans de mauvaises conditions.

Les cellules reconnues saines sont replacées en paquets et par lots comme auparavant. Le lavage et la conservation de ces graines se pratiquent de la même façon que pour celles sur toiles, dont il va être question.

VI. — SOINS A DONNER A LA GRAINE.

Les toiles sur lesquelles ont été recueillies les graines industrielles sont suffisamment espacées pour que l'air circule librement entre elles. La salle de ponte où elles se trouvent est assez chaude et ventilée pour que les graines y séjournent pendant toute la période estivale. Il faut surveiller que les rats et les dermestes n'occassionnent pas de dégâts.

Pendant l'estivation, le graineur s'occupe de la vente de ses cocons percés. Les filanes sont maintenant très légères, puisque les papillons sont sortis des cocons et que ces derniers ont eu tout le temps de sécher. Les cocons percés sont vendus pour être cardés, à des prix variant chaque année. On les a payés 6 à 8 francs ces dernières années. 5 à 6 kilogrammes de cocons frais donnent en moyenne 1 kilogramme de cocons percés.

Lavage des graines. — Dès que l'estivation a été suffisante, on peut procéder au lavage des toiles et des cellules, de façon à recueillir les graines et pouvoir les transporter et emmagasiner commodément. L'eau a la propriété de dissoudre le vernis gommeux, qui fait adhérer les graines contre les toiles et les cellules. Le lavage a aussi pour but de débarrasser les graines de toute impureté à l'extérieur, telle que déjections, débris de papillons, poussières, etc.— Les toiles et cellules sont plongées dans un baquet plein d'eau et y séjournent quelques instants. L'eau ne doit pas être trop froide; il suffit pour cela de la laisser, avant l'opération, prendre la température de la salle. Si le lavage est fait en hiver, il faut éviter d'employer de l'eau chaude, circonstance qui pourrait amener un commencement d'évolution de l'embryon.

Le raclage des toiles pour en détacher les graines se fait au moyen d'un couteau à lame de bois. Les graines sont alors lavées à grande eau dans le baquet : les impuretés et la plupart des graines non fécondées surnagent et sont entraînées avec l'eau du lavage, tandis que les bonnes graines restent au fond du récipient.

Un séjour prolongé de plusieurs heures ne porte pas préjudice à la bonne conservation des graines. Elles peuvent sans danger même être plongées dans d'autres liquides. Quelques sériciculteurs les immergent dans le vin rouge pour leur donner une teinte uniforme ; d'autres dans l'eau salée pour éliminer plus facilement les non fécondées. Ces pratiques, sans être nuisibles, n'ont pas grande utilité.

Lorsque les graines sont parfaitement lavées, on les étend en couches minces sur des toiles placées sur des claies dans une salle fortement ventilée. On les remue fréquemment de façon à ce que toutes sèchent également. On reconnaît au toucher que leur état de siccité est suffisant : elles n'adhèrent pas entre elles et coulent au maniement, comme le sable sec. Elles sont alors recueillies et placées pour l'hivernation.

Hivernation. — Une période de froid est nécessaire à la graine pour obtenir une bonne éclosion et des vers vigoureux. M. Duclaux a démontré qu'une température voisine de zéro était celle qui lui convenait le mieux. A cette température, les graines peuvent être conservées plusieurs mois sans exiger aucun soin particulier. Il suffit qu'elles soient convenablement aérées, étendues en couches de faible épaisseur, dans une atmosphère suffisamment sèche et à l'abri des rongeurs.

On peut, pour faire hiverner les graines, les transporter à une altitude élevée. Une chambre froide a été aménagée à Notre-Dame-des-Neiges, dans l'Ardèche; bon nombre de sériciculteurs y transportent leurs graines. De telles chambres peuvent être installées dans toute station élevée. Ces installations ont l'inconvénient d'être peu accessibles pendant l'hiver, et l'état hygrométrique ne peut y être facilement réglé.

Il existe plusieurs types de chambres d'hivernation où le froid est produit artificiellement.

Susani a aménagé, en 1858, dans son établissement séricicole d'Albiate, dans la province de Brianze, une grande salle pour l'hivernation des graines. Cette chambre est formée par de doubles murs distants de 15 centimètres. L'air circule dans cet intervalle; le plafond en fer et briques est recouvert d'une forte épaisseur de matières isolantes, telles que paille, sciure de bois, sable, poudre de liège, etc. Un liquide (solution concentrée de chlorure de magnésium) refroidi à — 50° C. circule dans une série de tubes qui traversent la salle dans le sens vertical. Le liquide est refroidi par une machine frigorifique et refoulé dans les tubes par une pompe. L'air est maintenu sec dans la chambre par des caisses de chaux vive et se renouvelle par les fissures des portes et fenêtres; en cas d'insuffisance, on ouvre les fenêtres avant le lever du soleil. Une installation de ce genre est très coûteuse comme construction, fonctionnement et entretien des appareils; elle ne peut convenir que pour hiverner des quantités très importantes de graines (100 000 onces au moins).

Les caisses glacières conviennent mieux à la petite et à la moyenne industrie. Celle d'Orlandi se compose d'une caisse à doubles parois dont l'intervalle est garni de matières isolantes : le centre de la caisse est occupé par un réservoir d'eau avec serpentin dans lequel circule un mélange réfrigérant. Deux tubulures, l'une traversant le fond de la caisse, l'autre les parois latérales, assurent la circulation de l'air dans l'intérieur de la caisse. Les graines sont disposées sur des châssis en canevas fin placés en étagères dans tout l'espace libre. L'air arrivant de l'extérieur est à une température trop élevée, et, pour peu que l'aération soit vive, il n'a pas le temps de se refroidir assez avant de sortir par la tubulure inférieure, et les graines ne se trouvent pas à une température suffisament basse.

La chambre froide construite par Verson obvie à cet inconvénient. Elle se compose également d'une caisse à doubles parois ; mais le réfrigérant, au lieu d'occuper le centre de l'appareil, est placé dans un compartiment situé sous le couvercle. Il se compose tout simplement d'un récipient plein de glace. L'air, avant de pénétrer dans l'intérieur de la caisse, est obligé de circuler sur la glace, puis s'introduit dans la caisse par la partie supérieure et s'échappe par une ouverture ménagée dans le fond. Sur un des côtés est pratiquée une porte vitrée qui permet de lire la température sur le thermomètre intérieur. Ces modifications et perfectionnements de la glacière Orlandi permettent à l'air d'arriver sur les graines à une température constante et sensiblement voisine de zéro. En outre, les graines peuvent y être conservées après la période d'hivernation en cessant de mettre de la glace dans le réservoir.

Après l'hivernation et jusqu'au moment de la mise en incubation, il faut garder les graines à une température de 6 à 10° C.

Expédition des graines. — Pour expédier les graines de vers à soie, le moment le plus propice est celui où leur sensibilité est la moindre, ce qui se produit depuis la fin de l'été jusqu'au commencement du printemps. Il ne faut pas oublier que l'embryon est apte à se développer sous l'influence de la chaleur dès qu'il a subi l'action du froid pendant quelque temps.

Pour les régions lointaines et toutes les fois que le destinataire peut faire hiverner et conserver la graine dans de bonnes conditions, le mieux sera de les lui expédier fin septembre ou au commencement d'octobre. Mais, lorsqu'elle est destinée à des éducateurs relativement rapprochés, il conviendra de ne l'expédier qu'après l'hivernation et au moment le plus voisin possible de l'incubation, afin que si, en cours de transport, elle se trouve soumise à une élévation de température, il n'y ait plus de brusques changements.

Quelle que soit l'époque de l'expédition, les œufs doivent être placés dans des conditions telles que rien ne vienne troubler leur parfaite conservation. Il faut avant tout assurer leur respiration. On les enferme pour cela dans des boîtes en carton percées de trous; ces boîtes sont isolées les unes des autres par des taquets et placées dans des caisses elles-mêmes percées de trous. L'aération est encore plus parfaite si, au lieu de boîtes en carton, on emploie des sortes de sachets en tulle maintenus par un petit cadre en bois et isolés les uns des autres par de petites lattes.

Les graines sur toiles et en cellules peuvent également être transportées. Il suffit de ne pas trop entasser les cellules et de rouler les toiles autour d'un bâton, pour éviter le frottement des œufs les uns contre les autres. Les toiles et les cellules doivent être emballées dans des paniers ou des caisses percées de trous.

VI

LA SOIE

Nous venons de suivre le sériciculteur-graineur dans les différentes opérations qui lui permettent de livrer à l'éducateur des graines saines et assurant des cocons de qualité supérieure et riches en soie. Nous avons vu à quelles conditions le magnanier pouvait obtenir une bonne récolte. Les cocons ont été vendus frais ou conservés par l'étouffage et le séchage, pour être vendus ultérieurement. La sériciculture et le rôle de l'agriculteur s'arrêtent ici. Nous ne pouvons cependant terminer sans dire en quelques mots comment ces cocons, où le ver à soie s'est volontairement emprisonné et où sa vie a été arrêtée par l'étouffage, vont être transformés par l'industrie en fils de soie qui serviront à tisser les magnifiques étoffes appelées *soieries*.

Les cocons secs, bien conformés, sont aptes à être dévidés. Cette opération a pour but d'obtenir le fil continu tel qu'il a été émis par le ver. Il suffit pour cela de faire macérer le cocon quelque temps dans l'eau chaude, afin de décoller les différentes parties de la bave (1) qui le composent. La réunion de quelques-uns de ces fils élémentaires par le dévidage simultané de plusieurs cocons donne la *soie grège*. C'est le travail effectué dans les filatures.

(1) Dans l'industrie, le mot *bave* est pris dans un sens général et signifie le fil de soie tout entier. En terme de magnanier, on donne quelquefois au mot *bave* un sens particulier pour désigner le fil émis en premier lieu par le ver pour former le réseau qui enveloppe le cocon et qu'on appelle aussi : *blaze*, *bourre*, etc.

Cette soie grège n'est pas employée directement au tissage des étoffes. Une seconde opération, l'*ouvraison*, est nécessaire. Elle a pour but d'assembler entre eux, en leur donnant une torsion convenable, un certain nombre de fils de soie grège. Les fils ainsi obtenus sont de deux sortes : les *trames* et les *organsins*, qui eux sont employés directement au tissage des étoffes. Ils sont préparés dans des usines appelées *moulins*, d'où *moulinage*, nom donné à cette industrie, et *moulinier* nom de celui qui la dirige.

Les soies grèges et les soies moulinées ont une certaine raideur et de la dureté au toucher à cause de la présence du grès. Elles ne peuvent être teintes ainsi et doivent être *décreusées*. Le décreusage qui s'obtient en faisant bouillir la soie dans de l'eau de savon la débarrasse du grès et lui donne au contraire un toucher doux, de la souplesse, de la blancheur et du brillant. Ces opérations successives seront décrites plus loin.

Déchets de soie.

Les cocons défectueux rejetés par le triage, les cocons percés provenant du grainage, ne peuvent être dévidés. Ils forment, avec les déchets de filature et de moulinage, ce que l'on appelle les *déchets de soie*. Ceux-ci sont traités d'une façon toute spéciale dans des usines qui les transforment en schappes (1).

Autrefois, dans les régions séricicoles, les déchets étaient utilisés sur place en les filant au rouet, après les avoir fait macérer dans une lessive de cendres de bois. Les cocons avariés donnaient la *filoselle* ; avec les frisons, on obtenait le *fleuret*, et la *galette* avec les cocons percés. Ces pratiques sont encore usitées en Chine et dans l'Inde.

Les fils obtenus par ces procédés ne peuvent être que grossiers et irréguliers.

(1) Fils appelés aussi *fantaisies*.

L'industrie de la schappe, d'origine récente, se développe de jour en jour; elle est arrivée à un rare degré de perfection.

Les fils de schappe sont fabriqués par des procédés qui diffèrent complètement de ceux de la filature et du moulinage et ont plutôt de l'analogie avec l'industrie de la laine, du coton et du lin.

La qualité des schappes ne peut atteindre celle des soies ouvrées; ces fils possèdent cependant toutes les propriétés de la soie grège à un degré atténué, et leur prix plus réduit les fait rechercher par de nombreuses industries (passementerie, bonneterie, ameublements, fabriques de tissus simples, etc.).

Par le décreusage et des lavages répétés, les déchets de soie sont purgés d'une grande partie du grès qu'ils contiennent; ils sont ensuite débarrassés de toutes les matières étrangères (débris de bruyères, chrysalides, etc.) et soumis au peignage. Ils peuvent alors être filés par les mêmes procédés que la laine et le coton.

Composition chimique de la bave. — La bave, ou fil de soie tel qu'il est émis par le ver, se compose essentiellement d'une matière gommeuse appelée *grès* et de *fibroïne* ou soie proprement dite.

M. Francezon, pour doser ces matières, après avoir pesé exactement une certaine quantité de soie desséchée à l'étuve, la plonge pendant une demi-heure dans un bain de savon bouillant qui dissout la plus grande partie du grès. Il la traite ensuite par l'acide acétique bouillant, qui enlève les dernières traces de grès et les matières grasses. Il ne reste plus que la fibroïne; qui est rincée à l'eau distillée, desséchée à l'étuve et pesée exactement. Le poids obtenu est celui de la fibroïne; en le déduisant du poids initial, on a le poids du grès.

Par de nombreux dosages, Francezon a établi la répartition du grès et de la fibroïne dans la soie des cocons, dans la blaze et dans les différentes couches de la coque.

Voici la moyenne des résultats qu'il a trouvés :

	Grès p. 100.	Fibroïne p. 100.
Blaze	44.40	55,60
Soie des couches extérieures de la coque	31,47	68,53
Soie des couches intérieures de la coque	26.72	73.28
Soie de la coque complète	29,30	70,70

Le grès est donc plus abondant dans les premiers fils émis par le ver, et sa quantité va en diminuant jusque dans les derniers fils.

M. Francezon a également déterminé la proportion de cendres donnée par les coques des cocons et par la soie grège :

Cendres de coques	1,64 p. 100.
— de soie grège filée à l'eau distillée	0,78 —
— de soie grège filée à l'eau distillée et chrysalidée	0,75 —

Ces cendres sont composées de chaux, de magnésie, de sexquioxyde de fer et d'alumine.

En comparant les coques et la soie grège de cocons identiques, le résultat a été :

Jaunes Cévennes.	Coques de cocons.	Soie grège.
Fibroïne (y compris 0,22 de sels)	72,38	75,18
Grès	22,89	22,82
Corps extraits par l'alcool	3,27	1,44
Sels	1,46	0,56
	100,00	100,00

Bien des chimistes ont entrepris l'étude de la composition chimique de la soie (Roard, Mulder, Cramer, Bolley, Schutzenberger et Bourgeois, etc.).

La composition du grès correspondrait à la formule $C^{30}H^{50}AZ^{10}O^{16}$ et celle de la fibroïne $C^{30}H^{46}AZ^{10}O^{12}$, de sorte que la différence entre les deux serait de 2 molécules de H^2O et de 2 atomes d'oxygène, ce qui a fait dire à Bolley que la bave émise par le ver à soie aurait une composition unique et que celle des couches superficielles se modifierait sous l'influence de l'air atmosphérique.

MM. Schutzenberger et Bourgeois ont établi que la fibroïne appartient au même type que l'albumine.

La soie chauffée fortement se boursoufle en répandant l'odeur de corne brûlée, caractéristique des substances azotées. Le charbon est friable et cassant; sous l'action de la chaleur rouge prolongée, il donne des cendres blanches dont la composition est indiquée plus haut.

La soie se dissout dans une solution ammoniacale d'oxyde de cuivre (réactif de Schweitzer) et dans l'oxyde de nickel ammoniacal.

Le chlorure de zinc basique à 60° B. peut dissoudre à froid ou plus rapidement à chaud une quantité notable de soie. Elle est également dissoute dans une solution alcaline froide d'oxyde de cuivre dans la glycérine.

L'acide sulfurique concentré, les acides chlorhydrique et azotique dissolvent également la soie à froid. L'acide azotique chaud la convertit en acide oxalique et en acide picrique. Les dissolutions étendues de potasse ou de soude caustique dissolvent le grès; leur action prolongée peut attaquer la fibroïne elle-même.

La fibroïne se dissout dans les alcalis caustiques concentrés, d'où elle est précipitée, mais avec altération, par l'eau ou par l'acide sulfurique étendu. La fibroïne chauffée avec l'hydrate de potasse se transforme en acide oxalique.

Propriétés physiques de la bave. — Les principales propriétés de la bave ou fil de soie sont :

La longueur exprimée en mètres et qui varie de 300 à 1500 mètres.

La ténacité exprimée par le nombre de grammes que peut supporter un fil de soie de 1 mètre sans se rompre. Elle varie de 4 à 13 grammes.

L'élasticité ou allongement en millimètres que peut subir un fil de soie de 1 mètre sans se rompre. Elle varie de 8 à 18. Il est à remarquer que le fil ne reprend pas sa longueur primitive lorsque la traction cesse ; il conserve la moitié de son allongement.

Le titre est le poids exprimé en grammes d'une longueur de 500 mètres (1).

La finesse est la longueur moyenne du fil, exprimée en millièmes de millimètre.

La soie a un très grand pouvoir absorbant pour l'eau, l'éther, les matières astringentes et colorantes, les gaz, etc. Dans l'air, elle fixe une proportion très grande d'humidité pouvant atteindre jusqu'à 30 p. 100, sans que cet état puisse être perçu à la vue ou au toucher.

Les prix de la soie suivent ces différentes qualités qui sont établies au moyen d'appareils très précis dans les conditions des soies (2). Le plus important de ces établissements par la perfection de ses méthodes et le chiffre de ses opérations est la condition des soies de Lyon.

Le tableau suivant résume les résultats de très nombreuses déterminations faites à la condition des soies et au laboratoire d'études de la soie à Lyon (3) :

(1) Le commerce lyonnais a conservé l'habitude d'exprimer le titre en deniers de 400 aunes. Le denier usuel (anciennement grain) équivaut à 0gr,0531 et les 400 aunes à 476 mètres.

(2) La condition des soies de Lyon, fondée en 1803 par la chambre de commerce, obtint par un décret du 5 avril 1805 le monopole du conditionnement des soies.

L'essai des soies, appelé *conditionnement*, a pour but de déterminer sur échantillons le degré d'humidité et les diverses qualités des soies pour en établir la valeur marchande.

Il existe 14 conditions des soies en France, 11 en Italie, 2 en Suisse, 2 en Allemagne, 1 en Autriche, 1 en Angleterre.

On consultera les rapports de M. Persoz à la chambre de commerce de Paris.

Il y a aussi des établissements libres ou essayeurs de soie.

(3) L. Vignon, *La soie*, p. 96 (Bibliothèque des connaissances utiles).

	BAVE DES VERS DOMESTIQUES DU MÛRIER EN MOYENNE.			
	Finesse en millièmes de millimètre.	Ténacité en grammes.	Élasticité p. 100.	Titre en grammes.
Toutes les espèces ou variétés réunies......	28.9	8,8	11.9	0.142
Espèces ou variétés à cocons jaunes........	28,5	8,6	11,6	0,134
Espèces de la France..	29,5	9,7	11,3	0,149
— de l'Italie.....	32,3	9,7	14,0	0,151
— de l'Inde.....	»	7,3	14,5	0,135
— de la Chine...	26,3	7,2	9,5	0,110
Espèces ou variétés à cocons verts.........	28,3	9,5	12,5	0,158
Espèces ou variétés à cocons blancs.......	28.3	8,6	11,6	0.142
Espèces de la France..	30,5	8,9	10,5	0.132
— de l'Italie.....	30,2	8,8	12,8	0,141
— de la Chine...	24,0	6,8	10,2	0,128
— du Japon.....	26,8	8,8	11.3	0,161

Il ressort de ce tableau que les baves des vers d'une même race diffèrent suivant les régions où ils ont été élevés. Pour une même race, les éducations faites en Asie donnent des soies plus fines, moins tenaces et moins élastiques que celles faites en Europe.

La densité de la soie prise dans les glandes soyeuses est de 1,367 d'après Robinet, et d'après Vignon : de 1,101 à 1,118 dans le cocon, de 1,101 à 1,163 pour la soie grège et de 0,867 à 1,023 pour la soie décreusée.

La soie est un corps isolant ou di-électrique ; cette propriété la fait utiliser pour recouvrir les fils de cuivre, conducteurs des courants électriques. A l'état sec, la soie possède la propriété de s'électriser très facilement par le frottement.

La bave émise par le ver vue au microscope présente l'aspect d'une petite lanière (fig. 42) avec une rainure longitudinale médiane qui provient de la soudure des deux brins qui ont formé le fil unique.

En effet, comme nous l'avons vu, chacune des glandes

Fig. 42. — Fil de soie vu au microscope, 1/300. — *a*, fil montrant les deux brins primitifs constituants.

soyeuses émet un brin, et les deux se réunissent dans le tube excréteur avant la sortie.

Dévidage des cocons. — Le procédé primitif, encore employé par les Chinois, consiste à placer les cocons dans des bassines remplies d'eau chaude, ce qui permet d'étirer un faisceau de bave que l'on enroule sur un tour mû à la main. Mais, depuis plus d'un siècle, de nombreux perfectionnements ont été apportés en vue d'obtenir des fils de soie grège d'une régularité parfaite, de diamètre égal sur toute leur longueur, et offrant dans toutes leurs parties une ténacité et une élasticité homogènes, une surface unie, brillante et exempte de duvet. Ce résultat est obtenu par deux opérations distinctes :

1° Le *battage* par lequel on saisit, pour chaque cocon, l'extrémité du fil de soie ;

2° Le *dévidage* ou filage proprement dit par lequel on enroule sur un tour, 3, 4 ou 5 et même plus de ces fils réunis ensemble, suivant le titre que l'ont veut obtenir.

Battage. — Pour le battage, les cocons sont placés dans une petite *bassine* d'eau bouillante, où ils surnagent, et une ouvrière appelée *batteuse* les agite avec un petit balai en bruyère en leur imprimant un mouvement de rotation. Les brins de soie qui se trouvent à la surface du cocon, et les premières vestes soyeuses de texture imparfaite se détachent et s'agglomèrent en flottes. C'est ce qui constitue les déchets appelés *frisons*.

Lorsqu'elle a trouvé le fil continu ou *maître brin* qui doit se dévider sans interruption, la batteuse effectue la *purge*, c'est-à-dire sépare les frisons des maîtres brins.

Cette opération est un peu délicate; si elle était faite trop tôt, le cocon se déviderait mal; si au contraire le battage était poussé trop loin, on emporterait avec les frisons une partie de la bonne soie.

Le poids des frisons atteint en moyenne le 30 p. 100 de la soie totale; après séchage, ils sont livrés à l'industrie des déchets de soie.

Dévidage. — Lorsque la purge est faite, les cocons sont portés, pour être dévidés, à l'appareil appelé *tour* (fig. 43).

L'ouvrière fileuse assise devant la bassine pleine d'eau chaude met les cocons dans l'eau en déposant les maîtres brins sur le bord de la bassine. Elle réunit un certain nombre de ces fils, suivant le titre désiré, et constitue ainsi un fil de grège. Ce faisceau de fils est engagé dans la filière, petit disque d'agate ou de porcelaine percé d'un trou, puis dans un appareil croiseur.

L'un et l'autre sont destinés à arrondir le fil, à en extraire l'humidité par compression, à faire adhérer les brins entre eux et à donner au fil une surface lisse.

Le fil est amené de là sur le dévidoir ou *asple* par un guide appelé *va-et-vient*, dont le mouvement alternatif a pour but de croiser le fil sur le dévidoir.

Le grès est ramolli par l'eau chaude, et, si on ne lui

laissait pas le temps de sécher, différentes parties du fil se

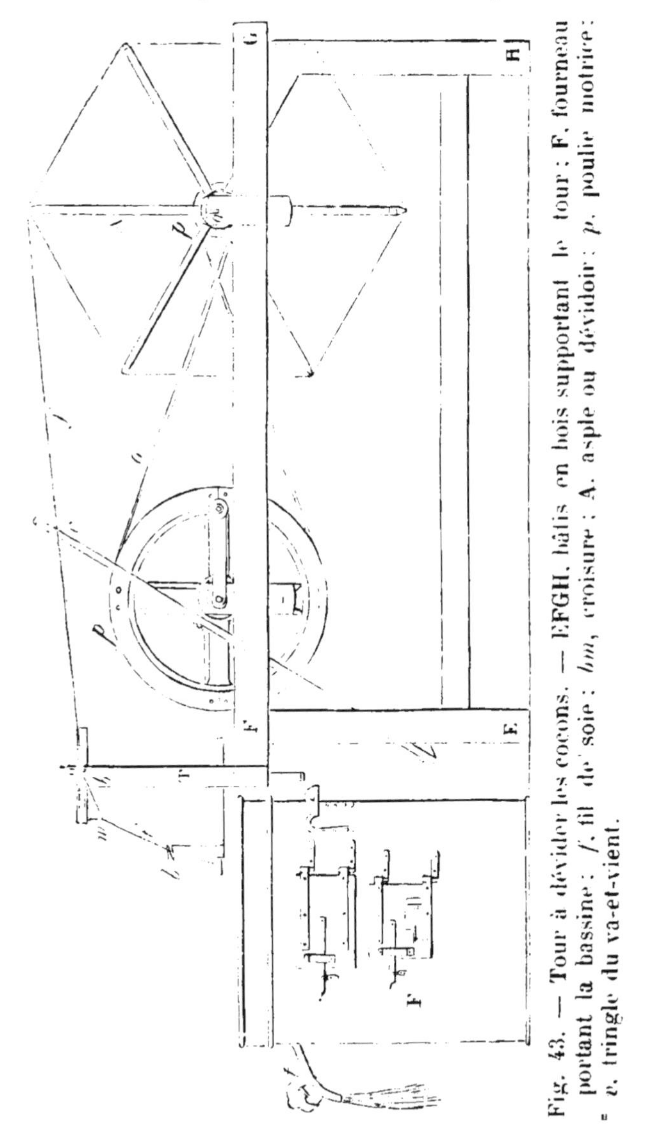

Fig. 43. — Tour à dévider les cocons. — EFGH, bâtis en bois supportant le tour ; F, fourneau portant la bassine ; *f*, fil de soie ; *bm*, croisure ; A, asple ou dévidoir ; *p*, poulie motrice ; *v*, tringle du va-et-vient.

colleraient entre elles sur l'asple. C'est pour ce motif que le dévidoir est placé à une certaine distance de la bassine et que le croisement est nécessaire.

Dans les couches extérieures du cocon, le diamètre de la bave est plus fort que dans les couches intérieures. Dans le dévidage, le diamètre de la grège va donc progressivement en diminuant, et cela dans la proportion de 4 à 1. Pour que la grège soit homogène, la fileuse doit ajouter de temps en temps un cocon au groupe primitif de façon à compenser la décroissance de grosseur des baves.

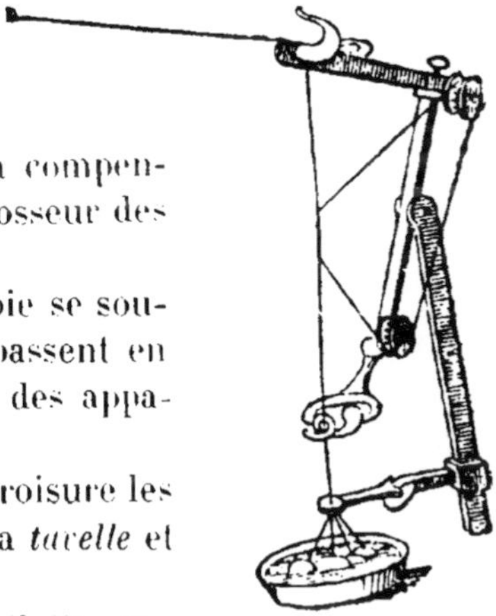

Pour que les brins de soie se soudent bien entre eux, ils passent en sortant de la filière dans des appareils croiseurs.

Les deux systèmes de croisure les plus usités sont celui à la *tavelle* et celui à la *Chambon*.

Fig. 44. — Croisure à la tavelle.

Dans la croisure à la *tavelle* (fig. 44), le fil d'un groupe de cocons s'engage dans un guide placé au-dessus de la filière, monte verticalement, puis oblique pour passer sur une petite poulie en verre, redescend presque verticalement sur une deuxième poulie semblable et reprend après plusieurs croisures la direction verticale jusqu'au moment où il s'engage sur un crochet en verre. Guidé par le va-et-vient, le fil va s'enrouler sur l'asple.

Le système de croisure à la Chambon (fig. 45) exige le dévidage simultané de deux groupes de cocons, les deux faisceaux de bave formant chacun un fil de grège. Ces deux fils, peu après leur sortie des filières, viennent se croiser l'un sur l'autre un certain nombre de fois ; ils reprennent ensuite chacun leur indépendance, passent sur deux crochets, dits *barbins* ou *trembleurs*, prennent la direction horizontale, et, après avoir été de nouveau croisés un certain nombre de fois, se dirigent respectivement sur un va-et-vient et sur un asple.

Il existe d'autres systèmes et perfectionnements, notamment celui à double *torsion*, qui est en usage surtout en Italie.

La température de l'eau dans la bassine doit être maintenue régulière. Dans la filature à la Chambon, elle doit être de 70 à 80° C., et l'asple, qui a un périmètre de 2 mètres environ, tourne avec une vitesse de 80 à 120 tours à la minute. Dans la filature à la tavelle, l'eau est à 50° C. environ, et l'asple tourne moins vite. Si la chaleur de l'eau et la vitesse de rotation du dévidoir n'étaient pas combinées, les baves développeraient mal leurs sinuosités. Si un repli était entraîné, il formerait sur la grège un défaut appelé *duvet* si la boucle est simple, et *bouchon* ou *coste* si le paquet est volumineux.

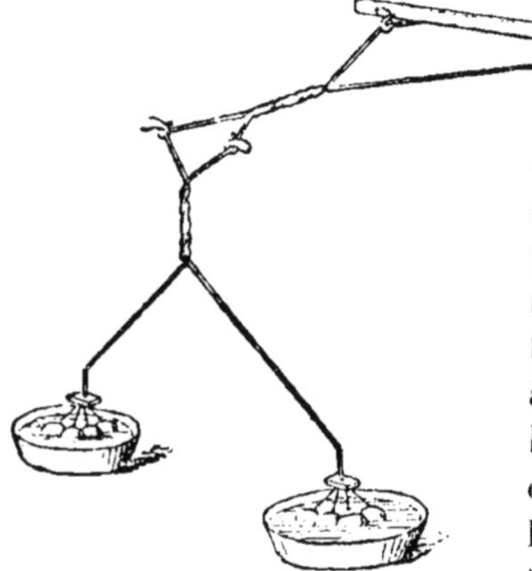

Fig. 45. — Croisure à la Chambon.

Une soudure mal faite laisse contre la grège une extrémité de bave libre. Ce défaut s'appelle *mort-volant*.

Dans le système de croisure à la Chambon, si un des fils vient à se rompre à la croisure, son extrémité peut se souder à l'autre fil et continuer à dévider avec lui. Cet accident est appelé *mariage*.

Il faut à l'ouvrière fileuse une grande habileté et une attention soutenue pour éviter les défauts dont il est question ci-dessus et pour rendre la soie grège régulière et de bonne qualité. Une fileuse peut produire 25 à 28 grammes de soie par heure avec le système à la tavelle et seulement 18 à 20 avec le système à la Chambon.

De nombreux perfectionnements ont été apportés aux procédés de dévidage de la soie ; il serait trop long et hors de notre cadre de les décrire. Ils ont tous pour but d'économiser la main-d'œuvre, de perfectionner le travail et d'augmenter la production.

Dans toutes les filatures, on emploie aujourd'hui l'eau ou la vapeur comme force motrice.

Le chauffage était autrefois obtenu par un foyer placé au-dessous de chaque bassine ; actuellement, l'eau chauffée dans une chaudière en dehors de la salle de dévidage est amenée à chaque bassine par des tubes de cuivre munis de robinets. Il y a pareillement une distribution d'eau froide, et par un mélange convenable l'ouvrière règle la température.

Le battage peut être fait mécaniquement, et plusieurs appareils appelés *jette-bout* font automatiquement le remplacement des cocons épuisés et l'adjonction du nouveau fil de bave. Bien des modèles de tour permettent à une seule ouvrière de surveiller le dévidage de plusieurs grèges et même, comme avec l'ingénieux appareil de M. Léon Camel, jusqu'à 10 et 12 groupes de cocons.

La nature de l'eau employée exerce une certaine influence, qu'il ne faudrait pas exagérer cependant, sur le dévidage et la qualité de la soie. On admet que les eaux dures, riches en sulfate de chaux, donnent à la soie plus de couleur et de solidité. Lorsque l'eau des bassines est sale, on la renouvelle. Il est d'usage, dans les filatures, d'ajouter à l'eau du jus de chrysalides écrasées, ce qui, paraît-il, facilite le dévidage.

Dans tous les systèmes de tours, la soie grège est enroulée sur des asples démontables. Quand ils sont suffisamment garnis de soie, on les enlève et, en les démontant, on retire la flotte de soie pour la soumettre au séchage. Le titre de la soie est déterminé, puis elle est pliée en écheveaux et livrée au commerce.

Nous avons vu que les frisons constituaient un déchet très important. On recueille aussi au fond de la bassine les *pelettes* ou *telettes* et les *bassinés*. Les premières sont les vestes soyeuses intérieures qui entourent la chrysalide et ne peuvent se dévider. On extrait la chrysalide, et les pelettes sont traitées comme déchets de soie, ainsi que les frisons et bassinés. Les cocons dits bassinés sont ceux qui, mal conformés, tels que faibles de pointe, percés, satinés, ont refusé de se dévider et, s'emplissant d'eau, sont tombés au fond de la bassine.

Les chrysalides sont séchées et vendues comme engrais pour l'agriculture. Elles contiennent une grande proportion de matières grasses et azotées, et leurs cendres sont riches en acide phosphorique et en potasse, comme en témoigne l'analyse ci-après faite par M. Quajat:

100 grammes de chrysalides parfaitement sèches donnent 5gr,750 de cendres, et 100 grammes de cendres contiennent (1) :

Acide sulfurique	4,3166
— carbonique	0,1756
— phosphorique	40,7000
— silicique	Traces.
Phosphate de fer	0,3836
Magnésie	15,1941
Chaux	3,7963
Potasse	30,0130
Soude	2.2230
Chlorure de sodium	3,2901

L'abondance des matières grasses que contiennent les chrysalides a donné l'idée de les utiliser industriellement, et entr'autres à la saponification.

(1) Verson et Quajat, p. 450.

Moulinage ou ouvraison.

Comme nous l'avons dit, l'ouvraison transforme les fils de grège en *trames* et en *organsins*.

La torsion d'un seul fil de grège porte le nom de *premier tors* et donne un fil appelé *poil*.

La trame est obtenue en tordant ensemble deux ou plusieurs fils de soie grège qui n'avaient pas été tordus au préalable individuellement.

Les organsins, employés pour la chaine des tissus, sont obtenus en tordant ensemble, après les avoir assemblés, deux ou plusieurs fils de grège tordus préalablement et individuellement. Cette deuxième torsion, appelée *tors*, doit être faite en sens inverse de la première.

Ces apprêts des fils de soie se font à l'aide de machines spéciales appelées moulins à soie. Chacune de ces sortes de fils, poil, trame, organsin, se subdivise en un grand nombre de variétés, suivant le mode d'assemblage et la torsion qu'on leur a fait subir. Le nombre de tours par mètre qu'a reçu au moulinage un de ces fils se compte au moyen d'un appareil nommé compteur d'apprêts. Une soie bien moulinée doit être nette, et sa torsion uniforme dans toutes ses parties. Suivant l'apprêt, les qualités et l'aspect des fils sont modifiés et font varier à l'infini l'aspect et les qualités du tissu auquel ils sont employés. C'est donc le fabricant de soieries qui doit combiner les torsions et le mode d'assemblage de ces fils.

Essai des soies.

Le pouvoir absorbant de la soie est considérable. Dans un air humide, elle peut absorber une quantité d'eau dépassant de plus de 24 p. 100 son poids absolu.

Dans cet état, les opérations commerciales ne peuvent avoir lieu qu'en déterminant le poids que la soie doit avoir à l'état normal. Ce poids est appelé *poids conditionné*, et il est déterminé dans les conditions des soies qui établissent aussi les autres qualités des fils dont dépend leur valeur marchande : titre, ténacité, élasticité, netteté, proportions de grès et fibroïne, torsion des fils ouvrés.

Toutes les transactions se font en prenant pour base les résultats des déterminations faites par les conditions des soies.

Pour conditionner une balle de soie, après l'avoir pesée, on prélève un échantillon moyen (1), qui est pesé exactement, puis placé pour être pesé à l'état de siccité absolue dans l'appareil ***Talabot, Persoz, Rogeat*** (fig. 46). Cet appareil se compose d'un cylindre en tôle d'une contenance de 100 litres environ et dont le fond est percé de trous. Il est enveloppé d'un deuxième cylindre, avec intervalle de 3 centimètres. L'air chaud d'un calorifère est amené dans l'intervalle et pénètre dans le cylindre intérieur par les trous du fond. Il s'en échappe par une cheminée d'appel placée à la partie supérieure. Le cylindre intérieur est donc une véritable étuve constamment traversée par un courant d'air chaud. La soie est suspendue dans l'intérieur de l'étuve à l'extrémité d'une tige traversant le couvercle. Cette tige est reliée à une balance de précision fixée sur l'appareil. Un thermomètre permet de lire la température, qui doit être réglée à 125-130° C. Lorsque la balance n'accuse plus aucune diminution de poids, c'est que la soie est complètement desséchée. Après avoir interrompu le courant d'air chaud, on pèse exactement l'échantillon de soie, ce qui donne *son poids absolu*. En augmentant de 11 p. 100 le poids absolu, on a le poids marchand. Ce poids est celui qu'aurait la soie dans un milieu à air moyennement sec,

(1) Cet échantillon moyen est formé en prélevant trois écheveaux, l'un au-dessus, l'autre au centre et le troisième à la partie inférieure de la balle.

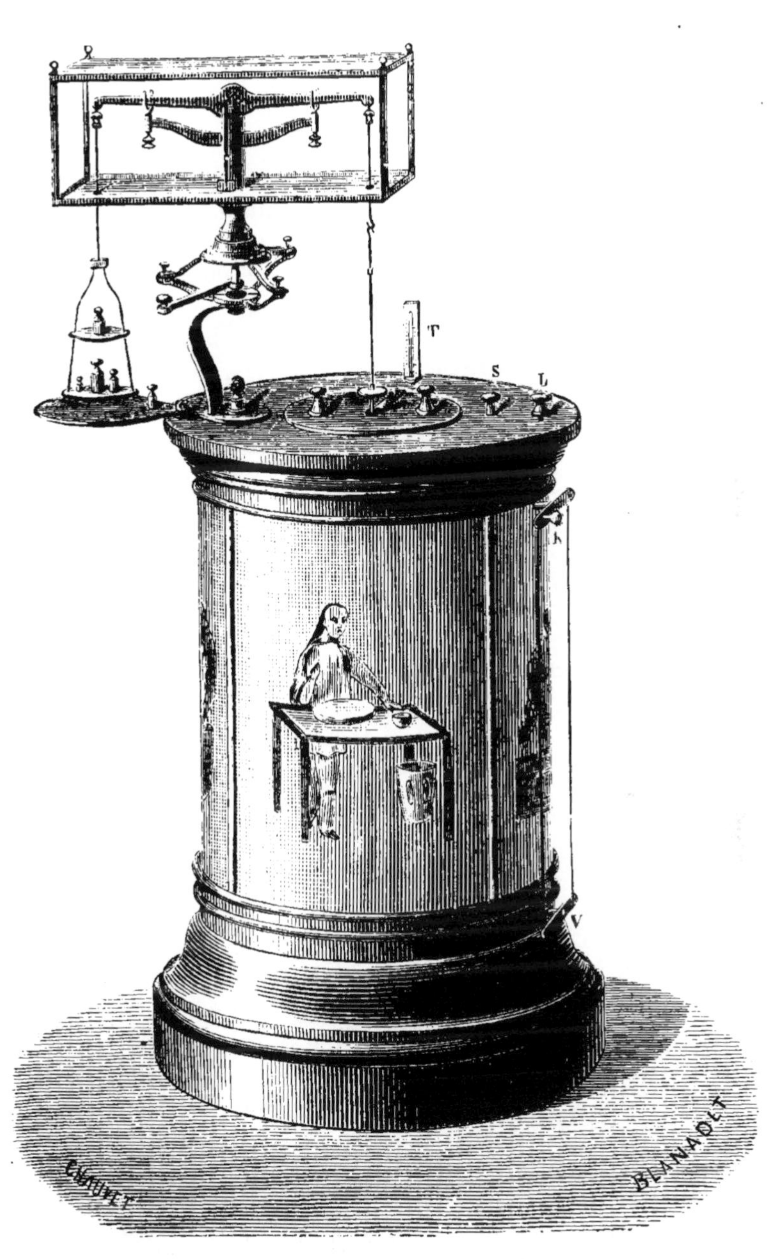

Fig. 46. — Appareil Talabot, Persoz, Rogeat, pour le conditionnement de la soie.

et c'est celui qu'on a décidé d'adopter dans les transactions commerciales. Le poids de la balle étant connu, on en déduit son poids absolu d'après celui de l'échantillon, et son poids marchand est fixé en le majorant de 11 p. 100.

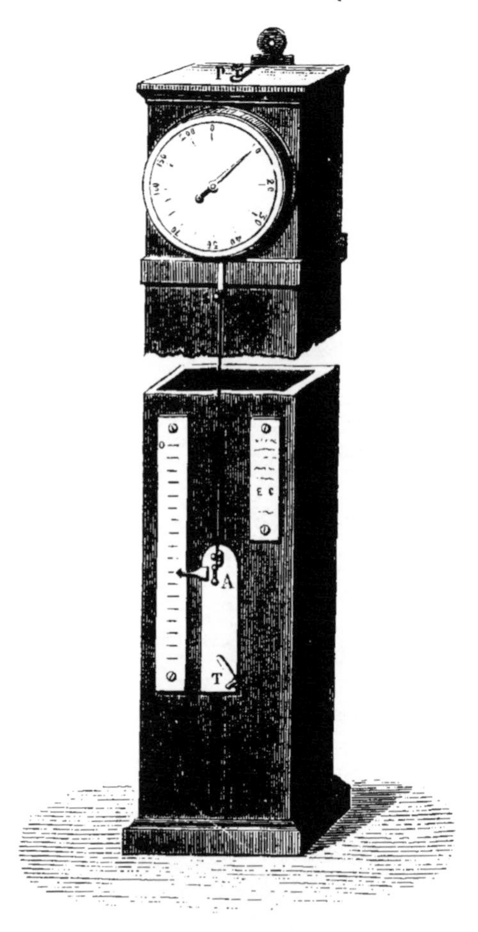

Fig. 47. — Sérimètre.

Pour déterminer le titre d'une soie, c'est-à-dire le poids d'une longueur de 500 mètres, on dévide l'échantillon moyen en l'enroulant sur une tavelle de $1^{m},25$ de périmètre et munie d'un compteur de tours. Un appareil spécial arrête la tavelle après 400 tours, soit 500 mètres de fil. Le poids de la soie retirée de la tavelle donne son titre. Pour avoir le titre plus exactement, ces essais sont renouvelés vingt fois sur d'autres portions de 500 mètres de fil, et on prend la moyenne. S'il y a des écarts notables entre les résultats, c'est que la soie n'est pas régulière. On indique également le nombre de ruptures du fil qui se sont produites pendant les essais.

La *ténacité* (nombre de grammes que peut supporter 1 mètre de fil sans se rompre) et l'*élasticité* (allongement en millimètres que peut subir un fil de 1 mètre) sont déterminés au moyen du sérimètre (fig. 47).

Un ressort dynamométrique est placé sur une planchette verticale, et une aiguille indique sur un cadran gradué l'effort exercé sur le dynamomètre. Le fil de soie est attaché d'une part au ressort et, d'autre part, sur la même verticale, sur un curseur situé en dessous et à $0^{m},50$ du dynamomètre. Ce curseur se meut sur une échelle graduée. Un système de contrepoids exerce une tension régulière sur le fil jusqu'à sa rupture. A ce moment un mécanisme arrête l'aiguille et le curseur. Le poids qui a occasionné la rupture est indiqué par l'aiguille du dynamomètre et exprime la ténacité. Le chemin parcouru par le curseur représente l'allongement de $0^{m},50$ de fil. L'élasticité sera donc double de cet allongement.

Une soie est d'autant plus nette que les défauts tels que duvets, bouchons, baves flottantes, sont moins nombreux.

Pour déterminer cette netteté d'une grège, deux moyens sont usités : dans le premier, on oblige une longueur déterminée de fil à passer entre les branches d'une pince garnie de drap, avant de s'enrouler sur une bobine. Les duvets et baves flottantes sont retenus par le drap; s'il y a des bouchons ou autres paquets quelque peu volumineux, ils arrêtent le dévidage et provoquent la rupture du fil. Le poids du duvet retenu et le nombre de ruptures établissent la netteté. L'autre moyen consiste à faire passer une longueur de fil donnée (quelques 100 mètres) devant une glace noire. Les défauts visibles à l'œil sont comptés exactement, et leur nombre par 100 mètres représente la netteté.

La soie grège doit être décreusée, c'est-à-dire débarrassée de son grès avant d'être teinte. On cherche donc à se rendre compte du déchet qu'elle donnera ou de la proportion en grès et en fibroïne ou soie pure.

L'échantillon (100 gr. environ) destiné au décreusage est exactement pesé, au centigramme près, après dessiccation absolue, puis soumis à deux reprises et pendant une demi-heure chaque fois à l'action d'un bain d'eau de savon en ébullition. La proportion de savon est d'un quart du poids de la soie, et sa qualité doit être constante. La soie est de nouveau séchée complètement, puis pesée.

La différence entre les deux poids donne la perte au décreusage par suite de la dissolution du grès ou de toute autre matière organique qui aurait été additionnée dans un but frauduleux. Le tableau suivant (1) indique les pertes au décreusage que subissent en moyenne les soies de diverses provenances.

Provenances.		Pertes au décreusage p. 100.		
		Grèges.	Trames.	Organsins.
France	Blanc..	19,68	20,91	20,32
	Jaune..	22,84	23,81	24,34
Espagne	Blanc..	20,20	»	21,04
	Jaune..	23,37	»	24,20
Piémont	Blanc..	19,86	21,69	20,45
	Jaune..	23,21	23,43	23,40
Italie	Blanc..	19,81	20,51	21,01
	Jaune..	22,91	23,85	24,23
Brousse	Blanc..	20,32	21,44	21,87
	Jaune..	21,53	23,04	22,86
Syrie	Blanc..	20,36	21,96	21,89
	Jaune..	21,25	22,32	23,08
Grèce, Volo, etc.	Blanc..	19,78	20,20	23,74
	Jaune..	20,57	21,99	23,56
Bengale	Blanc..	22,95	24,49	25,03
	Jaune..	21,46	24,29	24,21
Chine	Blanc..	21,07	21,90	22,63
	Jaune..	25,00	26,72	27,30
Canton	Blanc..	21,70	23,25	23,63
	Jaune..	»	26,10	»
	Vert...	22,73	24,74	25,21
Japon	Blanc..	17,71	19,78	19,85
	Jaune..	»	»	»
Tussah	Jaune..	»	19,07	19,75

(1) Adrien PERRET, *Monographie de la condition des soies de Lyon*, p. 199.

A cause du prix élevé de la soie, les fraudeurs ont souvent essayé d'augmenter son poids par l'addition de matières étrangères. Nous avons vu que le décreusage enlevait les matières organiques. La présence des matières minérales ne peut être révélée que par l'analyse chimique. Mr Vignon a établi qu'une surcharge de substances minérales pouvait être dévoilée par l'incinération. 100 grammes de

Fig. 48. — Compteur d'apprêts.

soie pure ne devant donner que 0gr,80 à 0gr,85 de cendres; les soies qui en donneraient davantage peuvent être considérées comme surchargées (1).

Les soies ouvrées ou moulinées ont subi des torsions diverses, comme nous l'avons expliqué plus haut.

Le nombre de tours est déterminé par le compteur d'apprêts (fig. 48). Cet appareil très simple se compose de deux pinces fixées sur une planchette à 0m,50 de distance. L'une est fixe et l'autre est reliée à un compteur de tours. Les fils à essayer doivent être préalablement décreusés afin que les fils élémentaires puissent parfaitement se séparer. Pour connaître la torsion qu'a subie un fil ouvré, on le tend en le fixant aux pinces par ses deux extrémités; on le détord complètement, et le nombre de tours indiqué par l'aiguille multiplié par 2 donne la torsion au mètre. S'il s'agit d'organsins, on détermine d'abord le nombre de tours du tors (ou 2e torsion); puis on sépare les éléments et on procède de la même façon sur l'un d'eux en observant que la torsion est en sens inverse.

(1) Vignon, *La soie*, Paris 1890. (Bibliothèque des connaissances utiles.)

Toutes les opérations que nous venons de décrire sont indispensables pour établir la valeur marchande d'une soie. Il y a des écarts considérables dans le degré de siccité, suivant les conditions athmosphériques auxquelles les balles de soie ont été soumises pendant le transport et leur séjour dans les entrepôts. Au point de vue du titre et des autres qualités physiques, les soies d'Europe sont assez régulières et semblables entre elles, car elles sont toutes traitées dans des filatures et moulinages possédant un outillage perfectionné. Il n'en est pas de même des soies d'Orient, qui présentent d'énormes variations dans le titre et la netteté, parce qu'elles proviennent de filatures domestiques dont les procédés sont rudimentaires.

Teinture et tissage.

La teinture, précédée du décreusage, a réalisé d'immenses progrès et pris un grand développement. Basée autrefois sur la routine, elle s'est perfectionnée pour devenir une des branches les plus importantes de la chimie appliquée à l'industrie. De grands établissements de teinture décreusent les fils de soie, leur donnent des couleurs variées et les rendent aux fabricants de soieries prêts à être mis sur le métier.

Certains tissus de teinte uniforme ne sont décreusés et teints qu'après le tissage. Ce sont les tissus très légers qui n'auraient pu être composés facilement à cause de la fragilité des fils une fois décreusés, ou bien d'autres tissus qui, devant être vendus à bas prix, sont formés de fils de qualité inférieure et peu résistants. La teinture en pièces permet en outre de donner une surchage à ces étoffes.

Tout le monde sait que le tissage des belles soieries, dont beaucoup sont de merveilleux chefs-d'œuvre, est exécuté par de modestes ouvriers lyonnais (*canuts*), qui travaillent à façon dans leur domicile. Les métiers sont mus à la main (1). Il y a cependant tendance, de la part des fabricants, à substituer des installations de tissage mécaniques au travail des ouvriers isolés. Les métiers réunis dans une usine et mus par de puissants moteurs sont d'un fonctionnement plus rapide ; leur groupement procure une grande économie et facilite la surveillance et la distribution du travail. Mais ces métiers ne peuvent servir qu'à la fabrication des étoffes de composition simple, telles que les taffetas, tulles, rubans, soies unies, etc. ; les belles étoffes façonnées sont toujours tissées à la main et feront encore longtemps la réputation de la Cité lyonnaise.

(1) Cependant, grâce à la distribution de la force électrique à domicile pour la petite industrie, il devient possible de faire fonctionner le métier à tisser en évitant à l'ouvrier le travail purement mécanique et lui permettre de donner tous ses soins à l'exécution de son œuvre.

VII

SOIES DIVERSES

La soie n'est pas seulement un objet de luxe ou de mode passagère, mais elle est devenue par ses multiples emplois un article de première nécessité.

En présence de cette immense consommation, on a cherché des produits similaires à la vraie soie du *Bombyx mori* et d'un prix moins élevé.

La plupart des chenilles filent un cocon plus ou moins régulier pour s'abriter contre les intempéries ou pour opérer à couvert leur transformation en chrysalides et en papillons.

C'est sur ces cocons que les études se sont portées tout d'abord, et on est arrivé à en retirer des soies moins fines, moins régulières et moins tenaces, offrant cependant des qualités suffisantes pour être utilisées et avoir de nombreuses applications.

On appelle ces fils *soies sauvages*, et ils sont importés surtout d'Asie sous le nom général de *tussah*.

Les principales espèces de chenilles sauvages qui ont pu être utilisées font deux sortes de cocons : les unes font des cocons ouverts et les autres fermés. Les cocons ouverts ne peuvent être filés et sont traités d'une façon analogue aux déchets de soie.

Les cocons fermés peuvent être dévidés, mais leur récolte demande une grande attention, car il faut les prendre avant que les papillons en soient sortis (1).

(1) Nous ne pouvons nous étendre longuement sur la description de toutes les espèces de chenilles séricigènes sau-

L'*Antherea mylitta* est un des plus importants et produit la soie dénommée *tussah*, nom qui a été donné par extension à toutes les soies sauvages. Il est originaire de l'Inde ; on l'a introduit en Europe, où il est élevé à l'état semi-domestique. Dans son pays d'origine, il est trivoltin, et on en fait trois récoltes successives. Les chenilles se nourrissent de ricin et de différents *rhamnus* ou *nerpruns*. L'élevage dure environ deux mois et demande une température de 24° C. au minimum. Le cocon est formé de plusieurs vestes, dont l'extérieure de couleur brune se termine par une sorte de pédoncule en forme de boucle par lequel le cocon est attaché (fig. 49). Les cocons une fois débarrassés de leur première enveloppe présentent les couleurs variant du blanc sale au jaune-paille ou jaune verdâtre. Leurs dimensions vont, suivant la provenance, de 35 à 65 millimètres dans le plus grand diamètre et de 23 à 35 dans le plus petit. La longueur du pédoncule

vages, dont la liste augmente du reste chaque jour. On consultera avec intérêt, les ouvrages suivants :

Le récent et remarquable travail du Dr Quajat, sous-directeur de la station séricicole de Padoue : *Dei Bozzoli più pregevoli che preparano i lepidotteri setiferi*, Padova, 1904 ; le *Bulletin du laboratoire d'études de la soie à Lyon* ; le *Bulletin de la Société nationale d'acclimatation*, Paris ; *Indian Museum notes*, Calcutta ; *Bull. Societa Italiana di scienze naturali*, Milan. — Rondot (N.), *L'art de la soie*, Paris, 1887. — Girard (M.), *Traité d'Entomologie*, Paris, 1885. — Wardle (Th.), *Les soies des vers sauvages de l'Inde et leur emploi dans l'industrie*. Paris, 1887. — Sonthonax (L.), *Essai de classification des lépidoptères producteurs de soies* (*Lab. d'études de la soie à Lyon*). — Cotes (E.), *The wild Silk Insects of India* (in *Indian Museum Notes*). — Hubert Jacob de Cordemoy, *Les soies dans l'Extrême-Orient et dans les Colonies françaises*, Paris, 1902 ; les espèces séricigènes, leur biologie, la production et le commerce des soies, *in* Produits coloniaux. (*Bibliothèque coloniale*), J.-B. Baillière. — Levrat (D.) et Conte (A.), *Notes sur l'élevage des vers à soie sauvages* (*Lab. d'études de la soie à Lyon*). — Fauvel, *Les séricigènes sauvages de la Chine*. — Camboué (P.), *Bombyciens séricigènes de Madagascar* (*Bull. Soc. accl.*, 1886). — De la Vassière et Albinal (PP.), *Vingt ans à Madagascar* ; — etc.

varie également de 38 à 70 millimètres. Le nombre de cocons au kilogramme est de 100 à 350. Le papillon sort généralement par le côté du pédoncule. Les papillons sont d'une beauté remarquable, de couleurs variées. Le fond est cendré avec teinte verte et rouge vineux. L'envergure est de 15 à 17 centimètres.

Fig. 49. — Cocon d'*Antherœa mylitta*.

La soie de ces cocons filée ou cardée par des procédés spéciaux est employée en étoffes d'ameublement et surtout à la confection de la peau de loutre pour vêtements d'hiver.

L'*Antherœa Pernyi* est originaire de Chine; sa chenille, de couleur jaune et verte, se nourrit de feuilles de chêne de toute espèce. Elle est élevée à l'état semi-domestique. Toutes jeunes, on les abrite sous des cabanes, et ensuite on les place sur les arbres. L'élevage a été essayé plusieurs fois avec succès en France, en Espagne et en Italie. Sa durée varie suivant la température et est en moyenne de cinquante à soixante-huit jours; l'espèce étant bivoltine, on peut en faire deux élevages par an.

Les cocons, fixés aux branches et entourés de feuilles, sont gros, de forme ovoïde (fig. 50), de 43 millimètres de longueur environ. Il en faut à peu près 450 pour 1 kilogramme, et 1 kilogramme de cocons secs donne en moyenne 200 grammes de soie grège. Leur couleur varie, suivant la provenance, du blond clair au brun-noisette. Les papillons dont l'envergure est de 15 centimètres sont de couleur assez uniforme, les ailes d'un gris cendré avec une bande transversale claire. Sur chacune des quatre ailes, on remarque une tache en forme d'œil. La récolte totale en cocons secs a été évaluée à 22 millions de kilogrammes. 1 280 000 kilogrammes de soie grège sont importés en Europe.

L'*Antherœa yama mai* est, de toutes les chenilles séricigènes sauvages, celle dont on a le plus parlé. Son élevage

Fig. 50. — Cocon d'*Antherœa Pernyi.*

se fait en grand au Japon, où sa soie est très appréciée. Ces chenilles se nourrissent de feuilles de chêne de toute espèce, refusant seulement celles qui ont des épines. Elles acceptent, après la dernière mue, des feuilles d'autres arbres : jujubier, sorbier, châtaignier, etc. A ce moment leur couleur est d'un beau vert transparent ; des deux côtés du corps, on remarque des points d'un brillant métallique. La durée de l'élevage varie beaucoup (de trente à soixante-dix jours) suivant l'altitude.

La chenille construit son cocon au milieu des feuilles en le fixant à la branche par un petit cordon de soie. La couleur des cocons varie du vert clair au jaune vert. Leur dimension est de 45 millimètres dans le plus grand diamètre et 25 dans le diamètre transversal. Il faut environ 200 cocons pour 1 kilogramme ; ils sont facilement dévidables par une simple macération dans l'eau chaude. La soie obtenue est brillante et de couleur jaune-canari ou verdâtre. Les papillons sont superbes et d'un coloris variant à l'infini ; l'envergure est d'environ 15 centimètres.

L'*Antheræa assama* abonde dans l'Inde, l'*Assam* notamment. Il est élevé à l'état semi-domestique, et on en fait cinq élevages par an, en faisant éclore les œufs à l'abri de cases ou cabanes. Puis on laisse les chenilles se nourrir à l'air libre de feuilles diverses, et on les recueille au moment de la maturité, afin qu'elles construisent leurs cocons sur des bois préparés à cet effet. Le cocon a 45 millimètres de longueur sur 25 de largeur et donne une bave dévidable de couleur brune. D'après les expériences faites à Lyon, au laboratoire d'études de la soie, 9 kilogrammes de cocons secs donnent 1 kilogramme de soie. La production est évaluée à environ 300000 kilogrammes de soie, dont la plus grande partie est consommée sur place.

La *Saturnia pyri* ou *S. pavonia major*, grand paon de nuit, est répandue dans toute l'Europe centrale et méridionale et dans l'Asie Mineure. Les chenilles de très grosse dimension, 15 à 20 centimètres de longueur, 4 centimètres de circonférence à la maturité, sont de couleur verte avec huit taches bleues garnies de poils sur chaque anneau ; elles vivent au dépens des arbres fruitiers et notamment du poirier, dont elles dévorent les feuilles. On les rencontre aussi sur d'autres arbres, même sur les platanes.

Elles construisent leurs cocons sur les arbres à la bifurcation des branches ou à l'angle des murs. Ce cocon, qui paraît fermé, est en réalité ouvert ; il mesure 60 millimètres de longueur sur 24 de largeur. Sa bave est très irrégulière, et il est difficile de l'obtenir industriellement par le cardage ; du reste, le cocon est fort peu riche en soie, n'en contenant en moyenne pas plus de 1 gramme.

Le papillon est le plus grand de tous ceux connus en Europe ; il mesure jusqu'à 15 centimètres d'envergure ; le corps est brun, la partie antérieure blanc rougeâtre ; les ailes sont grises bordées de blanc et ont chacune un œil de paon de couleurs vives et variées.

L'*Attacus Cynthia* ou *Phylosamia Cynthia*, papillon de l'ailante, est originaire de la Chine, du Japon et de l'Inde. Il fut introduit en France en 1859. Des élevages nombreux furent faits dans l'Indre-et-Loire et aux environs de Paris, où on le rencontre fréquemment de nos jours à l'état sauvage.

La nourriture préférée de la larve est la feuille de l'ailante (vernis du Japon) ; mais elle accepte d'autres feuilles, paraît-il, entr'autres la feuille du mûrier. Son élevage est facile, soit à couvert, soit directement sur les arbres ; sa durée est de vingt-cinq à trente jours.

Guérin-Menneville a été le propagateur de cet insecte et conseillait de planter les terrains incultes en ailantes (1).

Le ver à soie de l'ailante est généralement bivoltin,

(1) Guérin Menneville, *Rapport sur les travaux entrepris pour introduire les vers à soie de l'ailante en France et en Algérie*, Paris, 1860 ; *Education du ver à soie de l'ailante et du ricin*, Paris, 1860 ; *Rapport sur les progrès de la culture de l'ailante et l'éducation du ver à soie*, Paris, 1862.

mais quelquefois annuel ou trivoltin. La chenille est grise à la naissance, couverte de poils ; elle change de nuance et devient bleu verdâtre à la maturité. Sa longueur est de 4 millimètres à la naissance et atteint 8 centimètres de long et 1 centimètre et demi de diamètre à la fin de sa vie. Pour former son cocon, la chenille, après avoir tapissé une feuille de sa bave soyeuse, tisse un cordon qu'elle attache au pédoncule et construit sous un réseau de fils grossiers un cocon en forme d'olive, de couleur grise ou jaune clair. Les dimensions moyennes de ce cocon sont de 33 millimètres de longueur et de 13 millimètres de diamètre. Il en faut de 4 à 600 pour 1 kilogramme, et 1 kilogramme de cocons donne environ 150 grammes de soie grège. La longueur de la bave de chaque cocon est en moyenne de 500 mètres, et sa finesse de 40 millièmes de millimètres. Elle manque de brillant. D'après Quajat, sa ténacité est de 10 grammes et son élasticité de 155 millimètres. Le cocon est ouvert, bien que d'apparence fermée.

Le corps du papillon est gris jaunâtre ; les ailes de même nuance sont divisées en deux parties par une rayure noire et blanche. Sur chacune des quatre ailes, on remarque une lunule colorée. L'envergure est de 14 à 15 centimètres.

La soie de ces cocons est employée en Chine par les indigènes, qui en tissent des étoffes solides, mais un peu rudes. On peut évaluer cette production à 400 000 kilogrammes environ.

Les efforts faits en Europe pour acclimater cette variété ont rencontré un obstacle insurmontable pour l'emploi industriel du cocon, qui est difficilement dévidable par les procédés simples, car il est ouvert à une de ses extrémités.

L'*Attacus Atlas* se rencontre dans presque toute l'Asie et surtout en Chine et dans l'Inde. La chenille se nourrit de toutes sortes de feuilles d'arbres et arbustes : chêne, saule, épine-vinette, etc. Sa vie se divise en six phases; à chacune des mues, la larve change de couleur; d'abord noire avec des tubercules recouverts de poils blancs, elle devient de plus en plus claire. A la cinquième mue, elle est de couleur jaune sombre. Après la sixième mue, elle est de couleur vert clair, et les tubercules recouverts de poils sont d'un beau bleu-azur. Après avoir vécu deux mois environ, la chenille construit son cocon, sorte de sac fusiforme attaché aux petites branches et aux pétioles des feuilles. La longueur est de 7 à 8 centimètres et la largeur de 3 à 4 centimètres. Si on dépouille ce sac de son enveloppe extérieure, on trouve un cocon de forme ovoïde de 6 centimètres de longueur sur 3 centimètres de diamètre. Sa couleur terre d'ombre clair varie légèrement suivant l'essence qui a servi de nourriture à la larve. Une des extrémités de ce cocon est formée par un réseau de fils plus lâches, qui s'écartent facilement du dedans au dehors pour laisser sortir le papillon, mais ne peuvent s'écarter en sens contraire. Le cocon sans chrysalide pèse $1^{gr},5$ à 2 grammes. La bave plate, a d'après Wardle, une élasticité de 25 à 31 millimètres, une ténacité de $7^{gr},5$ à $8^{gr},6$ et une finesse de 38 à 50 millièmes de millimètre. Le papillon est le plus grand de tous les lépidoptères connus, son envergure atteignant 25 centimètres; le corps n'est pas très gros, eu égard à la dimension des ailes. La couleur générale est gris-fer; vers le bord externe des ailes se trouve une bande noire sur fond jaune. Une série de lignes noires, blanches et roses, divisent longitudinalement les ailes en deux parties; chacune des ailes porte une tache triangulaire transparente entourée d'une auréole noire. L'élevage de ces larves est très facile et peut se faire à l'air libre; elles ne sont pas coureuses et restent sur l'arbre où elles sont nées, tant qu'elles y trouvent leur nourriture. Il faut les garantir des fourmis et de tous les insectivores en général. L'espèce est annuelle, mais peut devenir bivoltine sous l'effet de la domesticité. Le cocon n'est que difficilement dévidable après ébullition dans une solution alcaline.

En Chine et dans l'Inde, ces cocons sont cardés, et la soie obtenue est utilisée à la confection d'étoffes grossières, mais très résistantes et presque inusables.

La *Lasiocampa otus* n'est guère intéressante qu'au point de vue historique. On sait que les anciens connaissaient deux espèces de soie, la bombique et la sérique. D'après les recherches de Demaison (1), la *Lasiocampa otus* serait précisément l'espèce dont parle Pline et qui fournissait la soie venant de l'île de Cos, soie fine et légère dont les tissus étaient appréciés, mais inférieurs à ceux que les caravanes apportaient de l'Asie. Ces derniers étaient évidemment en soie du *Bombyx mori*.

Les larves de *Lasiocampa otus* se nourrissent de feuilles de cyprès, de lentisques, de thérébintes, d'ormes, etc. Les jeunes vers naissent en août ou commencement septembre, mangent pendant la nuit et, le jour, se réunissent en groupes, soit à la base du tronc de l'arbre, soit à la partie des branches qui se trouvent à l'abri de la lumière. Au bout d'une quarantaine de jours, les larves ont accompli trois mues ; l'hiver est proche ; elles se retirent au pied des arbres et s'enfouissent sous les feuilles sèches et débris accumulés. En mars, elles abandonnent leur quartier d'hiver et recommencent à manger jusqu'en juillet, époque à laquelle elles font leurs cocons. Leur couleur est sombre, analogue à celle de l'écorce des arbres sur lesquels elles vivent ; cette particularité les dissimule à leurs ennemis. Les cocons sont blanc verdâtre, ovoïdes, d'un tissu assez lâche et ouverts à une de leurs extrémités. Les dimensions varient, suivant la provenance, de 6 à 9 centimètres de longueur et de 3 à 4 centimètres de diamètre. Le nombre de cocons au kilo-

(1) Demaison, *Recherches sur la soie que les anciens tiraient de l'île de Cos*, Reims, 1884.

gramme varie de 130 à 160. Leur richesse en soie est faible; il faut 1 500 à 2 500 cocons pour obtenir 1 kilogramme de matières soyeuses. La bave est striée ; sa finesse est de 18 à 19 millièmes de millimètre dans les couches internes et de 20 à 25 millièmes de millimètre dans les couches externes ; elle contient une assez forte proportion de grès (35 p. 100). Débarrassée de ce grès dans une solution de savon, cette bave devient parfaitement lisse.

Les papillons de *Lasiocampa otus* ont le corps et les ailes recouverts d'écailles de couleur gris foncé, et les ailes sont repliées en forme de toit; les antennes, chez les mâles, ont une forme particulière, larges et roulées sur elles-mêmes en vrille. L'abdomen des femelles est volumineux. D'après Pline, les cocons étaient dévidés au fuseau après avoir été ramollis dans l'eau chaude. La bave est très résistante, ce qui rend le dévidage difficile et explique l'insuccès des nouvelles tentatives faites en vue de son emploi industriel.

Citons encore le *Borocera madagascariensis*, que l'on trouve à Madagascar, espèce polyphage, mais qui vit de préférence sur les arbres fruitiers, pommiers et pruniers. Les chenilles ont cette particularité qu'elles construisent leurs cocons soit sur les arbres, soit au milieu des herbes ou des feuilles mortes. Elles sont du reste très coureuses et font souvent leurs cocons loin du point où elles ont été élevées. L'élevage dure en moyenne trente jours dans la zone chaude du littoral. L'espèce est polyvoltine. Le cocon a une forme ovale, de couleur grise, à tissu très serré; selon Rondot, il y aurait une grande différence de dimensions entre les cocons des mâles qui mesureraient 30×15 millimètres et ceux des femelles qui auraient 50×30.

Les cocons du *Borocera* sont filés à Madagascar. Après les avoir fait bouillir dans une solution de cendres, on les y laisse macérer pendant huit à dix jours, puis ils sont séchés et filés simplement à la main. Les indigènes en tissent des étoffes en laissant au fil sa couleur naturelle ; elles sont d'une grande solidité.

La *Théophila mandarina* ressemble beaucoup au ver à soie du mûrier. Cette espèce a été introduite en France en 1884 par M. Rondot et a fait l'objet d'une étude très détaillée publiée par le Laboratoire d'étude de la soie à Lyon. Elle est originaire de Chine, et on la rencontre aussi dans l'Inde et le Japon. La chenille vit sur le mûrier.

Ce cocon est de couleur jaune clair, enveloppé d'un tissu léger et terminé par un petit cordon. A l'intérieur, le cocon est pointu à l'une des extrémités et sphérique à l'autre. Il est d'un tissu régulier et très serré. Il mesure de 20 à 25 millimètres de longueur et 10 à 12 dans sa plus grande largeur. La bave a environ 200 mètres de longueur : elle est d'une finesse de 25 millièmes de millimètre ; son titre varie de $0^{gr},018$ à $0^{gr},021$, son élasticité de 8 à 12 p. 100, et sa ténacité est d'environ 8 grammes. La soie de ce cocon est riche en grès, 23 à 25 p. 100 environ.

En Chine, on fait avec cette soie des étoffes claires et légères, mais d'une grande solidité, qui servent à confectionner des ceintures, des voiles, des turbans, etc.

Par l'élevage domestique, on pourrait sans doute améliorer cette espèce et les qualités de sa soie, tout en conservant à l'insecte sa grande robusticité.

Araignée de Madagascar. — On a essayé, il y a quelques années, d'utiliser les fils émis par une araignée d'espèce particulière qui abonde à Madagascar. Ces fils sont assez analogues à la soie, et cette araignée en produit une quantité considérable ; mais, pratiquement, les résultats n'ont pas donné ce qu'on en espérait, à cause du prix de revient très élevé, et cette étude paraît abandonnée.

Il est difficile d'apprécier l'importance de la production des soies provenant d'espèces sauvages. La consommation indigène est très considérable, mais on ne possède aucun chiffre, même approximatif, sur cette production.

Les seuls chiffres connus sont ceux de l'importation en Europe (voir à la statistique : Extrême-Orient, Tussah).

SOIE ARTIFICIELLE

Devant la consommation croissante de la soie, de nombreux essais ont été tentés pour la produire artificiellement. Les chercheurs qui se sont adonnés à ces essais ont cru tout d'abord être arrivés à un bon résultat par l'emploi du verre filé ; mais ce procédé est aujourd'hui presque oublié.

De plus sérieuses espérances avaient été fondées sur le filage de la gélatine. Malgré un aspect agréable qui rappelle celui de la soie et son aptitude à la teinture, elle présente de nombreux inconvénients qui paraissent rendre impossible son utilisation. En outre de sa fragilité, son principal défaut est que, bien que rendue insoluble, la gélatine se gonfle et s'amollit sous l'action de l'humidité ; elle perd alors de son éclat et devient légèrement gluante.

Des résultats plus sérieux ont été obtenus par différents procédés, qui ont tous pour principe l'emploi de la cellulose dissoute, puis passée dans une série de filières ténues.

Un grand nombre de procédés de dissolution ont été préconisés. Nous signalerons seulement les deux principaux, qui ont donné naissance à une industrie en plein fonctionnement :

Le procédé *Fremery*, par lequel la cellulose est dissoute dans la liqueur cupro-ammoniacale, est exploité en Allemagne et en France par la Société de la soie artificielle, à Givet (Ardennes) et à Isieux (Loire).

Le procédé le plus ancien et le plus connu est le système de Chardonnet, qui consiste dans la nitrification de la cellulose et dans la dissolution de cette nitrocellulose dans l'alcool et l'éther. La société : « La soie de Chardonnet », de Besançon, dont plusieurs filiales sont à l'étranger, après de longs et persévérants efforts, est arrivée à présenter un produit : la soie artificielle, offrant une grande similitude avec la vraie soie. Elle a sa souplesse, sa résistance et son brillant, et parfois même le produit artificiel dépasse le produit naturel en éclat. Le seul défaut de ces fils est de se briser instantanément lorsqu'on les mouille. Ils ne peuvent donc, comme la vraie soie, être employés à la confection des tissus devant être exposés aux intempéries. Ils sont néanmoins utilisés dans la fabrication des tentures, ameublements, passementeries, etc.

Nous ne pouvons décrire les procédés de fabrication de la soie artificielle, qui sont brevetés, et du reste cette description ne donnerait que les principes et le point de départ. Ce n'est qu'à la suite de nombreux tours de main que l'expérience a appris aux initiés, et après certains tâtonnements, qu'on est arrivé à la mise au point définitif. Ces détails sont précisément, dans leur ensemble, le secret des sociétés et leur cause de succès.

En résumé, il serait puéril de contester les mérites de la soie artificielle, *mais elle n'est point destinée à détrôner la vraie soie*; elle n'en a d'ailleurs pas la prétention. La vraie soie sera toujours l'article de luxe et de confortable. Les soies sauvages, les déchets de soie et la soie artificielle se prêteront à des usages nombreux en raison de la modicité de leurs prix. La vulgarisation, la mise à la portée de tous d'un produit cher et recherché doit forcément augmenter sa consommation dans de fort larges proportions. De même que le coton, sans supprimer la laine et le fil de lin, a eu de multiples applications nouvelles, la soie artificielle, sans se substituer à la vraie soie, aura de nouveaux et multiples emplois auxquels cette dernière ne peut prétendre à cause de son prix élevé.

VIII

LE MURIER

Caractères généraux.

Le mûrier (*Morus*, en grec *Moréa*), genre de plantes *dicotylédones*, *dialypétales*, *hypogynes*, dont la feuille, comme nous l'avons dit, est la base de l'alimentation du ver à soie, est le type de la famille des *Morées* ou *moracées*.

Les caractères principaux sont : fleurs unisexuées, monoïques ou dioïques ; calice à quatre folioles lobées ; quatre étamines opposées à ces lobes dans les fleurs mâles; dans les fleurs femelles, ovaires sessiles à deux stigmates allongés; le fruit est formé d'akènes enveloppés et réunis par les calices; il devient charnu dans certaines espèces, ou bien les akènes restent simplement libres. Les espèces de ce genre sont des arbres ou des arbrisseaux à suc laiteux; les feuilles sont le plus souvent alternes, munies de deux stipules caduques à leur base; les fleurs sont disposées en chatons serrés, axillaires ou terminant les ramifications de la tige.

On rencontre ces végétaux principalement dans les régions tropicales des deux continents.

Espèces et variétés.

Ce genre comprend trois groupes principaux :

Le mûrier rouge (*Morus rubra*) a été importé d'Amérique par Parkinson et appelé par lui *Morus virginiana*, en l'honneur de la province où il avait été découvert. Il fut appelé par Linné *Morus rubra*. C'est un grand et bel arbre qui s'élève jusqu'à 25 mètres avec une cime large et touffue. Les feuilles sont assez grandes, nombreuses, ovales, finissant brusquement en pointe allongée et dentée. Quand elles sont jeunes, leur face inférieure est recouverte de très nombreux poils courts qui lui donnent un aspect blanchâtre. En avançant en âge, ces poils tombent, et la face inférieure présente le même aspect que la face supérieure, qui est unie et luisante.

Les fruits de ce mûrier, d'abord rouges, deviennent presque noirs à la maturité et sont d'un goût acide et sucré assez agréable.

Les vers à soie acceptent difficilement les feuilles de mûrier rouge. Les éducations faites exclusivement avec cette feuille donnent des vers débiles, qui font des cocons légers, pauvres en soie et défectueux.

Cet arbre, originaire des États-Unis et du Canada, est très rustique et résiste à un froid très rigoureux. Il est donc à regretter que sa feuille convienne mal à l'éducation des vers à soie. Son bois de couleur jaune, d'un joli grain, peut recevoir un beau poli; il est très employé en Amérique pour les constructions navales et la charpente.

Le mûrier noir (*Morus nigra*) est probablement originaire de Perse; il fut introduit dans l'Italie méridionale par les consuls Romains, à cause de la saveur agréable de ses fruits. De Sicile, il fut introduit en Angleterre, vers le milieu du XVIe siècle, et de là en France, où il résiste très bien au froid, même dans le Nord.

La taille de cet arbre ne dépasse guère 10 mètres; sa cime est large et étalée; son tronc est recouvert d'une écorce noirâtre. Les feuilles sont alternes, pétiolées, dentées en scie et divisées en lobes plus ou moins profonds; elles sont assez rudes au toucher et tomenteuses à leur face inférieure. Les fruits sont ovoïdes, d'un rouge-pourpre presque noir; ils ont l'aspect de grosses framboises et sont de saveur agréable.

D'après Seringe(1), il y a deux variétés de mûrier noir :

Morus nigra dentata, dont le contour de la feuille présente de larges dents, mais conserve une forme entière, jamais lobée.

Morus nigra lobata, dont la feuille plus ou moins profondément lobée peut être dentée, spécialement sur les rameaux jeunes.

Les feuilles de ces deux variétés servaient autrefois à l'alimentation des vers à soie. Aujourd'hui elles sont presque partout délaissées, celle du mûrier blanc leur étant bien supérieure.

Le MÛRIER BLANC (*Morus alba*) a à peu près le même port que le précédent, mais ses rameaux sont plus grêles, ses feuilles lisses, lustrées, et ses fruits blanchâtres ou rosés.

Si on le laisse croître spontanément, il atteint une taille de 15 mètres et son tronc une circonférence de 3 mètres.

Il est originaire de Chine.

Il fut introduit vers l'an 550 à Constantinople, en Italie vers 1130 et en France vers la fin du XVe siècle. F. Traucat, jardinier à Nîmes, en fit la première pépinière en 1564. Olivier de Serres et Colbert ont puissamment contribué à la propagation de ce précieux végétal.

Les principales variétés sont d'après Seringe (1) :

Morus alba tenuifolia :
— *Italica :*
— *Tartarica :*
— *Moretti :*
— *Rosea :*
— *Colombassa :*
— *Colombassetta :*
— *Lhou :*
— *Constantinopolitana :*
— *Nana :*
— *Pyramidalis :*
— *Fibrosa.*

(1) SERINGE, *Description, culture et taille des mûriers, leurs espèces et leurs variétés*, Paris, 1855.

Le mûrier multicaule (*Morus multicaulis*), dont Seringe a fait une espèce à part, est généralement considéré comme une simple variété de mûrier blanc ; il est vulgairement appelé mûrier des Philippines, ou mûrier Perrotet. Ses fruits sont noirs comme ceux du mûrier noir, mais plus petits et plus espacés ; leur saveur est sucrée et légèrement acidulée. Cet arbre est répandu dans les Philippines, d'où Perrotet l'a rapporté en France en 1821.

Linné avait classé les espèces et variétés de mûriers comme suit :

MORUS RUBRA : *Canadensis*, *Scabra*, *Pensylvanica*, *Missouriensis* ;

MORUS NIGRA : *Laciniata*, *Scabra* ;

MORUS ALBA : *Macrophylla* (*Morettiana-Chinensis*), *Latifolia* (*multicaulis*, *tartarica*, *cuculatta*, *indica*, *alba bullata*), *Italica*, *Japonica*, *Constantinopolitana*, *Nervosa*, *Pumila*, *Alba heterophylla*, *Flexuosa* (*toriosa*).

D'autres classifications plus récentes ont été faites également, et de nombreuses variétés ont été obtenues par l'hybridation et les semis.

Toutes ne sont pas également recherchées ; on doit préférer celles qui présentent les qualités suivantes :

Feuilles abondantes, fournissant pour un poids donné la plus grande quantité de matières nutritives, feuilles fermes, fines et bien découpées, résistant bien au vent et conservant leur fraîcheur ; arbres résistant bien au froid tardif du printemps ; rameaux longs et vigoureux afin que la cueillette de la feuille soit plus prompte et plus facile. Les variétés suivantes remplissent bien ces diverses conditions :

Mûrier sauvageon, *M. Hybride*, *M. Moretti*, *M. Rose*.

Multiplication du mûrier.

Le mûrier peut être multiplié par *semis*, par *boutures* et par *marcottes*. Ces diverses opérations sont faites en pépinière.

Semis. — La graine de mûrier s'obtient en écrasant les mûres parvenues à maturité, soit au mois de juillet ou d'août, suivant les régions. Il faut avoir soin de récolter les mûres sur des arbres sains, vigoureux, de belle venue, qui n'aient pas été dépouillés de leur feuille au printemps et non taillés depuis plusieurs années.

Par la sélection, on arriverait à obtenir des variétés de mûriers précieuses et à supprimer la nécessité de la greffe. La sélection a donné des résultats merveilleux en zootechnie, en horticulture et en agriculture ; elle n'en donnerait pas de moindres dans la multiplication du mûrier.

On devra sélectionner non seulement les graines à semer, mais encore les sujets résultant de ces semis.

Les mûres recueillies dans des paniers sont versées dans un baquet, écrasées à la main et délayées dans un égal volume d'eau. On sépare la pulpe des semences par plusieurs lavages successifs. Les mauvaises graines restent à la surface de l'eau et les bonnes tombent au fond. La pulpe et les impuretés sont entraînées avec l'eau des lavages, et, lorsqu'il ne reste plus guère que les bonnes graines, on passe tout le contenu du baquet à travers un tamis fin ou un linge. Les graines ainsi obtenues sont séchées à l'ombre et conservées dans un cellier bien sec jusqu'au printemps suivant.

Quelques cultivateurs préfèrent simplement faire sécher les mûres à l'ombre, les écraser ensuite et conserver le tout en lieu sec pendant tout l'hiver. Ils estiment que ces graines germent mieux que celles qui ont été lavées (1).

En avril ou mai, suivant les régions, les graines de

(1) Dans certaines régions chaudes de la Provence, les mûres tombées sur le sol sont ramassées, frottées et écrasées contre de vieux cordages en sparterie, et le tout est ensuite enfoui dans le sol, en lignes et à une faible profondeur. Les graines germent rapidement, et les jeunes plants ont assez de vigueur en automne pour résister au froid de l'hiver.

mûrier sont semées, en lignes distantes de 10 centimètres, dans un terrain léger, bien défoncé, abondamment fumé, bien ameubli. Il est essentiel de choisir un terrain situé à une bonne exposition, facilement arrosable et dans lequel il n'y ait jamais eu de mûrier. Il ne faut faire les semis que lorsque les gelées ne sont plus à craindre, car les jeunes plants sont extrêmement sensibles au froid. La graine est répandue à raison de 20 kilogrammes à l'hectare et recouverte d'une couche de terreau de 1 centimètre d'épaisseur.

La semence lève au bout de six à sept jours. Dès que les jeunes plants ont quatre feuilles, on les éclaircit de façon à laisser un intervalle de 5 centimètres environ entre chacun d'eux.

Le sol doit être maintenu frais pendant tout l'été au moyen d'arrosages pratiqués après le coucher du soleil. Il faut sarcler fréquemment pour détruire les plantes nuisibles et pratiquer de nombreux binages.

A l'automne, les plants ont atteint une hauteur de 30 à 60 centimètres et portent le nom de *pourettes*. Dans les régions froides, on les abritera pendant l'hiver en les recouvrant de feuilles sèches, balles de céréales ou matières analogues.

A la fin de l'hiver, on enlève les plus beaux de ces jeunes plants ou pourettes pour les repiquer; les autres profiteront de cette éclaircie et seront bons à repiquer l'année suivante.

Les pourettes sont repiquées dans un terrain également bien préparé et fumé et placées à 80 centimètres les unes des autres.

Dès que le bourgeonnement commence, on recèpe tous ces jeunes plants à 5 ou 6 centimètres du sol. Pendant tout l'été, on renouvellera les binages, et la pépinière sera arrosée s'il y a lieu.

On ne conservera sur chaque plant qu'une seule tige en choisissant la plus vigoureuse.

A la fin de cette deuxième année, les plants peuvent être repiqués en pépinières pour être greffés au printemps suivant ou plantés en buisson pour former des haies de sauvageons.

Boutures. — La multiplication par boutures n'est pas aussi assurée que par le semis. On peut l'employer dans les terrains frais pour former des mûriers nains ou à mi-tiges. Il faut remarquer toutefois que l'on ne peut multiplier ainsi que quelques variétés de mûrier, telles que : *Morus Japonica*, *M. multicaulis*, *M. Lhou*. Dans tous les cas, les boutures sont repiquées après leur reprise comme les pourettes. On les recèpe au pied l'année suivante, et on procède à la formation de leur tige, comme pour les plants de semis.

Marcottes. — Les marcottes reprennent plus facilement que les boutures; on peut employer ce procédé pour toutes les variétés, mais on ne peut en obtenir une grande quantité sur le même espace de terrain. De plus le marcottage ne donne pas des plants de belle venue.

Les marcottes sont sevrées au bout d'un an et reçoivent les mêmes soins que les boutures.

Ces deux procédés de multiplication, *boutures* et *marcottes*, ne sont que rarement employés; on préfère de beaucoup et avec raison la multiplication par semis.

Le greffage.

Le greffage du mûrier a pour but d'obtenir des arbres plus productifs en feuilles, plus rapides dans leur développement, donnant des tiges plus droites, plus vigoureuses et, par suite, d'une cueillette plus facile. Enfin, par le greffage, on multiplie les variétés désirées, et on peut avoir des feuilles de qualité homogène dans la même plantation.

Le greffage n'est cependant pas indispensable ; on

obtient des résultats analogues, sinon supérieurs, par la sélection des semis et par l'hybridation.

On greffe les mûriers en pied en pépinière ou en tète une fois en place.

Greffage en pépinière. — Nous avons vu qu'à la fin de l'hiver les mûriers de semis devraient être transplantés. Le choix et la préparation du terrain destiné à recevoir ces jeunes plants ont une très grande importance. Il est essentiel que ce terrain n'ait jamais porté de mûrier ou même d'autres arbres qui auraient pu laisser dans le sol des germes de plantes ou de champignons nuisibles aux jeunes mûriers. Une bonne terre à céréales ou à cultures maraîchères convient parfaitement. Plusieurs mois avant la plantation, ce terrain aura dû être défoncé profondément (à $0^m,50$ ou $0^m,60$) et fumé abondamment, sur la base de 40 000 kilogrammes de fumier de ferme à l'hectare.

Vers la fin du mois de février, le terrain sera ameubli avec soin, nivelé, et, à $0^m,80$ ou 1 mètre de distance en tous sens, on y pratiquera des trous de $0^m,25$ de profondeur et de $0^m,30$ environ de diamètre. En même temps, les plants du semis seront arrachés avec soin, en ne choisissant toutefois que les plus beaux atteignant au moins $0^m,60$ de tige ; les racines seront émondées et coupées à une longueur de 15 à 18 centimètres, bien étalées dans la petite fosse et recouvertes de terre meuble et légère, que l'on tassera fortement. Cela fait, on achèvera de combler la fosse en buttant le jeune plant, et on attendra l'entrée en végétation. C'est à ce moment que la greffe pourra être pratiquée.

On peut greffer les mûriers soit en écusson à œil dormant ou à œil poussant, soit en sifflet, et c'est ce dernier mode qui est le plus employé pour le greffage en pépinière.

Lorsque l'entrée en végétation commence à se manifester, au lieu de couper la tige au niveau du sol, comme on le fait pour les plants qui ne sont pas destinés à être greffés, on la coupe à 20 ou 25 centimètres au-dessus du sol.

D'autre part, on aura choisi vers la fin du mois de mars, lorsque les bourgeons commencent à gonfler, des rameaux destinés à servir de greffons. On les prendra sur de beaux mûriers bien vigoureux, dont la feuille n'aura pas été cueillie l'année précédente, et appartenant à la variété que l'on veut multiplier. Ces greffons seront conservés dans un endroit frais et obscur, en plongeant leur extrémité inférieure dans un vase contenant de l'eau, ou encore mieux en les enterrant dans le sable, comme cela se pratique pour les greffons de vignes.

La sève du jeune plant étant bien en mouvement, le moment est venu de procéder au greffage.

On choisit le greffon d'un diamètre correspondant exactement à celui du sujet. On écorce l'extrémité du plant à greffer par quatre incisions longitudinales sur une longueur de 6 à 8 centimètres, après l'avoir recépé à même hauteur du sol.

Ensuite on détache sur le greffon un anneau d'écorce portant un bourgeon de belle venue, et en ayant soin de ne pas l'endommager. L'entaille circulaire sur l'écorce doit être faite à 1 demi-centimètre au-dessous de la base du bourgeon et à 2 centimètres au-dessus de son extrémité. Cet anneau est placé sur la partie écorcée du sujet; on l'enfonce avec précaution jusqu'à ce que l'on sente un peu de résistance. Les quatre lanières d'écorce du sujet sont redressées et liées sur l'anneau du greffon; on rafraîchit par une coupe à la serpette l'extrémité du sujet, à 1 demi-centimètre au-dessus de l'anneau; on recouvre le tout d'une butte de terre fine et bien meuble. Il faut, autant que possible, pratiquer le greffage par un temps clair et calme.

Cette greffe est assez sûre et donne une soudure solide.

La moyenne de la réussite est de 60 p. 100.

Environ quinze jours après le greffage, les bourgeons montrent leurs feuilles.

Dès qu'ils ont 5 ou 6 centimètres de longueur, on déchausse légèrement le plant. Pour ceux dont la greffe est réussie, on supprime tous les bourgeons, sauf celui du greffon. Il est bon de l'attacher à un tuteur dès qu'il a 20 à 25 centimètres de longueur.

Les sujets sur lesquels la greffe n'a pas réussi repoussent du pied; on laisse se développer un seul bourgeon, le plus beau et le plus près possible des racines. Il formera une tige qui pourra, l'année suivante, être greffée en pied ou bien recevoir plus tard la greffe en tête.

Les tiges des jeunes mûriers, greffés ou non, poussent dès lors très vigoureusement et atteignent 75 ou 80 centimètres à la fin de l'été. On supprime à la serpette tous les bourgeons anticipés qui naissent à l'aisselle des feuilles, en ayant soin de conserver ces dernières.

Le terrain de la pépinière sera travaillé pendant toute la belle saison, comme d'habitude, par des binages répétés et un labour à la fourche en août pour favoriser la végétation automnale. Il n'est utile d'irriguer qu'en cas de sécheresse, en juillet et août.

L'année suivante, on ébourgeonnera avec soin en supprimant les bourgeons qui se développeraient sur la tige. Les soins culturaux seront les mêmes que la première année : les plants auront atteint une hauteur de $1^{m},50$ environ; les plus beaux pourront alors être arrachés pour être mis en place; les autres seront conservés encore un an en pépinière et seront l'objet des mêmes soins.

Greffage en place. — Quand il s'agit de greffer une forte tige de mûrier déjà en place, il faut employer le greffage en tête. On peut indifféremment greffer en écusson à œil dormant ou à œil poussant, ou bien employer la greffe en sifflet, qui est de beaucoup la plus solide. Elle se pratique comme nous l'avons indiqué plus haut pour la pépinière ; seulement, au lieu d'appliquer le greffon sur le bas du pied, on l'applique au point où doit naître la tête de l'arbre futur. Mais comme généralement on a mis en place les sujets déjà formés, on greffera non pas la tige elle-même, mais les quatre ou cinq branches qui se sont développées au sommet de la tige. Si toutes les greffes réussissent, on ne conservera que les trois plus vigoureuses, en tenant compte de leur position pour constituer un arbre de belle venue. Il faut autant que possible qu'elles soient placées en triangle sur le tronc.

Les branches dont la greffe est manquée doivent être coupées au ras de la tige, et celle-ci sera toujours ébourgeonnée sur toute sa longueur.

Nous disons, en parlant de la plantation et de la taille des mûriers, comment doivent être soignés et dirigés ces arbres après la greffe.

Quelques agriculteurs donnent la préférence à la greffe en tête, parce que le tronc sauvage résisterait mieux aux intempéries et maladies.

PLANTATION DU MURIER

Dans l'état actuel de la sériciculture en France, on ne saurait songer à faire de vastes plantations de mûriers. Le prix des cocons, comme nous l'avons vu, est assez réduit.

Ce faible cours des cocons n'est pas dû, comme le pensent trop facilement la plupart des sériciculteurs, à la concurrence de la soie artificielle ou aux variations de la mode, qui font délaisser parfois la vraie soie.

La production étrangère est de plus en plus importante. La qualité de ces cocons s'améliore de jour en jour, par suite du perfectionnement des procédés d'élevage et de la qualité des graines. La soie obtenue devient sensiblement égale à la belle soie de nos cocons français. Il est évident que, dans ces conditions, les industriels, fabricants de soieries, n'ont pas intérêt à acheter la soie française à un prix plus élevé que la soie étrangère. En Syrie, en Perse, en Chine, en Extrême-Orient, la main-d'œuvre abonde et se paye fort peu. Le ver à soie demande dans ces régions des soins moins assidus que chez nous, car il se trouve dans les conditions climatériques de son pays d'origine, ou dans des conditions qui l'en rapprochent beaucoup.

Comment lutter en France contre cette concurrence ?

Ce ne peut être, comme nous l'avons dit, que par les forts rendements et en réduisant tous les frais au minimum. Les forts rendements ne peuvent être obtenus que par les petites éducations; les frais de main-d'œuvre et d'installation y sont réduits. Il faut donc aussi pouvoir produire la feuille à bon marché.

Le mûrier blanc est un arbre robuste qui s'accommode de tous les terrains. Cependant, dans les terrains fortement argileux et imperméables, il souffre d'un excès d'humidité pendant l'hiver et de sécheresse pendant l'été. Les terrains trop siliceux sont pauvres, et, si les mûriers ne sont pas fréquemment fumés, ils donnent peu et une feuille trop siliceuse. Les terrains trop calcaires ne leur conviennent pas davantage. Dans les terrains trop riches en humus, les feuilles sont trop grasses et trop aqueuses. Dans les terres humides, marécageuses, tourbeuses, compactes, les racines de l'arbre ne peuvent se développer convenablement ; les feuilles sont de mauvaise qualité, et les mûriers ne vivent pas longtemps.

En résumé, les mûriers viennent très bien dans un terrain assez profond, médiocrement riche, de nature argilo-calcaire ou silico-argileuse, perméable à l'eau, et permettant aux racines et radicelles de se développer facilement.

Bien que le mûrier soit un arbre originaire des pays chauds, il prospère dans les climats tempérés, comme est la moitié méridionale de la France, et notamment la région séricicole du sud-est (voir la carte). L'exposition a une influence sur la qualité de la feuille et la végétation de l'arbre; la meilleure est celle du midi, puis celle du levant, du couchant, et la moins bonne de toutes est celle du nord.

Le mûrier est peut exigeant au point de vue de la qualité du terrain, et il se prête très bien aux formes variées que l'on veut lui donner. On peut donc lui faire occuper des parcelles de terrains inutilisables pour d'autres cultures.

Il peut être planté de trois manières : en *haute tige*, en *nains* et en *haie-taillis*.

Mûriers de haute tige.

Les mûriers plantés en haute tige ne donnent une quantité de feuilles appréciable qu'à longue échéance ; ils doivent donc vivre longtemps pour donner un produit rémunérateur. Comme nous l'avons dit, on ne saurait conseiller des plantations de vastes champs de mûriers ; mais on peut les planter en bordures, le long des routes, des chemins d'accès ou de communication, autour des champs de grandes cultures, céréales, prairies, vignes, etc.

Dans les régions à terrains accidentés, il est possible d'utiliser en plantations de mûriers des espaces relativement restreints, tels que les fonds de ravins, plis de terrains et coteaux abrupts. Il ne nous appartient pas d'insister sur les avantages du reboisement de ces terres souvent incultes par suite de l'impossibilité d'y faire fonctionner les instrument de culture à traction animale; mais il est certain que la culture du mûrier pourrait y rendre de grands services. Elle serait bien moins coûteuse et moins pénible que les cultures du blé ou de la vigne, dont les produits sont devenus aujourd'hui si peu rémunérateurs et que les montagnards parviennent pourtant à établir dans les replis de leurs montagnes les plus escarpées. Ces champs minuscules sont souvent établis en terrasses au moyen de travaux vraiment étonnants. Sur les pentes raides des montagnes, dès qu'il trouve un point d'appui, le montagnard construit des murs de soutènement en pierre sèche, de manière à former des terrasses où s'accumulera la terre entraînée par les eaux pluviales et celle que l'homme y apportera après l'avoir péniblement recueillie dans les anfractuosités des rochers environnants.

Ces terrasses forment des champs en gradins s'élevant les uns au-dessus des autres, et l'on y accède par des sentiers ou de véritables escaliers taillés dans le roc. C'est avec amour, avec les soins les plus assidus que le montagnard cultive ces champs suspendus au flanc des coteaux; il y cultive la vigne, les légumes, le blé, les arbres fruitiers. Nous estimons que le mûrier y est à sa place, et, sans nuire aux autres cultures, il procure un supplément de revenus au rude travailleur.

Le mûrier donne, en plus de la feuille cueillie pour nourrir le ver à soie, des produits secondaires.

La feuille d'automne, après maturité, est un aliment précieux pour la nourriture des animaux, notamment des espèces ovine et caprine. Dans les fermes de Provence, cette feuille forme à l'automne un appoint important dans l'alimentation des troupeaux. Le berger fait tomber sur le sol les feuilles mûres, et les brebis et les chèvres viennent les manger avidement.

Dans des pays plus froids, on les fait sécher comme le fourrage, ou bien on les met en silos pour l'hiver.

Le bois de mûrier est très estimé pour la fabrication de certains meubles, ainsi que pour la tonnellerie. On en fait des futailles, des comportes pour vendanges, des baquets et autres vases vinaires. Ce bois est dur, coloré en jaune; il résiste bien à l'humidité et n'est pas facilement attaqué par les insectes. Cette utilisation du bois de mûrier pour la fabrication des futailles a été cause de l'arrachage d'un grand nombre de ces arbres aux époques de prospérité de la vigne.

Plantation. — On doit choisir, pour la plantation des mûriers de haute tige, des plants de belle venue, à troncs bien droits, bien lisses, ayant une hauteur d'au moins 80 centimètres et âgés de quatre à cinq ans.

Le terrain qui doit recevoir ces plants devra être préparé à l'avance, défoncé à 1 mètre de profondeur. La plantation doit avoir lieu soit à l'automne, soit au mois de février. Les plants doivent être distants de 6 à 8 mètres sur la ligne et d'au moins 10 mètres d'une ligne à l'autre, si on plante plusieurs lignes parallèles. Au moment de la plantation, on creuse sur le terrain défoncé et à la distance voulue des fosses de 60 à 70 centimètres de profondeur et de 80 centimètres à 1 mètre de côtés. Les racines, dont les extrémités auront été coupées avec une serpette bien tranchante, sont étalées dans la fosse, et les intervalles sont comblés avec de la terre meuble que l'on tasse légèrement. On achève ensuite de remplir la fosse en mettant une couche de fumier à 20 ou 25 centimètres de profondeur.

Le haut de la tige est ensuite coupé à une hauteur de 1m,75 ou 1m,80, et la plaie est recouverte de mastic ou tout au moins de terre glaise.

La hauteur donnée de 1m,75 à 1m,80 est indiquée afin que, lorsque les arbres auront leur tête développée, on puisse y circuler dessous et donner au sol des labours à la charrue.

Pendant la première année, on binera souvent le sol; les jeunes plants seront visités afin de supprimer les bourgeons qui poussent sur le tronc, à l'exception des trois plus vigoureux situés le plus près possible du sommet et disposés en triangle. Ce sont ces trois tiges qui forment la charpente de l'arbre.

Taille. — *Formation de l'arbre.* — Au printemps suivant, ces trois tiges auront des longueurs variant suivant la vigueur du sujet et les conditions plus ou moins favorables de la végétation l'année précédente. Il faudra les couper à 15 ou 20 centimètres de leur naissance et ne laisser développer sur chacune d'elles que deux bourgeons situés le plus près possible du sommet. Ces six bourgeons donneront six nouvelles tiges, et l'on devra faciliter leur développement en supprimant sur tout le reste de l'arbre tout bourgeon qui viendrait à pousser.

L'année suivante, ces six tiges seront coupées à 15 ou 20 centimètres de leur naissance, et on laissera développer sur chacune d'elles seulement deux bourgeons, le plus près possible de leur sommet. A leur tour, ces deux bourgeons donneront deux tiges qui seront coupées l'année suivante à 15 ou 20 centimètres de leur naissance, et la charpente de l'arbre sera ainsi formée.

Cette disposition de la tête ou charpente du mûrier de haute tige assure le développement symétrique de toutes ses parties, leur parfaite aération et les expose à une égale intensité de lumière, condition essentielle pour avoir une feuille de bonne qualité.

Taille de production. — Il faut avoir en vue la production de la feuille. Si l'on observe un mûrier abandonné à lui-même, on reconnaîtra que les rameaux verticaux sont de beaucoup les plus vigoureux; les mérithalles sont très longs et, par suite, les feuilles peu nombreuses. Les horizontaux ont les mérithalles très courts; ils sont peu vigoureux et portent des fruits en quantité, au détriment des feuilles. Les rameaux obliques sont d'un développement moyen, avec des mérithalles de longueur moyenne; les feuilles y poussent en quantité considérable, et les fruits y sont peu abondants. Ce sont donc ces derniers qu'il s'agit de développer. C'est pour cela que l'on donne à la charpente de l'arbre la forme d'un tronc de cône renversé.

Par la taille, il faut maintenir les rameaux uniformément distribués autour du tronc et également développés; le développement des rameaux doit être proportionné à celui des racines. Si un côté de l'arbre prenait plus d'extension que l'autre, il y aurait manque d'équilibre dans la végétation, et l'arbre pourrait dépérir. Il convient de tailler long les rameaux d'un an, plus courts ceux de deux ans, et ceux de trois ans encore plus courts; on obtiendra ainsi une végétation vigoureuse, beaucoup de feuilles et peu de fruits. Enfin l'intérieur de l'arbre doit être bien évidé, de façon à ce que toutes les feuilles soient bien exposées à l'air et à la lumière. Ce résultat sera obtenu en enlevant chaque année, après la cueillette de la feuille, toutes les parties qui doivent disparaître. Il vaut mieux pratiquer de légères tailles chaque année que des tailles rigoureuses et plus espacées ayant pour but de ramener d'un seul coup l'arbre à sa charpente primitive, opération trop radicale et dont le mûrier souffre beaucoup.

Nous ne voulons pas parler ici de la taille complète annuelle, qui amène à bref délai la mort du mûrier et donne, comme nous l'avons vu, une feuille beaucoup trop aqueuse.

En un mot, la taille de production a pour but :

1° De procurer aux rameaux la plus grande aération et le plus de lumière possible, afin d'obtenir une feuille saine et abondante ;

2° D'empêcher la fructification, qui a lieu au détriment de la production foliacée et rend la cueillette plus difficile ;

3° D'éviter que la plante se développe trop horizontalement de façon à recouvrir un espace de terrain trop considérable ;

4° De maintenir à l'arbre une forme régulière symétrique ;

5° D'éviter les tailles trop fortes et rares en préférant les légères et fréquentes ;

6° De rendre la cueillette facile et par conséquent peu coûteuse.

Pour arriver à ce résultat, le meilleur mode employé dans la plupart des régions séricicoles est la taille *triennale* ou *quadriennale*.

Supposons un arbre à sa sixième année de plantation, qui porte sur chacun des douze coursons deux rameaux de 30 centimètres de longueur, sur lesquels on pourra commencer à prendre la feuille pour les vers aux premiers âges. Immédiatement après la cueillette, on taillera ces vingt-quatre rameaux à 20 ou 25 centimètres de leur base, et on laissera développer tous les bourgeons. L'hiver suivant, on ne laissera sur chacun de ces rameaux que deux ou trois brindilles suffisamment distantes, vigoureuses et bien disposées. Il faudra enlever tous les rameaux secs ou inutiles qui auraient poussé sur une autre partie de l'arbre, et cette opération est à répéter à chaque taille.

La deuxième année, on raccourcira les différentes ramifications qui ont crû sur les rameaux de l'année précédente ; on supprimera tous les rameaux qui se seraient peu développés, qui seraient mal situés et qui, le printemps venu, rendraient la cueillette difficile.

Lorsque la feuille de la troisième année a été cueillie, on fait une taille de renouvellement pour ramener l'arbre à sa charpente primitive, ou bien cette opération ne sera faite qu'après la quatrième cueillette (ce qui vaut encore mieux lorsque la vigueur de l'arbre le permet), et on fera, la troisième année, une taille semblable à celle décrite ci-dessus pour la deuxième année.

Quand on peut, comme cela se pratique dans certaines régions, ne tailler les mûriers que tous les quinze ou vingt ans, on entretient la propreté et la régularité de l'arbre par la suppression des brindilles mortes et de celles qui poussent trop à l'intérieur. Le rajeunissement, par une forte taille ne doit pas se faire d'un seul coup, mais par des tailles successives en plusieurs années.

Il ne faut pas oublier que la taille du mûrier, comme celle des arbres fruitiers, doit être faite avec des instruments bien tranchants, de façon à faire une section bien nette et sans bavures. On doit donc proscrire la scie et le sécateur.

La *taille annuelle* est usitée dans certaines régions, notamment dans celles où on pratique l'élevage aux rameaux. Ce mode de taille consiste à couronner tous les ans les mûriers en tête de saule, au moment de la récolte. Il a l'inconvénient d'arrêter brusquement le mouvement de la sève, et cette épreuve, renouvelée chaque année, enlève de la vigueur aux arbres, provoque leur dépérissement et leur mort assez prompte. Il se produit, après chaque taille, un nombre considérable de bourgeons sur la couronne ; pour que tous puissent aoûter, il faut que la végétation ininterrompue ait une longue durée. Cette taille n'est donc vraiment praticable que dans les régions où la végétation du mûrier peut se prolonger tardivement et où elle ne subit en été aucun arrêt par suite de la sécheresse.

Soins culturaux. — Le mûrier est peu exigeant au point de vue des soins culturaux. Il faut pourtant lui donner un bon labour en février ou mars, de façon à assurer l'aération des racines, un binage immédiatement après la cueillette de la feuille et un second en août pour débarrasser le terrain des mauvaises herbes et entretenir la fraîcheur du sol. Les mûriers plantés en bordures de terres cultivées en céréales légumineuses et vignes s'accommoderont des cultures données à ces diverses récoltes.

Les mûriers doivent recevoir tous les trois ou quatre ans une fumure au fumier de ferme ou aux engrais chimiques : elle devra être faite en couverture avant le labour, sauf dans les terrains trop accidentés et en pente, où il faudra les déchausser et les fumer au pied. Les doses de fumier et engrais à employer doivent naturellement varier suivant la composition et la fertilité du sol. Comme pour toutes les cultures, c'est l'analyse de la terre qui fixera les doses à employer.

Pour un terrain de fertilité médiocre, on pourra employer les proportions suivantes par pied de mûrier :

Superphosphate de chaux à 16 p. 100.	1 kilogr.
Chlorure de potassium à 50 p. 100...	1 —
Nitrate de soude à 15 p. 100..........	500 grammes.

Dans les terrains compacts humides et non calcaires, on remplacera le superphosphate par 2 kilogrammes de scories de déphosphoration.

Dans les terrains riches en potasse, on diminuera la quantité de potasse, et de même pour les autres éléments dans les terrains qui en contiennent abondamment.

Récolte. — Nous indiquerons approximativement la quantité de feuilles que peut donner un mûrier de haute tige.

A l'âge de six ans, année de la première récolte notable, la quantité de feuilles cueillies peut être de 50 à 60 kilogrammes.

A l'âge de 10 ans..................	100 kilogr.
— 20 ans..................	200 kilogr.

La quantité va en augmentant jusqu'à l'âge de cinquante à soixante ans, reste quelques années stationnaire et décroît à partir de soixante-dix ou quatre-vingts ans.

C'est à ce moment qu'il faut, pour prolonger l'existence des mûriers, opérer un rajeunissement de l'arbre par une taille progressive et s'abstenir de cueillir la feuille pendant deux ou trois ans.

Ce dépérissement des mûriers est dû uniquement au régime auquel ces arbustes sont soumis.

Mûriers nains.

Comme nous venons de voir, la culture des mûriers de haute tige ne permet de récolter la feuille bonne pour la nourriture des vers à soie qu'au bout de quelques années. La plantation des mûriers nains présente l'avantage de fournir très promptement une récolte de feuilles, de procurer une feuille plus précoce au printemps, ce qui permet de devancer les éducations; la récolte de cette feuille est économique ; la taille de ces mûriers est très simple et très facile. Mais, à côté de ces avantages, il est bon de signaler les inconvénients. Les plantes ont une vie de courte durée, et, si on ne leur fournit pas des engrais, des soins culturaux répétés et même des arrosages en cas de sécheresse, elles deviennent bientôt rachitiques.

Ces mûriers peuvent être plantés en bordure comme ceux de haute tige ou sur un espace de terrain relativement restreint.

Pour leur plantation, le terrain n'a pas besoin d'être aussi profondément défoncé ; un labour à $0^m,60$ ou $0^m,70$ peut suffire. On choisit comme plants ou de fortes pourettes ou de belles greffes d'un an ; on peut les planter soit en lignes, soit en quinconce. Si on les plante en lignes, on choisira de préférence la direction du nord au sud. La distance à observer d'un plant à un autre est de 2 à 3 mètres sur la ligne et de 3 à 4 mètres d'une ligne à l'autre.

Si on les plante en quinconce, on les placera à $2^m,50$ en tous sens.

Pour la mise en place, on procède comme pour des mûriers à haute tige ; après avoir creusé sur le labour de petites fosses à la place voulue, on place au centre la baguette greffée ou le sauvageon après avoir coupé les extrémités des racines. On fait glisser de la terre légère dans les intervalles, et on finit de recouvrir en tassant bien la terre.

La tige est ensuite coupée ras du sol et la plaie recouverte de mastic ou de terre glaise.

Au printemps, il se développera plusieurs jets dont on

ne conservera que les trois ou quatre plus vigoureux, qui seront coupés à $0^m,50$ ou $0^m,60$ du sol; la charpente de l'arbre est ainsi constituée.

A l'extrémité de ces branches pousseront des rameaux dont on récoltera la feuille et que l'on taillera sitôt après. Ce système exige donc la taille annuelle.

Comme soins culturaux, on pratiquera un labour d'hiver et au moins deux binages dans le courant de l'été.

La feuille des mûriers nains est, comme nous l'avons dit, beaucoup plus précoce que celle des arbres de haute tige et, par suite, beaucoup plus exposée aux gelées printanières.

Haies-taillis.

La culture du mûrier en haie a l'avantage de donner, comme le mûrier nain, de la feuille précoce et de ne pas nécessiter de grands soins culturaux.

Ces haies de mûrier sont utiles comme toutes les autres haies pour séparer les champs, diviser les cultures, entourer un jardin, etc.; elles ne nuisent en rien aux récoltes voisines et occupent fort peu de place.

Il faut en écarter le bétail, qui est friand de la feuille, si on veut utiliser celle-ci pour les vers à soie.

Les pourettes ou sauvageons d'un an sont utilisés directement pour la formation de ces haies. Le terrain est fouillé à $0^m,50$ de profondeur, et les plants sont placés de $0^m,30$ à $0^m,50$ de distance les uns des autres sur la ligne. On les coupe ras du sol, et ils vont donner, dès la première année, des rameaux de $0^m,50$ à $0^m,60$ de longueur. Au printemps suivant, dès l'épanouissement des bourgeons, on coupera ces rameaux à $0^m,30$ du sol, et cette jeune feuille des rameaux coupés pourra être utilisée pour la nourriture dans les premiers jours de l'éducation des vers à soie. Les bourgeons qui restent poussent vigoureusement, et, dès la fin de la seconde année, la haie se trouve formée.

Dès la troisième année, la plantation donnera une abondante récolte de feuilles très précoces et d'excellente qualité, que l'on pourra distribuer aux vers jusqu'après la deuxième année.

La cueillette de la feuille sur ces mûriers en haie ne se fait pas en dépouillant complètement les buissons de toutes leurs feuilles, comme cela se fait pour les mûriers nains ou ceux de haute tige; une telle méthode serait du reste trop longue et trop coûteuse. On choisit seulement les bourgeons les plus développés; ceux qui sont en retard profitent alors de toute la sève et poussent vigoureusement.

L'arbuste conserve ainsi une grande vigueur, puisque l'élaboration de la sève et la respiration ne sont jamais interrompues.

Les haies ne sont jamais formées avec les mûriers greffés, mais uniquement avec des sauvageons.

La taille de ces mûriers n'a rien de spécial. On se borne pendant l'hiver à enlever les branches et brindilles mortes, à raccourcir celles qui s'élèvent trop ou s'écartent en largeur, de façon à conserver la haie bien fournie. On arrive par ce moyen à obtenir en quelques années des clôtures aussi serrées et impénétrables que celles d'aubépines, et elles ont l'avantage de donner un produit. La feuille de ces haies est très précoce et tout à fait supérieure pour l'alimentation des vers à soie.

Comme soins culturaux, il suffit de labourer le pied des haies pendant l'hiver et d'empêcher par un ou deux binages dans le courant de l'été que les mauvaises herbes viennent envahir ces arbustes.

MALADIES DU MURIER

Bien que le mûrier soit un arbre très vigoureux, il n'est pas exempt de certaines maladies. Il est même étonnant qu'avec le régime auquel on le soumet : effeuillage annuel, taille fréquente, il résiste si bien. Peu de végétaux résisteraient à de pareilles épreuves.

Les maladies auxquelles le mûrier est sujet peuvent se diviser en deux groupes :

1° Maladies non parasitaires;

2° Maladies parasitaires.

Ces dernières se divisent en maladies dues à des parasites végétaux et en maladies dues à des parasites animaux.

Maladies non parasitaires.

L'hydropisie. — L'hydropisie est une maladie occasionnée par une surabondance de sève. Elle attaque surtout des arbres plantés dans un terrain excessivement riche ou trop humide. Le mal se manifeste par un dépérissement lent de l'arbre qui pousse de petites feuilles, rares, très espacées, jaunâtres et caduques. Si l'on pratique une incision ou une taille sur un rameau, on voit s'écouler une quantité considérable de sève.

On peut remédier à cette maladie en perforant le tronc au moyen d'une mèche, de la circonférence à l'axe, de façon à pénétrer jusqu'à la moelle. Ce canal devra être pratiqué obliquement de bas en haut de façon à faciliter l'écoulement de la sève. Si une seule ouverture paraît insuffisante, on en fera une seconde perpendiculairement à la première.

La chlorose. — Cette maladie se manifeste par un jaunissement des feuilles qui sont petites et tombent à l'automne. Tout l'arbre a un aspect maladif qui semble indiquer sa mort prochaine.

La chlorose est occasionnée par des causes multiples, dont les principales sont les suivantes : excès d'humidité, compacité du terrain, mauvaise qualité du sol, manque de fer ou pauvreté d'éléments nutritifs du terrain, défaut de soins culturaux ou de soleil, froids tardifs au printemps, ou enfin mauvaise exposition de l'arbre.

On peut remédier à cet état en effectuant une taille rigoureuse et en ne cueillant pas la feuille de quelques années, par des soins culturaux assidus, en remuant profondément le terrain tout autour des racines, de façon à les aérer et en y mélangeant, si besoin est, du sulfate de fer.

La manne. — C'est le plus souvent au mois de mai, après une série de jours pluvieux et sans soleil, que cette maladie se manifeste, et principalement sur les arbres les plus vigoureux. On remarque à la face supérieure des feuilles un suc visqueux et de saveur sucrée qui rend les feuilles comme gommeuses.

Les inconvénients de cette maladie ne sont pas graves; il convient de ne pas donner cette feuille aux vers, et, pour que l'accident ne se renouvelle pas l'année suivante, il faut aérer les racines par un labour profond et tâcher de diminuer la vigueur de l'arbre.

La gangrène. — Cette maladie consiste dans la décomposition de la masse ligneuse. Si cette décomposition est accompagnée d'une sécrétion gommeuse, on l'appelle *gangrène humide* et, dans le cas contraire, *gangrène sèche*.

La décomposition commence dans la moelle et se propage le long des rayons médullaires en laissant intactes les cellules du bois.

Tant que le mal n'a pas atteint la périphérie et que l'écorce reste intacte, l'arbre continue à végéter normalement; mais, au contraire, dès que l'écorce est atteinte, il ne tarde pas à dépérir. C'est surtout en été, au moment des fortes chaleurs, que la maladie se manifeste; les feuilles jaunissent et tombent, et les rameaux qui les portaient se dessèchent. Le mal se propage de l'extrémité des rameaux au tronc, et de là aux racines, ce qui entraîne la mort de l'arbre. On recommande de supprimer par la taille en février et mars tous les rameaux morts ou desséchés faute de maturité du bois. Lorsque l'on reconnait qu'une branche est atteinte, on doit enlever avec un instrument bien tranchant toute la partie malade, jusqu'à ce qu'on reconnaisse que le bois est parfaitement sain, et on recouvre la plaie avec du mastic ou du goudron.

ACCIDENTS DUS AUX INTEMPÉRIES. — *Les gelées de printemps* peuvent être cause de grands dommages suivant l'état de la végétation au moment où elles se produisent. Si la végétation est avancée et que toutes les feuilles soient brûlées par le froid, il peut s'ensuivre la mort de l'arbre ou d'une partie des rameaux. En ce dernier cas, il faudra couper tous les rameaux morts dès que la végétation reprend.

Lorsque la feuille seule est atteinte par la gelée et qu'une nouvelle pousse a lieu bientôt, la feuille est toujours de qualité très inférieure, et les vers qui en sont nourris donnent des produits inférieurs ; c'est ce qui s'est passé en 1903.

Les froids d'un hiver très rigoureux peuvent faire périr les jeunes plants de mûriers, surtout les greffes, lorsqu'elles ont été pratiquées en été.

La grêle cause de grands dommages aux mûriers. La feuille est comme hachée, et les parties atteintes se dessèchent promptement ; elle ne peut donc plus servir à l'alimentation des vers à soie. Les jeunes rameaux sont parfois si contusionnés qu'ils se dessèchent ; leur écorce est déchirée. Lorsque la grêle a produit de tels ravages, il faut supprimer les bois secs ou contusionnés et ne pas cueillir la feuille cette année-là.

Maladies parasitaires.

Parasites végétaux.

MOUSSES ET LICHENS. — Le tronc et les branches principales du mûrier sont envahis par les mousses et lichens, lorsque la plante manque de vigueur et qu'elle pousse dans un lieu humide et dans un sol compact imperméable. Ce n'est guère que sur les arbres âgés que l'on rencontre ces végétations, qui favorisent la décomposition de l'écorce et du bois.

On ne rencontre que rarement ces parasites sur des mûriers jeunes ou poussant dans un sol fertile, chaud, aéré et bien cultivé. Si on les y rencontrait, leur présence serait l'indice d'une décomposition de l'épiderme, provenant d'une maladie ou du manque de soins.

Ces plantes parasites, par leur présence sur le tronc et sur les rameaux, retiennent l'humidité qui accélère la décomposition de l'écorce, et elles servent d'asile à une quantité d'insectes.

Lorsqu'on s'aperçoit que les mousses et les lichens commencent à envahir un mûrier, il faut les enlever, racler la partie de l'écorce qu'ils recouvraient et badigeoner au lait de chaux le tronc et toutes les parties atteintes. Ce traitement se fera de préférence à l'automne ou au commencement de l'hiver.

Si le mal est causé par un état maladif de l'arbre, le meilleur remède sera de lui rendre une végétation vigoureuse par la bonne culture, l'engrais et les soins.

L'Agaricus melleus est un champignon de couleur jaune plus ou moins foncée, que l'on rencontre à la base des troncs de mûriers ou d'autres arbres, et qui est la cause d'une maladie toujours mortelle. On appelle ce champignon en langue d'oc : *soucarello*, parce qu'il vient sur la souche, au pied de l'arbre (1). Il est convexe à sa face supérieure avec proéminence au centre. Les bords sont dentés et légèrement striés. En vieillissant, sa couleur jaune passe au brun, et il présente quelques lamelles de couleur blanche. Il forme souvent des touffes autour du tronc.

(1) Il ne faut pas confondre ce champignon avec d'autres polypores, qui sont également de couleur brune et poussent sur le tronc à la naissance des branches ou même sur les branches principales, mais dont l'arbre ne paraît pas souffrir outre mesure. Tels sont : le *Polyporus Hirsutus. P. Hispidus, P. Gelsorum, P. Dryadeus.*

Lorsque ce champignon apparaît, la maladie est déjà très avancée. Si en effet on examine les racines de l'arbre, on les trouvera enveloppées d'un feutrage de longs filaments jaunâtres ou gris jaunâtre qui ont amené leur putréfaction. Ces filaments se sont infiltrés entre l'écorce et le bois et ont formé un feutrage qui enveloppe toute la partie ligneuse ; ils sont le mycélium du champignon, dont l'*Agaricus melleus* est l'organe reproducteur.

Lorsqu'un mûrier est attaqué, il ne donne les premiers temps aucun signe de souffrance ; mais, à mesure que le mal progresse, les rameaux se dessèchent graduellement. On remarquera tout d'abord l'extrémité d'une branche qui ne pousse pas ou donne seulement quelques rameaux languissants qui ne tarderont pas à se dessécher. L'année suivante, toute la branche se desséchera, puis peu à peu toutes les branches seront atteintes et l'arbre périra.

En détachant l'écorce de la branche malade, on remarque entre le liber et l'aubier une teinte jaune couleur de rouille. Ce n'est qu'un an ou deux avant la mort de l'arbre que se développe l'*Agaricus melleus*, qui est l'organe reproducteur et le signe extérieur de la maladie. Les spores qui propagent cette redoutable maladie sont renfermées dans les lamelles à la face inférieure du chapeau.] Ces spores sont ovales ; en très grand nombre et emportées par le vent, elles propagent le mal si elles parviennent à se loger entre l'aubier et l'écorce chez un mûrier qui présenterait une plaie. Elles végètent alors immédiatement, et le mycélium ne tarde pas à se développer et à envahir les racines.

Mais ce n'est pas là le mode le plus fréquent et le plus redoutable de la propagation de la maladie. Le plus souvent, c'est par les racines que le mal se communique. Il suffit qu'une racine saine vienne en contact avec une racine malade pour qu'elle soit atteinte et communique la maladie à tout l'arbre. C'est pour cela que l'on recommande, dès que l'on reconnaît qu'un arbre est atteint, de l'isoler complètement de ses voisins par des tranchées de 1m,25 à 1m,50 de profondeur. Ces tranchées doivent être pratiquées à 2m,50 des arbres restés sains. Dès que l'arbre paraît condamné à périr, on ne doit pas hésiter à l'arracher, à extraire toutes les racines qu'il faut brûler, et on doit conserver l'isolement entre la place que le mûrier arraché occupait et les racines des autres arbres.

C'est en vue de les préserver de cette maladie qu'il est essentiel de ne pas planter des mûriers, ni faire des pépinières dans tout terrain qui aurait été auparavant occupé par des mûriers ou d'autres arbres.

Pour éviter la propagation du mal par les spores, il faut, comme nous l'avons dit, mastiquer toutes les plaies des arbres ou, encore mieux, les recouvrir de goudron.

L'*Agaricus melleus* exerce surtout ses ravages dans les terrains secs et sur les coteaux.

Le pourridié. — Cette maladie des racines ne se développe, au contraire, que dans les sols humides. Elle est due à un mycélium : *Dematophora necatrix*, qui amène promptement la désorganisation des racines. Il se présente sous la forme de flocons blanchâtres et provoque une pourriture blanche ou grisâtre ; des filaments gris, parfois bruns, partent des flocons blanchâtres, s'étendent sur les racines et produisent, à leur tour, des amas floconeux qui traversent l'épiderme des racines. Ils vivent aux dépens des sucs nourriciers, ce qui entraîne rapidement la mort de l'arbre, car l'invasion se poursuit sans relâche, et le plus souvent la mort est amenée en deux ans.

On ne reconnaît la maladie par aucun signe extérieur, et elle ne se propage que par les racines.

Il n'y a pas de remèdes curatifs ; on doit, comme dans le cas précédent, pour empêcher le mal de se répandre, isoler complètement par de profondes tranchées les sujets malades, les arracher, brûler les racines et ne laisser pousser aucun arbuste à l'endroit contaminé.

La rouille des feuilles. — Cette maladie se développe surtout au bord de la mer, sous l'influence des vents humides venant du large, alternant avec la forte chaleur du soleil. Les feuilles atteintes sont couvertes de taches couleur de rouille ; ces taches sont causées par le *Phleospora mori*. Cette maladie est très fréquente à l'automne sur la seconde feuille, mais elle se manifeste aussi quelquefois au printemps. Elle n'est pas dangereuse pour l'arbre, ni pour les vers à soie, comme nous l'avons dit, puisqu'ils ne consomment pas les parties atteintes.

La propagation du mal est très irrégulière. Quelquefois un mûrier atteint est entouré d'autres arbres de son espèce qui ne le sont nullement. D'autres fois même c'est une seule partie de l'arbre qui est atteinte, et, dans ce cas, c'est toujours celle qui est exposée au vent de la mer.

Lorsqu'une spore de *Phleospora mori* tombe sur une feuille de mûrier saine et trouve des conditions favorables à sa germination, elle émet des filaments de mycélium qui pénètrent par les stomates et se ramifie de cellule en cellule. C'est par la désorganisation des cellules que ce mycélium produit le dessèchement des parties atteintes et les taches qui caractérisent la maladie. Il vient ensuite produire à l'extérieur une fructification de spores qui en se disséminant répandent le mal.

Bien que la rouille des feuilles ne soit pas trop nuisible, il est bon de ramasser à l'automne les feuilles tombées des arbres atteints et de les brûler pour empêcher le renouvellement ou tout au moins la grande diffusion de la maladie au printemps suivant.

La fumagine du mûrier. — Les feuilles du mûrier sont quelquefois recouvertes d'une poussière noire qui les fait paraître comme recouvertes de suie et forme une croûte légère s'attachant facilement. Cette poussière noire est formée par les filaments mycéliens du *Meliola mori*. Cet accident est peu grave. On n'a du reste trouvé aucun remède efficace pour le combattre.

Maladie des rameaux. — A toutes les époques de la végétation, les extrémités de certains rameaux, parfois les plus vigoureux, se dessèchent subitement sur une longueur variant de 30 à 40 centimètres. Sur la partie atteinte, les feuilles jaunissent et se dessèchent en moins de vingt-quatre heures; sur l'autre partie du rameau, les feuilles continuent à végéter normalement et même parfois avec plus de vigueur. Cette maladie atteint surtout les jeunes rameaux d'un an ; elle ne paraît pas avoir un caractère contagieux ni être dangereuse. Il n'est pas encore prouvé qu'elle soit due à l'action d'un parasite. Les professeurs Penzig et Poggi pensent qu'elle est simplement produite par un manque d'équilibre entre l'évaporation de la partie aérienne et l'absorption de l'eau par les racines.

Parasites animaux.

Diaspis pentagona. — Les ravages causés par la *Diaspis pentagona* se manifestèrent vers 1885 en Italie, surtout dans les provinces de Brianze et de Bergame. Fort heureusement ce parasite est à peu près inconnu en France. Cet insecte est polyphage, et on le rencontre sur un grand nombre de plantes (saule, fusain, laurier-cerise, sophora du Japon, etc.). Les arbres attaqués sont recouverts d'une croûte blanchâtre qui les fait paraître comme aspergés de lait de chaux. Cette croûte est formée par une réunion de petits boucliers circulaires sous lesquels s'abritent les femelles. On remarque aussi des petits flocons blancs qui sont formés par une réunion de petits corps allongés, réceptacles des larves mâles; ces flocons sont adhérents sur les rameaux à la base des feuilles. Lorsque le mâle est arrivé à l'état parfait, il abandonne son abri.

Les femelles ont la forme d'un pentagone irrégulier; à peine visibles à l'œil nu, leur couleur est brune, et elles sont pourvues d'un robuste suçoir qu'elles enfoncent dans le bois des rameaux. Elles s'abritent sous une sorte de bouclier formé par un tissu de substance particulière que sécrète la larve. Elles sont apodes et se fixent seulement au moyen de leur suçoir. Les mâles à l'état parfait ont l'aspect d'une toute petite mouche ; ils ont des yeux, des pattes, deux ailes, des antennes pectinées filiformes et articulées et un stylet postérieur.

La fécondation des femelles a lieu, en général, à l'automne ; elles résistent pendant tout l'hiver aux froids les plus intenses et les plus prolongés. Au mois de mai, elles déposent chacune 100 à 150 œufs, qui donnent naissance, une quinzaine de jours après, à de petites larves très agiles qui envahissent l'arbre sur lequel elles sont nées et les arbres voisins. Ces larves ont tout d'abord toutes le même aspect : petits corps elliptiques ($0^{mm},30 \times 0^{mm},20$), roussâtres, pourvus d'antennes, d'yeux, de six pattes, d'une bouche et d'un suçoir. Après la première mue, qui a lieu six ou sept jours après la naissance, les sexes sont parfaitement distincts. Les femelles prennent la forme sus-indiquée, et les mâles forment les amas floconneux dont nous avons parlé.

Les ravages causés par la *Diaspis pentagona* sont énormes à cause de la très grande multiplication de l'insecte, qui, en suçant la sève, occasionne la mort de l'arbre. On a comparé en Italie les dégâts de la Diopsis sur le mûrier à ceux que causait le phylloxera sur la vigne.

Les rameaux et même les troncs, lorsqu'ils ne sont pas trop vieux, sont absolument recouverts par les femelles de ce dangereux parasite.

Comme remède, on a proposé de traiter les arbres par des émulsions composées de 1 p. 100 de carbonate de soude anhydre, 2 p. 100 de savon noir, 9 p. 100 de pétrole et 88 p. 100 d'eau, le tout intimement mélangé.

Lecanium cymbiforme. — Cet insecte causerait des ravages encore plus considérables que ceux de la *Diospis* si il attaquait toujours la même plante. Au printemps, les femelles, après avoir déposé leurs œufs, sont comme desséchées et restent fixées l'une contre l'autre sur l'écorce des arbres et forment comme une croûte rousse et continue.

Les jeunes larves, très nombreuses et très agiles, se répandent bientôt sur la plante pour chercher leur nourriture, et attaquent les jeunes rameaux en leur occasionnant des plaies d'où la sève s'écoule en abondance.

Les rameaux attaqués paraissent comme carbonisés par une fumagène qui se développe sous l'influence de l'insecte. Heureusement, comme nous l'avons dit, les mûriers ne sont atteints que partiellement par cet insecte, car le *Lecanium* change chaque année de place. De plus un grand nombre de larves périssent avant d'arriver à l'état d'insectes parfaits. Il est bon de couper et brûler les rameaux atteints et de détruire pendant l'hiver les femelles en frottant avec une brosse rude les parties de l'écorce sur lesquelles elles se trouvent assemblées ; ces parties de l'écorce de l'arbre sont facilement reconnaissables à leur teinte rousse. Après ce grattage, il est bon d'enduire le bois d'un lait de chaud.

Autres parasites. — Les feuilles de mûrier sont quelquefois attaquées par les chenilles de la *Vanessa album*, espèce très commune en France, mais qui cause peu de mal aux mûriers parce qu'elle se nourrit également d'autres feuilles d'arbres ou de plantes de toutes espèces.

On peut citer encore comme parasites accidentels du mûrier : l'*Acridium lineola*, l'*Aelia acuminata*, le *Sinoxylon sexdentatum*.

FIN

TABLE ALPHABÉTIQUE DES MATIÈRES

D

E

F

G

H

I

S

T

V

FIN DE LA TABLE ALPHABÉTIQUE DES MATIÈRES.

TABLE DES MATIÈRES

INTRODUCTION

I. — STATISTIQUE DE LA PRODUCTION DE LA SOIE

II. — ANATOMIE ET PHYSIOLOGIE DU « BOMBYX MORI »

III. — MALADIES DES VERS A SOIE

IV. — DE L'ÉDUCATION DES VERS A SOIE

V. — LE GRAINAGE

VI. — LA SOIE

VII. — SOIES DIVERSES

VIII. — LE MURIER

4 348-05. — Corbeil. Imp. Éd. Crété.

Imprimé en France
FROC021001220120
23239FR00017B/210/P

9 782329 363240